新时代高职学生职业精神探微

李小安　著

清华大学出版社

北　京

内 容 简 介

本书着眼于高职学生需要什么样的职业精神和如何构筑起高职学生的职业精神,挖掘高职学生职业精神的价值意蕴,从职业共同价值体认、社会文明秩序构建和社会精神体系完善的角度阐释了高职学生职业精神培育的重要性;从理论、政策、使命三个方面分析了高职学生职业精神培育的必要性;从培养目标、服务面向对象和雇主需求层面揭示了高职学生职业精神特殊性,彰显了此研究的价值所在。

本书从高职学生职业精神的观念形态和高职学生职业精神的价值形态切入,分析高职学生职业精神构成要素,同时结合高职学生、高校教师、用人单位的个案考察,厘定了当前高职学生职业精神培育的主要内容,然后综合运用文献梳理、实证研究和比较分析等方法,呈现了高职学生职业精神的现状,分析造成这些现状的影响因素,并在此基础上,从机制、路径和外部环境三个层面阐述了培育高职学生职业精神的对策。

本书兼具学理性、前沿性和现实性,既探讨现象,又分析问题,着力推进思想政治教育学术研究和实践运用。本书可作为高职院校思想政治教育的学生教材,也可供思想政治教育理论研究者、政工干部、思想政治教育专业学生等参考。

图书在版编目(CIP)数据

新时代高职学生职业精神探微/李小安著. —北京:清华大学出版社,2021.4

ISBN 978-7-302-57707-2

Ⅰ. ①新… Ⅱ. ①李… Ⅲ. ①职业道德—教学研究—高等职业教育 Ⅳ. ①B822.9

中国版本图书馆 CIP 数据核字(2021)第 050096 号

责任编辑:章忆文　陈立静
封面设计:杨玉兰
责任校对:吴春华
责任印制:沈　露

出版发行:清华大学出版社

　　　　网　　　址:http://www.tup.com.cn, http://www.wqbook.com
　　　　地　　　址:北京清华大学学研大厦 A 座　　邮　　编:100084
　　　　社 总 机:010-62770175　　　　　　　　邮　　购:010-62786544
　　　　投稿与读者服务:010-62776969, c-service@tup.tsinghua.edu.cn
　　　　质量反馈:010-62772015, zhiliang@tup.tsinghua.edu.cn

印 装 者:三河市龙大印装有限公司

经　　销:全国新华书店

开　　本:185mm×260mm　　印　张:11.25　　字　数:273 千字

版　　次:2021 年 4 月第 1 版　　印　次:2021 年 4 月第 1 次印刷

定　　价:45.00 元

产品编号:064568-01

前　　言

　　职业教育作为一种区别于普通教育的教育类型，意在培养精专深的技术性人才以满足不同职业岗位之需。在这一过程中，个体接受各种知识与技能，以匹配社会发展衍生出的各种各样的职业岗位，进而推动社会经济的发展。但从个体发展的角度讲，社会的发展实际上是人的发展，人的发展是自由全面的发展。聚焦到职业教育，人是现代职业教育的主题和主体，是现代职业教育的逻辑起点和归宿。有鉴于此，职业教育所培养的人就不能只是技能之器，理应具有健全的道德人格，同时具有广博而深厚的知识技能，应立足于人的全面发展，以涵养精神素养为目标，囊括专业性、通用性的职业知识技能，实现个人职业能力的可持续发展。

　　21 世纪国家连续多年将职业教育纳入政府工作报告中，并先后出台了一系列政策措施，加大对职业教育的鼓励与扶持力度，职业教育进入了快速发展的新纪元。

　　2014 年 6 月，在国务院召开的全国职业教育工作会议上，习近平指出职业教育是国民教育体系和人力资源开发的重要组成部分，是广大青年打开通往成才大门的重要途径，肩负着培养多样化人才、传承技术技能、促进就业创业的重要职责，必须高度重视，加快发展。党的十九大报告中，习近平再次强调要建设知识型、技能型、创新型劳动者大军，弘扬劳模精神和工匠精神，营造劳动光荣的社会风尚和精益求精的敬业风气，要在全社会形成尊重劳动、尊重技能、崇尚技术的良好氛围，激发年轻人投身职业教育的热情，为国家经济、社会发展持续培养大批高端技能建设人才。为此，职业教育围绕技能素质的核心任务，注重技能传承、强调技能积累、坚持技能创新，加强教育教学改革，创新探索人才培养模式，着力在提升学生的职业技能和就业创业能力上下功夫。

　　但是技能并不是一名优秀职校生的全部，在实践中我们发现，在人才培养中过分强调技能，忽视思想道德素养等综合素质提高的情况仍较严重，作为未来各行各业生力军的高职学生，对生产、建设、服务、管理一线的岗位缺少认同，履行社会责任的意识缺乏，践行大国工匠的动力不足。因此，我们必须强调高职学生的"德才兼备、德艺双馨"，在重视职业技能的同时，强化良好的职业精神培育。

　　目前，高职教育工作者尽管意识到职业精神培育和职业技能培养同等重要，但是在具体的教育实践中，对高职学生职业精神的特殊性把握不准，对其内涵缺少深度挖掘，对存在的问题不能有效正视。如何落实立德树人、如何贯通社会主义核心价值观教育和突出职业精神教育成了摆在职教工作者面前的难题。因此，为破解高职院校思想政治工作面临的这些困惑，切实提高高职学生的职业精神素养，作者立足新时代新使命，对高职学生职业精神进行了全面的探索，呈现在大家面前的这本著作就是这一研究的结晶。

　　本书体现了以下几个特点。

　　第一，突出理论性与实践性结合。本书将职业精神理念融入高职学生职业素质教育内容，在理论上挖掘高职学生职业精神的内涵，为创新高校思想政治教育工作方法进行了大胆探索，从职业精神的内涵、职业精神的构成要素和价值等内在联系入手，全面阐释高职学生的职业精神。通过施教者、受教育者和用人单位真实呈现高职学生职业精神的现状，借鉴国内外建构职业精神的理论渊源，探索培育高职学生职业精神的工作机制、路径和环境建设。从实践功效上看，本研究的目的在于通过探究高职学生的职业精神，为高职院校落实思想政治工作寻找新的抓手。

第二，注重系统性与开放性互补。本书旨在构建高职院校思想政治工作机制和评估体系的闭环系统，立足高职学生最为欠缺的职业精神，剖析概念，分析价值，梳理结构，找寻解决问题的对策和思路。但在具体研究过程中注重将高职学生职业精神置于高校思想政治教育工作的大环境之中，凸显学校、企业与社会的合力作用，这符合职业院校面向社会开放办学的理念，也是高职教育校企合作办学内涵的延伸，开放性思维也为高职院校"立德树人"的践行提供了多重路径选择。

第三，坚持宏观性与微观性统一。作者长期在职业教育一线从事教育教学工作，亲历了改革开放后我国高等职业教育的发展过程，本书凝聚了作者多年的思考，在宏观上侧重于将高职学生职业精神置身于新时代的社会背景中进行分析，论述高职学生职业精神的价值意蕴和内涵结构；在微观层面，又多方征求企业和社会各界对高职人才培养的建议和意见，结合当前高职教育人才培养现状进行客观的分析和阐述，力争实现针对性、实效性和可操作性的统一。

由于高等职业教育快速发展的时间不久，高职院校思想政治教育工作机制和体系尚不完善，高职院校独特的思政教育话语体系尚未建立。本书旨在让高职人用高职的语言讲好高职的故事，为高职院校的思想政治工作尽一份责任，也希望为高职院校落实"立德树人"工作提供一个较为规范的工作系统和工作模式。

当然，作者也清醒地认识到，主观上力求的突破创新与现实需求仍有距离，探讨在某种意义上只是抛砖引玉。由于水平有限，书中难免存在疏漏或不足之处，敬请广大职业教育工作者、专家、学者批评指正。

李小安

2020 年 9 月 13 日于兰州

目　　录

导　　论

一、选题缘由

　　职业精神表面上是一个做事的问题，但究其实质依然是一个做人的问题，解决的是人与自身关系的问题，在解决人与自然、人与人的关系上，职业精神虽然不直接起作用，但在改变做人做事的方式上，则间接作用于上述关系。人们一旦具有良好的职业精神，"就会成为推动物质世界变革的主要力量。因为职业精神改变的是人本身，特别是人的做事态度，不同的态度会有不同的做事效果"[①]。今天，职业精神体现在多重维度上，对个体来说，只要个体还存在做人做事的问题，就必须思考"我应当做什么样的人""我应当如何做事"，人总在认识世界、改造世界的过程中发展着，而个体的职业活动则是认识世界、改造世界的主要呈现方式，人们通过职业活动思考生命的意义，追问个体存在的价值。在现代化建设过程中，社会的主体是人，经济发展和社会进步都是以人为本，把人作为出发点和归宿，着眼于提高人的整体素质，以及引导人们对自己的主观世界自觉地进行改造，进而提高人们改造客观世界的能力，推进人的全面发展。高职学生是未来社会主义现代化建设的重要力量，是推动社会实践的重要组成部分，他们的精神面貌、职业品质，凝聚着中华民族的价值理念和民族意志，是实现中华民族复兴的重要推手，也是中华民族为人类文明再续星火的重要载体。

　　从我国经济社会发展情况来看，中国经济发展呈现新的态势，产业结构大规模调整，制造业转型升级加快，工业化和现代化进程加剧，综合国力大幅提升。伴随"互联网+"的兴起和智能化的普及，社会经济形态、生产方式发生了根本性变革，这些新经济、新业态的出现，对劳动者素质提出了更高、更新的要求，原来传统的简单的岗位多数将被机器取代，人们将更多地由操作工、服务者转向决策者、维护者，面对新型生产领域和劳动岗位，劳动者的技能水平固然重要，但劳动者的态度、信誉、执着以及反思创新等软实力更不可或缺。因此，伴随技术的发展，驾驭技术的理性能力显得格外重要，作为未来劳动大军的一分子，高职学生不仅需要掌握优良的技术技能，更需要培养良好职业精神。

　　近几年，我国从确保未来产业大军素质的角度出发，立足培养中国特色社会主义事业合格建设者和接班人的重要要求，建成了世界上最大规模的职业教育，从 2014 年国务院颁布《关于加快发展现代职业教育的决定》以来，国家不论从政策层面，还是经费投入方面，都在倾力打造职业教育，但在现实中并未出现应有的喜人场面，主要问题呈现出：第一，从学校层面看，高等职业教育的数量扩张与质量提升不匹配，目前虽然职业教育数量庞大，但职业教育的质量并不尽如人意，特别是校企融合培养高职学生的路径并不完善，机制尚未形成，高等职业教育的人才培养质量无法满足经济社会发展的要求，学校关注学生技能提升较多，而对学生的职业精神培育并未引起足够的重视。第二，从学生层面看，高职学生对职业教育的认同度不高，许多学生接受三年的职业教育后，对职业教育的岗位认同依

[①] 魏书胜. 中华民族的德性精神传统及其当代意义[J]. 现代哲学，2009(3)：14.

然没有形成，多数人将岗位取向定位在专升本或其他考试上，事业单位、公务员岗位一直是高职学生青睐的对象，立足一线岗位、扎根基层就业并不是高职学生的首选，这与职业教育的培养目标有较大出入，即使选择了技能型岗位，学生积极投入、主动献身技能岗位的自愿性和关注度也不够。第三，从社会层面看，崇尚职业教育的社会氛围并未形成，职业岗位的待遇和职业荣誉感不高，高职学生选择职业教育的主动性不足，因此，如何引导高职学生理性处理个人与社会、个人与国家的关系，培育其追求卓越与奉献精神，锻造新时代大国工匠，为未来各行各业培养更多更好的生力军，是社会、学校和个人共同面临的重大理论课题。

二、研究的目的和意义

(一)研究目的

本研究着眼于高职学生需要什么样的职业精神和如何构筑起高职学生的职业精神两个维度，借鉴已有的中西方文化资源，提炼出高职学生职业精神的内涵，并通过对甘肃省部分高职学生问卷调查，对相关教师、学生和企业的访谈，通过实证研究分析，全面了解当前高职学生职业精神的现状，分析造成这一现状的成因，找寻高职学生职业精神培育的有效方法，帮助他们树立正确的世界观、人生观、价值观，培育其良好的职业精神，为我国现代化建设培育合格劳动大军，为中华民族的复兴提供人才支撑。

(二)研究意义

1. 理论意义

首先，将高职学生职业精神作为研究课题，有助于丰富高职学生职业精神的理论研究。从现有文献可知，目前对高职学生职业精神理论研究的高质量文献很少，能查阅到的文献多数是对行业规范的论述，人们对职业精神、职业道德、职业伦理等词往往混淆使用。高职学生职业精神变成了只可意会不可言传的概念，概念和内涵的不清晰导致问题不聚焦，培育方式不精准。因此，对高职学生职业精神内涵的准确界定有助于发现不足，从而使培育的对策更加具有针对性，做到理论上的清晰，确保行动上的正确。

其次，研究高职学生职业精神能有效拓展高职院校思想政治教育的研究和实践。思想政治教育作为一种专门对人进行世界观、人生观、价值观的社会教育活动，在本性上蕴含着提升人的精神灵魂，开拓和挖掘人类精神宝藏的本意。目前高职院校对学生的思想政治教育多是按传统本科教育的模式开展，尽管取得了一定的成效，但与学生的需求仍有一定差距，尤其是对高职学生的思想政治教育研究与高等职业教育的快速发展不匹配，对高职学生的特殊性以及高等职业教育的重要性认识还不深入。因此，开展高职学生职业精神研究有助于拓展思想政治教育理论研究的深度和广度，丰富和完善现代思想政治教育的理论体系，推动高职院校思想政治教育活动的有效开展。

2. 实践意义

通过这一课题的研究可以促使高职学生形成正确的职业观，更好地促进高职学生理性选择未来的职业。目前许多高职学生在选择职业的过程中反映出"学而优则仕""劳心者治人，劳力者治于人"的传统观念仍有一定市场，大量的高职学生不是迅速投入急需人才的紧缺岗位上去，而是将大量的精力投入各种体制内的考试中；要么毕业时只追逐所谓的热门职业，把职业作为一种谋生的手段，在这种观念的支配下，如何实现个人利益最大化是多数学生首先思考的问题。由于没有树立起正确的职业观，缺少职业精神的支撑，导致学生岗位认同感不强，实践创新劲头不足，无法适应时代提出的新要求。笔者作为高等职业院校的一名教育工作者，选取高职学生职业精神研究这一课题，以了解高职学生职业精神的现状，寻找高职学生职业精神的培育路径，以期达到职业精神与职业技能的同步培育。

研究这一课题在实践上还有更深层的考量，职业精神表面上看在讲如何做事的问题，但对个体来说却是一个如何做人的问题，高校的根本任务是"立德树人"，职业精神无疑是高职学生德行的重要组成部分，因此，职业精神的培育是高职院校"立德树人"的主要靶向。同时，职业精神的构建也是树立民族品牌的主要抓手。古代中国，凭借先人们的智慧，包括"四大发明"在内的众多中国科学技术曾一度称雄世界，经久不衰，中华文明远扬海外，名震寰宇。而今，伴随着中国社会的快速转型升级带来的冲击，市场经济发展不成熟造成的漏洞，快餐文化侵蚀下思想的狂躁，以及信仰缺失带来的迷茫，造就了当下众多产品——不论是物质产品还是精神成果，大多缺少精益求精、工匠精神的影子。因此，找回民族自信，重塑民族品牌，职业精神的培育是其中重要的一环。

三、文献综述

全面了解相关研究成果、梳理和把握已有的研究文献是研究职业精神培育问题的前提和基础。为了掌握对职业精神相关概念和问题的研究现状，笔者查阅了"超新电子图书""中国期刊全文数据库""中国博士学位论文全文数据库""中国优秀硕士学位论文全文数据库"，阅读了相关的研究专著，涉及职业精神的研究单从数量上看，研究呈现较快增长，但有针对性的、建设性比较强的著作和文章依然很少。

(一)国外研究现状

在西方，人们对职业精神的研究涉及不同领域，有社会学、法学、医学，也有宗教学，不一而足，我们通过不同的角度来了解国外职业精神的研究现状。

法国犹太裔社会学家爱弥儿·涂尔干(Emile Durkheim)的《职业伦理与公民道德》立足国家与个体中介的角度，试图为个体建立职业精神树立模本。1789年法国大革命后，法国政权频繁更替，为了使国家不至于陷入个体的纷繁意见之中，造成不必要的动荡与危机，也避免绝对集权主义带来的灾难，涂尔干试图在国家与个体中间搭建桥梁。他认为，不顾或忽视底层个体的权利，单纯从抽象的原则出发，蔑视或否定传统民众的意见，一意孤行建立的抽象国家并不足取。另外，社会重建也不可能通过去政治化的路径进行，而应该吸取社会个体的合理意见，在现实中找寻生命和活力，这样既可以保护个体，又有利于维护社会团结，还可以建立起国家赖以存在的组织基础，这个组织基础便是个体情感寄托和信仰的载体。具体做法是个体通过组织形成职业伦理，从而使个体与国家之间有了一种稳定的中介。涂尔干创建这一理论的目的是从稳固国家政权的角度出发，但他所认为的职业群体并不是现代意义上的职业，更大程度上是指一种社会团体，这些社团构成了国家赖以存在的政治单位，其积极意义在于寻找一种共同的价值信仰，但是并没有深入个体内心世界去探寻，它们的价值观为现代社会个体加强道德建设和规范职业伦理提供了导向和借鉴，在一定程度上为个体确立何种职业精神提供了规范。涂尔干最大的贡献就是将观念中的规范放回现实，从现实中寻找存在的根据，但他试图把鲜活的个体用同一种模式统一起来，忽视了现实的多样性，事实上也是不可能实现的。[①]

罗伯特·N.威尔金(Wilkin)的《法律职业的精神》回顾了法律职业的发展状况，并在此基础上展望了法律职业的未来，阐释了法律职业从古罗马以来的精神内涵，向人们传递了法律职业的悠久历史和其独特的精神内核，法律人自身肩负的神圣历史使命。倡导一种不分阶级和等级，无论贫穷还是贵贱的平等职业态度，颂扬法律人薪火相传，努力维持法律、正义和秩序，从而推进人类社会不断进步和发展。这本书从历史的角度阐述了法律职业精神的形成、内涵与特质，以及其所蕴含的深厚价值。[②]

本研究尽管侧重法律领域，但是他山之石可以攻玉，其他行业的职业精神可以借鉴，书中倡导的平等职业精神试图从阶层或阶级的立场出发，更多地在论述法律职业领域中的一种通用价值观，不足之处在于没有深入个体内部挖掘其职业精神，也没有指明职业精神对个体的价值所在。

克鲁斯(Richard L.Cruess)论述了医生的职业精神培育问题，其著作《医学职业精神培育》认为医学实践是一门艺术而不是一项交易，行医是一种使命而不是一种生意，这要求医生用心要如同用脑。克鲁斯认为塑造一个专业人才，知识和技能虽然重要，但是一些无形的、难以说清楚的隐性知识更加重要，当人才塑造成功时，隐形人才便有迹可循。克鲁斯认为医生作为最基础的治疗师的角色，必须依赖患者的信任，否则治疗效果便大打折扣，所以要特别关注医疗的利他性和医生的自律性。在医生职业精神培育方面，克鲁斯认为，长期以来，医学的职业理念和价值被一代代行医人员在行医过程中认识和传承下来，这是医生的隐性知识部分，但是随着社会变革下形成的医疗投入和管理问题，医疗教学机构必须将职业精神教育作为独立的教学内容进行。超越医生层次，对于其他行业一样，原来的言传身教、家族式传承职业精神教育方式应通过专门的机关进行，因此，熟悉职业精神的认知基础和教育理论基础，有针对性地对学生的职业精神予以指导非常有必要。[③]

克鲁斯的研究著作对医学职业精神的核心概念做了一些概括，指出了医学生职业精神的主要问题，探寻了医学院培训学生职业精神的路径，高职学生职业精神对之的借鉴之处在于两者主体都是学生，学校均承担着主要的培训职能，该研究的缺点在于对于医学生的特殊性没有进行细致分析，对于医学生职业精神培育的必要性没有交代，这一点正是高职学生职业精神培育中需要注意的地方。

研究西方职业精神，宗教对职业的影响是一个无法回避的话题，这方面的研究颇多，影响巨大，其中马丁·路德(Martin Luther)、马克斯·韦伯(Max Weber)等新教代表对宗教与职业之间的关系有着深刻论述。马丁·路德是16世纪的宗教改革家，德意志的新教路德派的创始人。马丁·路德将俗世的职业与宗教联系在一起，他将原来超越尘世的神秘宗教拉

① [法]爱弥儿·涂尔干. 职业伦理与公民道德[M]. 上海：上海人民出版社，2006.
② [美]罗伯特·N.威尔金. 法律职业的精神[M]. 北京：北京大学出版社，2012.
③ [美]Richard L. Cruess. Sylvia R. Cruess. Yvonne Steinert. 医学职业精神培育[M]. 刘惠军，唐健，陆于宏译. 北京：北京大学医学出版社，2013.

回了世俗世界。马丁·路德认为"上帝所允许的唯一生活方式，不是让人们用苛刻的苦行主义超越尘世的道德，而是只要完成个人在尘世中的位置所赋予它的责任和义务"①。马克斯·韦伯的著作《新教伦理与资本主义精神》所呈现的资本主义的特征与新教伦理相互关联，马克斯·韦伯认为传统资本主义精神的不合理之处在于其终极价值的模糊——无休止地追逐利润的精神，因此，在尘世生活范围内似乎不具有合理性。而新教伦理的本质是构建立足此岸、面向彼岸的合理价值观，这种对来世灵魂归宿的关注，试图为资本主义精神提供终极价值，以此来弥补资本主义精神的缺陷，让人们从另一个视角来重新认识西方的资本主义生活秩序。马克斯·韦伯意在揭露隐藏在制度背后的精神力量，用职业一词把世俗的工作和劳动与宗教生活联系起来，这为宗教直接影响现实生活开辟了道路，而以职业为生活重心的基督新教伦理态度构成了西方人的普遍生活方式。

新教伦理对西方人的职业思维、职业信仰的构建无疑起了极大作用，但将职业精神构建给予宗教的目的，回避俗世中职业精神构建的合理性和紧迫性，只能是一种逃避矛盾的行为，对社会问题并没有直接回应，不论对社会秩序的构建，还是对个体品德的修养作用都极其有限。

在西方，从社会分工角度研究职业精神的著作也不少，它们大多认为职业出现是社会分工的结果，因此从社会分工的思想来论述人们对职业的态度，进而阐释职业精神。最早阐述社会分工思想出现在古希腊思想家色诺芬的《经济论》中。色诺芬认为社会分工能简化劳动、提高劳动熟练程度。由于分工，人们的劳动变成了简单劳动，这不仅有利于提高人们的工作技艺和劳动熟练程度，而且有利于提高产品的产量。认为一个人从事多种工作，不可能把工作干好，旨在倡导对职业的专一态度。② 这是从经济学角度考虑劳动的熟练程度，所以这种专一是从提高效率的目的出发，与个体的职业态度关联并不大。

柏拉图在《理想国》中指出，社会分工是人的禀赋才能发展的结果。人的多样性的需要必然产生社会分工，而之所以有人做这一行、有人做另一行，则是由于人的禀赋才能的不同造成的。在他看来，每个人"不是生下来都一样的，各人性格不同，适合于不同的工作"③。柏拉图说："每个人只能干一种行业，不能干多种行业，如果他什么都干，一样都干不好，结果一事无成……只要每个人在恰当的时候干适应他性格的工作，放弃其他的事情，专搞一行，这样就会把每种东西生产得又多又好。"④

埃米尔·涂尔干在《社会分工论》中指出："分工并不是经济生活所特有的情况，它在大多数的社会领域里都产生了广泛影响，包括政治、行政、司法领域以及科学和艺术都呈现出越来越专业化的趋势。因此，我们要提防那些聪明敏捷的人才，他们会让自己擅长于各种职业，而不肯选择一种专门职业从一而终……相反，我们欣赏那些称职的人，他们所追求的不是十全十美而是有所造就，他们把全部的精力都投入到了界限明确的工作中去，他们各安其业，辛勤耕耘着自己的一份园地。"⑤

---

① [德]马克斯·韦伯. 新教伦理与资本主义精神[M]. 李修建，张云江，译. 北京：中国社会科学出版社，2009：52.
② [古希腊]色诺芬. 经济论[M]. 北京：商务印书馆，1997：58.
③ [古希腊]柏拉图. 理想国[M]. 北京：商务印书馆，1986：59.
④ [古希腊]柏拉图. 理想国[M]. 北京：商务印书馆，1986：97.
⑤ [法]埃米尔·涂尔干. 社会分工论[M]. 渠东，译. 上海：生活·读书·新知三联书店，2000：4.

社会分工思想虽然受到历史和阶级的限制，没有看到分工对人异化造成的剥削关系，其中的部分论述也不乏猜测的成分，但从社会分工的基础地位来探索与其他方面的联系，对社会生活的影响，从自然历史的演进视角考察社会分工有其积极的作用。

各位思想家都站在时代立场上谈论职业，认为职业是社会生活的产物，职业本无高下，适合自己，能为社会服务的就是好的职业，同时提出要精于某一职业，而不应浅尝辄止于多种职业，这些思想对我们今天正确认识职业，合理进行职业定位，淡化职业的身份象征，消除职业的等级特性，树立对职业的敬重与专一之情有一定启示，但尚未涉及职业精神建构的真正目的，以及职业精神自身形成的过程。

(二)国内研究现状

我国古代虽然没有现代意义上的职业划分，没有明确的职业精神概念出现，但中国古代强大的农业、军事工业以及独特的手工业，都为后世所学习和颂扬，在这些农业、手工业以及军事业的背后，体现了从业者求精求新的工作状态，彰显出官方严格规范的管理制度，铸就了从业者专心专注的匠心和匠魂，留给后人独一无二的匠品和匠功，这些都为今天的职业精神研究提供了丰富的资料。因此，许多学者探究古代的各类技艺产品，研究官方对各类工艺的管理制度，透视古代工匠的严谨作风，挖掘古代职业教育思想等，从不同维度为今天的高职学生培育职业精神提供借鉴。

1. 探究我国古代工艺中蕴含的职业精神

1) 梳理特定工艺规范中蕴含的职业精神

今天有大量的学术文章在研究梳理古代各行业的发展情况，探究支撑相关行业发展的精神力量。这些文献主要有：刘芳芳、田汉民梳理了漆器的发展，论述了社会发展环境对漆器发展的影响，表明漆器艺人精湛技术的社会背景[①]。胡霄睿、于伟东通过比较印金丝绸、织金丝绸、金线绣丝绸的工艺发展顺序，介绍了饰金材料发展过程中工艺的发展，也表明了精益求精工匠精神的进步。[②] 夏侠论述了西北地区毛纺织业的发展及其工艺传承，毛纺织技术的发展实质上是毛纺工具发展的结果[③]。邵万宽论述了中国独特的菜肴制作工艺[④]。朱喆介绍了扬州特殊自然生态环境、经济生态环境和社会生态环境下扬州的特殊生产工艺，在扬州工艺生产过程中，中央政府设置在地方的手工业作坊，这些作坊由中央直接管理或由地方政府托管，并统一按照官府要求进行手工产品的加工定制，这种严格的管理促进了扬州工艺的发展，也形成了扬州特殊的工匠精神。[⑤] 袁一媛论述了中国铁器的独特工艺[⑥]。欧阳晋炎从《考工记》文献出发，研究了官府车辆的选材和工艺，发现官府制车在当时都有专门的规范，制车材料有木材、竹材、皮革、织物，而精致工艺背后则是严格的标准规

---

① 刘芳芳，田汉民. 中国古代漆器工艺在江南太湖流域的发展[J]. 民族艺术研究，2017(11)：15-20.

② 胡霄睿，于伟东. 中国古代丝绸饰金工艺及品种的历史传承[J]. 纺织学报，2016(8)：19-22.

③ 夏侠. 中国古代西北地区的毛纺织工艺发展初探[J]. 毛纺科技，2016(1)：27-31.

④ 邵万宽. 中国古代菜肴制作及工艺革新研究[J]. 农业考古，2015(6)：45-50.

⑤ 朱喆. 扬州古代工艺美术研究[D]. 苏州：苏州大学，2013.

⑥ 袁一媛. 刍议中国古代早期铁器制作工艺[J]. 咸阳师范学院学报，2013(7)：7-9.

范，工艺发展的首要条件是规范的保障。^① 路宝利、赵友介绍了古代的艺徒传承制度，通过工师的选择、立样程准、严格学程、令丞试工等技术传承方式，发现中国古代为确保技术真正得到传授，均制定了严格的考核制度。^② 高纪洋详细论证了各种器皿造型形成的原因，器皿造型的样式不只是技术发展的结果，而是技术、宗教文化、生活方式、政治经济综合发展的结果。^③白云翔的《手工业考古论要》从考古学的视野对各类主要手工业进行了梳理，从原材料到生产工具，从产品到流通，从工艺技术到生产流程，从经营方式到产业结构，整体反映了中国手工业者的全貌，也反映了技术背后的支撑力量，精致之物背后体现了造物者的工匠精神。^④ 余同元的专著《中国传统工匠现代转型问题研究》从技术转型与角色转换两方面探讨了江南传统工匠向现代转型的动力、途径、表现与发展，说明了工匠向工程师的转换过程。^⑤

这些文献从不同层面呈现了精品背后严谨的管理、规范的流程，这种管理制度的发展促进了手工业的规范生产，增强了艺术家们的规范意识，培养了艺术家职业精神奠定制度基础，也在一定程度上梳理了工匠精神培育的路径。但不足之处在于研究的视野基本从物的角度出发，没有从人的维度直接切入，客观上这些制度规范对培育高职学生的规则意识有一定的借鉴作用，因此需要关注制度的活化和转化问题。

2) 挖掘古代工匠所展示的职业精神

伴随手工业的发展，中国古代涌现出了大量优秀的工匠，对古代工匠精神研究的文章亦精彩纷呈。陈晶研究了中国工匠的演进历程，梳理了中国古代工匠是如何由被动接受管理发展到自省型的精神追求，从技道合一到精益切磋，不断追求自我完善，最后建立理想人格的过程。除内在的自我修养以外，对如何培养工匠在制度保障方面还有一系列的规定，如官方通过物勒工名、品牌管理、软硬件结合，共同促成工匠精神的形成，实现了从技艺到精神的不断演进过程。^⑥ 袁远、维扬、王友良指出中国古代工匠精神主要是敬业职守、坚定执着、创新求变，在伦理方面体现为以道驭术、切磋琢磨、兴利除害、尚俭戒奢。^⑦ 陈行、钱耕森认为工匠的四种精神是爱岗与敬业、爱国与为民，传承与创新、学道与弘道。^⑧赵薇指出中国古代工匠精神主要是创新、求精、和谐、平等、敬业。^⑨ 邹其昌、李青青通过研究李约瑟，并以李约瑟的视角发出对中国工匠之问，李约瑟认为中国古代科学技术一直领先世界，虽然中国没有走上现代化工业道路，但中国工匠确实首屈一指，为我们研究中国工匠打开了一条更为宽广的道路。^⑩ 王晓航指出古代工匠的向善性在价值上表现为"以道驭术"，在实践中表现为"精益求精"，在社会追求中表现为"兴利除害"，这种向善

① 欧阳晋炎. 中国古代车辆材料与工艺探究[J]. 中国包装，2013(6)：23-27.

② 路宝利，赵友. 艺徒制度：中国古代"工艺学校"技术传承研究[J]. 职业技术教育，2012(6)：8-10.

③ 高纪洋. 中国古代器皿造型样式研究[D]. 苏州：苏州大学，2012.

④ 白云翔. 手工业考古论要[DB/OL]. 中国社会科学网，2016-10-11.

⑤ 余同元. 中国传统工匠现代转型问题研究[M]. 天津：天津古籍出版社，2012：28-31.

⑥ 陈晶. 中国古代工匠制度与工匠精神的产生与演进[J]. 新美术，2018(11)：26-28.

⑦ 袁远，维扬，王友良. 中国古代"工匠精神"及其伦理意蕴[J]. 怀化学院学报，2018(10)：4-7.

⑧ 陈行. 钱耕森. 论中国工匠及其精神[J]. 社会科学动态，2018(10)：6-10.

⑨ 赵薇. 中国古代工匠精神特点及其价值追求[J]. 工会信息，2018(8)：24-27.

⑩ 邹其昌，李青青. 李约瑟对中华工匠文化的思考[J]. 中南民族大学学报(社会科学版)，2018(1)：18-22.

性表现为在职业中要以德为先，以爱渲染，注重制度监管。[①] 张文军以历史文献为主，梳理出中国工匠精神的特征为讲实际，重劳力，崇执着，尚精细，要诚信，需担当，求大道，善创新，厚师承。[②] 翟志强、王其全指出，从道义上看，古代工匠的精神和作品起到了维护统治和服务统治的作用，才有可能进入统治者的视野而被认可；从技术层面看，手工业者心无旁骛不断追求技术的完美，达到利于厚生的要求，也会被社会认可。[③] 王陶峰研究《庄子》中蕴含的工匠精神，《庄子》中的工匠以技进道，如庖丁解牛的故事，今天仍然作为百工技艺的典范来传颂，是诠释古代工匠精神的优秀范例。探求事物普遍规律，以技合道，技术应用符合自然物性、人类生存之道，而工匠专一专注，凝心于技，并把技艺的日常规范升华成为主体精神愉悦和生命的快乐所在。[④] 白云翔研究了汉代各种工匠的管理制度，指出汉代各种工匠和各级官吏各司其职、各负其责和严密完整的监督管理体制，以及将管理者和工匠之名勒记于制造产品之上的措施都为产品质量提供了重要的制度保障。[⑤] 于江霞从哲学角度考察了工匠与知识、德行之间的逻辑关联及其展现的悖论。[⑥] 张子睿、樊凯所著《工匠精神与工匠精神养成引论》界定了工匠精神的结构与内涵，探讨工匠及其主要活动涉及的范畴，分析工匠的创新思维、问题意识和养成路径；在此基础上分析现代社会培养工匠精神的主客体关系及其矛盾，以及塑造工匠精神所需环境和价值；分析高等院校培养工匠精神的具体对策。[⑦] 王晨、杜霈霖认为大学生的工匠精神就是要树立端正的劳动态度，养成强烈的劳动认同感，培养杰出的劳动能力。[⑧]

上述文献，从不同的角度揭示了工匠精神的内涵、工匠精神的培育路径，但研究尚未涉及社会为什么需要工匠精神，换句话说，对于古代社会制度下能够产生工匠精神的背景没有涉及。今天，高职学生职业精神是对古代工匠精神的传承与发扬，除人自身的精神追求之外，社会发展也在助推职业精神构建，社会因素对于生成职业精神发挥着关键作用。在借鉴这些文献的时候，我们应该对所处时代做出适当回应。

3) 揭示古代教育思想中体现的职业精神

梳理古代的各类文献，我们可以看出，随着百工技艺的发展进步，职业教育思想也在不自觉中发展着，这些职业教育思想既是我们研究古代职业精神的主要来源，也是中国优秀传统文化的主要组成部分。

最早的职业精神教育要追溯到我国战国时期的墨子，其"厚乎德行"的人才培养思想一直为后人所传颂，墨子可看作中国早期职业教育的代表，因此研究墨子职业教育思想的文献居多。刘佳、靳贵珍认为墨子主张劳动，劳动是人类生活的主要特征，"赖其力者生，不赖其力者不生"。墨子教育思想中也包括政治和道德教育、节用教育、思辨教育以及生

---

① 王晓航. 中国古代工匠精神的向善性及其启示[J]. 天津职业院校联合学报，2017(8)：22-24.

② 张文军. 我国传统"工匠精神"管窥[J]. 科技资讯，2017(10)：9-12.

③ 翟志强，王其全. 中国古代工匠的社会境遇与工匠精神的当代弘扬[J]. 大连理工大学学报(社会科学版)，2018(11)：4-7.

④ 王陶峰.《庄子》工匠精神美学探析[J]. 大连理工大学学报(社会科学版)，2018(11)：12-18.

⑤ 白云翔. 汉代工匠精神是如何铸就的[J]. 人民论坛，2017(9)：8-10.

⑥ 于江霞. 论古希腊的工匠精神[J]. 自然辩证法研究，2017(10)：26-30.

⑦ 张子睿，樊凯. 工匠精神与工精神养成引论[M]. 北京：民主与建设出版社，2017：21-23.

⑧ 王晨，杜霈霖. 关于大学生工匠精神培育的思考[J]. 黑龙江高教研究，2018 (36)：30-33.

产知识的教育。① 王仙、安宁认为可以借鉴墨子的思想，推动今天高等职业教育的发展，总结了可以借鉴的五个方面：从培养定位上看，墨子提倡"兼爱"，强调"以力从事"，主张"兴利之本"，可以端正我们对"农与工肆"之人的偏见；从培养目标上看，"以人为本，培养兼士"可以"量力"并"用材"；从培养内容上看，注重科学实践，致用为先；办学模式是积极尚贤；教育的目标是利民利国。② 魏义霞主要论述了墨子的功利主义思想，认为墨子从谋利方法上推行"为天之所欲""兼相爱，交相利"。利之主体中兼顾"天、鬼、人"三方利益，利的内容主要是"衣食之财"。当然，墨家思想因不符合中国主流的传统价值观念而日渐衰微。③ 杨刚要认为墨家的教育思想主要是有教无类，突出技能，敢于创新。④ 刘丽琴认为墨子强调德行的修养，重视文史知识及逻辑能力。重视自然科学和实用技术，培养创新意识和动手能力。⑤ 王继平认为墨子提倡的"厚乎德行""辩乎言谈""博乎道术"等思想，说明培养的人要厚道、明白、能干。这也是职业精神的要义所在。⑥

这些文献总结了墨家教育学派在德育方面推崇的高尚品德，在教育活动中提倡普遍的、实用的、专业的教育，在科学实践活动中强调尊重经验和勇于创新，注重弘扬吃苦耐劳和艰苦奋斗的精神，但是这些思想主张在当时的生产条件下不可能切实地贯彻实行，在阶级社会中，这些思想主要是为统治阶级服务，不可能关注大量的庶民百姓。

黄炎培是中国近现代职业教育的奠基人，毕生从事职业教育，形成了独特的职业教育思想，对受教育者职业精神的培育亦有其独到见解。黄炎培批判了职业教育仅仅着眼于技能培养的弊端，指出，"仅仅教学生职业，而于精神的陶冶全不注意，把一种很好的教育变成器械的教育，一些儿没有自动的习惯和共同生活的修养，这种教育，顶好的结果，不过造成一种改良的艺徒，决不能造成良善的公民。"希望"受教育者各得一技之长，以从事于社会生产事业，籍获适当之生活，同时更注重于共同之大目标，养成青年自求知识之能力，巩固之意志，优美之感情，不唯以之应用于职业，且能进而协助社会、国家，为其健全优良之分子也"。⑦ 黄炎培提出"敬业乐群"思想。所谓"敬业"，是指"对所习之职业具有嗜好心，所任之事业具有责任心"；通过职业教育，要让学生懂得"职业平等，无高下，无贵贱。苟有益于人群，皆是无上上品"。⑧ 要求学生深刻理解自己的职业，尊重自己所从事的职业。所谓"乐群"，是指"具优美和乐之情操及共同协作之精神"，强调培养学生"利居众后，贵在人先"，合作互助，服务社会的精神。

"敬业乐群"职业教育思想的提出，为职业教育留下了丰富的思想，也是我们今天开展职业精神研究的宝贵财富。今天中华职教社仍在不遗余力地弘扬黄炎培的职教理念，探寻其背后的职业精神。黄炎培职业教育思想的提出是在一个世纪前，虽然现今的社会环境已发生根本性变化，但其提出的职业平等、敬业乐群、塑造人格、服务社会的职业道德思

① 刘佳，靳贵珍. 论墨子的教育思想及其现实意义[J]. 北京理工大学学报(社会科学版)，2015(12)：77.
② 王仙，安宁. 墨子思想对我国职业教育的启示[J]. 职教通讯，2011(19)：63-67.
③ 魏义霞. 墨子思想的功利主义与墨家衰微之原因[J]. 山东社会科学，2013(8)：80-84.
④ 杨刚要. 墨子教育思想对我国现代职业教育发展的启示[J]. 经济研究导刊，2015(11)：181-183.
⑤ 刘丽琴. 墨子的职业教育思想及其现代价值新探[J]. 教育与职业，2009(17)：158-160.
⑥ 王继平. 墨子的职业教育思想及其当代意义[J]. 中国职业技术教育，2017(30)：5-6.
⑦ 董仁忠. 论黄炎培"大职业教育主义"思想及其启示[J]. 教育与职业，2007(23)：5-7.
⑧ 田正平，李笑贤. 黄炎培教育论著选[M]. 北京：人民教育出版社，1993：76.

想并未过时，我们今天进行的高职学生职业精神培育仍可以从中吸收宝贵的养料。

2. 规范职业精神的相关政策文件

加强高职学生的职业精神培育，是落实国家关于大学生思想政治教育的重要举措。1978年恢复高考以来，国家出台了一系列方针、政策，全面规范指引高校推动大学生思想政治教育工作，是高职学生职业精神培育的主要政策遵循。这些文件依时间顺序主要有：1980年4月29日教育部、共青团中央印发《关于加强高等学校思想政治工作的意见》，指出"要旗帜鲜明地对学生进行系统的马克思列宁主义、毛泽东思想基本原理教育、革命理想教育、共产主义道德品质教育"[①]。1986年9月28日党的十二届六中全会通过《中共中央关于社会主义精神文明建设指导方针的决议》，指出"社会主义精神文明建设的根本任务是培育'四有'(有理想、有道德、有文化、有纪律)社会主义公民，提高整个中华民族的思想道德素质和科学文化素质"，并提出"树立和发扬社会主义道德风尚，加强社会主义民主、法制、纪律的教育"。[②]"四有"新人的提出在全国掀起了一轮热潮，高校的思政工作也基本聚焦于此。

1994年8月31日，《中共中央关于进一步加强和改进学校德育工作的若干意见》指出，从时代背景、具体内容、培育方式等多方面引导学生树立正确的世界观、人生观和价值观。为贯彻落实德育意见，国家教委在1995年11月23日颁布了《中国普通高等学校德育大纲》，该大纲规定了包括职业道德教育在内的10个方面的内容，并对德育的考评原则和实施路径做出了规定。

1996年10月10日，中共十四届六中全会通过《中共中央关于加强社会主义精神文明建设若干重要问题的决议》，指出"社会主义道德建设要以为人民服务为核心，以集体主义为原则，以爱祖国、爱人民、爱劳动、爱科学、爱社会主义为基本要求，开展社会公德、职业道德、家庭美德教育，在全社会形成团结互助、平等有爱、共同前进的人际关系。大力倡导爱岗敬业、诚实守信、办事公道、服务群众、奉献社会的职业道德"[③]。这一基调贯穿于以后颁布的诸多文件中。

1999年6月13日，中共中央、国务院出台《关于深化教育改革 全面推进素质教育的决定》，指出"职业教育和成人教育要使学生在掌握必要文化知识的同时，具有熟练的职业技能和适应职业变化的能力"[④]。这是首次将职业教育单独论述的文件。1999年9月29日，中共中央出台《中共中央关于加强和改进思想政治工作的若干意见》指出，"要积极进行社会公德、职业道德、家庭美德教育，在单位做个好职工、在家庭做个好成员"[⑤]。2001

---

① 教育部思想政治工作司. 加强和改进大学生思想政治教育重要文献选编(1978—2014)[M]. 北京：知识产权出版社，2015：135-137.

② 教育部思想政治工作司. 加强和改进大学生思想政治教育重要文献选编(1978—2014)[M]. 北京：知识产权出版社，2015：168-169.

③ 教育部思想政治工作司. 加强和改进大学生思想政治教育重要文献选编(1978—2014)[M]. 北京：知识产权出版社，2015：168-169.

④ 教育部思想政治工作司. 加强和改进大学生思想政治教育重要文献选编(1978—2014)[M]. 北京：知识产权出版社，2015：192.

⑤ 教育部思想政治工作司. 加强和改进大学生思想政治教育重要文献选编(1978—2014)[M]. 北京：知识产

年 9 月 20 日，中共中央印发了《公民道德建设实施纲要》，指出"职业道德是所有从业人员在职业活动中应该遵循的行为准则，涵盖了从业人员与服务对象、职业与职工、职业与职业之间的关系。随着现代社会分工的发展和专业化程度的提升，市场竞争日趋激烈，整个社会对从业人员职业观念、职业态度、职业技能、职业纪律和职业作风的要求越来越高。要大力倡导以爱岗敬业、诚实守信、办事公道、服务群众、奉献社会为主要内容的职业道德，鼓励人们在工作中做一个好建设者"[1]。

2004 年 8 月 26 日，中共中央、国务院颁布《关于进一步加强和改进大学生思想政治教育的意见》，指出"大学生思想政治教育的主要任务是以理想信念教育为核心，深入进行树立正确的世界观、人生观和价值观教育，以爱国主义教育为重点，深入进行弘扬和培育民族精神教育，以基本道德规范为基础，深入进行公民道德教育，以大学生全面发展为目标，深入进行素质教育"[2]。上述主要内容在同年 12 月 20 日教育部、团中央发布的《关于加强和改进高等学校校园文化建设的意见》中重新做了强调。在《国家中长期教育改革和发展规划纲要(2010—2020)》专章论述了职业教育，指出职业教育要面向人人、面向社会，着力培养学生的职业道德、职业技能和就业创业能力。

2012 年 11 月，党的十八大报告明确提出"三个倡导"，即"倡导富强、民主、文明、和谐，倡导自由、平等、公正、法治，倡导爱国、敬业、诚信、友善，积极培育社会主义核心价值观"。这是对社会主义核心价值观的最新概括。

2017 年 10 月 18 日，习近平在党的十九大报告中指出，"要培育和践行社会主义核心价值观。要以培养担当民族复兴大任的时代新人为着眼点，强化教育引导、实践养成、制度保障，发挥社会主义核心价值观对国民教育、精神文明创建、精神文化产品创作生产传播的引领作用，把社会主义核心价值观融入社会发展各方面，转化为人们的情感认同和行为习惯。坚持全民行动、干部带头，从家庭做起，从娃娃抓起。深入挖掘中华优秀传统文化蕴含的思想观念、人文精神、道德规范，结合时代要求继承创新，让中华文化展现出永久魅力和时代风采"[3]。

2019 年 10 月，中共中央、国务院印发了《新时代公民道德建设实施纲要》，指出要"推动践行以爱岗敬业、诚实守信、办事公道、热情服务、奉献社会为主要内容的职业道德，鼓励人们在工作中做一个好建设者"[4]。

从以上文件的梳理可以看出，1978 年以来，国家对大学生群体的思想政治教育工作高度重视，思想政治教育工作方针、政策也保持了连续性，高职学生职业精神的培育，是大学生思想政治教育工作的一部分，必须以这些方针政策为遵循，并推动具体政策落实、落小、落细。

权出版社，2015：198.
[1] 教育部思想政治工作司. 加强和改进大学生思想政治教育重要文献选编(1978—2014)[M]. 北京：知识产权出版社，2015：233.
[2] 教育部思想政治工作司. 加强和改进大学生思想政治教育重要文献选编(1978—2014)[M]. 北京：知识产权出版社，2015：266.
[3] 习近平. 不忘初心 牢记使命 高举中国特色社会主义伟大旗帜 决胜全面建成小康社会 夺取新时代中国特色社会主义伟大胜利 为实现中华民族伟大复兴的中国梦不懈奋斗[N]. 光明日报，2017-10-18(1).
[4] 新时代公民道德建设实施纲要[N]. 光明日报，2019-10-28(3).

3. 关于高职学生职业精神研究现状

目前高职学生职业精神的研究，主要集中在高职学生职业精神的内涵、意义、问题和路径四个方面，下面简单进行介绍。

1) 关于高职学生职业精神的内涵研究

职业精神是高职学生"软实力"的体现。什么是高职学生的职业精神？高职学生的职业精神包含哪些要素？虽然学者们尚未形成统一的定义，但都认为高职学生的职业精神是高职学生所具备的内在素质，由职业理想、职业态度、职业责任、职业道德等基本因素组成。孙晓玲认为"职业精神是与职业活动相关的、具有职业特征的精神，是一种稳定、持续、成熟的充满职业尊严感、使命感和高度责任感的职业价值观和工作态度，是人们在职业生活中能动地表现自己专业技能和创新潜能的精神动力"[①]。对高职学生这一特殊群体而言，所谓职业精神，就是针对高职学生而展开的职业精神教育，主要包括劳动价值感悟与职业的人文理解、"职业人"必备的职业道德行为、特定专业人员的伦理规范与训练、职业精神实习训练四方面的内容。邓明珍认为"职业精神是指人们以对职业理性认识为基础的职业价值取向及其行为表现，是对职业理念和职业责任及职业使命的认识与理解，是对职业理想和职业追求及职业荣誉的升华与深化条件下的职业态度及其职业操守。职业精神包括职业理想、职业态度、职业责任、职业技能、职业纪律、职业作风等要素"[②]。针对高职学生而言，职业精神是高职学生对日后本职工作的认真、勤奋、尽职尽责等。郭琴认为，职业精神是"由一个人对职业的价值观、态度、职业理想、职业责任和职业道德等凝练而成的个体职业精神品质与职业生活相结合，形成具有导向性的职业心理和职业习惯，影响从业者在社会和家庭生活中的品行，影响个人的精神风貌，进而影响企业的发展和社会的精神风尚"[③]。

这些文献的价值在于尝试揭示高职学生的职业精神内涵，但是这些内涵没有更深层次的理论支持，由于没有搞清楚高职学生的特殊性，所以不可能准确把握住高职学生职业精神，其结果只是在一个平面的语境中罗列不同的要素而已。

2) 关于高职学生职业精神的意义研究

高职学生职业精神培育是企业、高职院校、学生自身发展的客观需要。学者们从国家经济、学生个人等层面纷纷探讨职业精神培养的重要性。蒋丽芬认为，现代职业院校是培养"大国工匠"的摇篮，职业院校的学生是"中国制造 2025"的重要储备力量之一。高等职业院校的学生不仅要拥有敬业、忠诚、激情、责任、高效、协作、创新、进取、执行、细节这 10 种职业精神，更需要培养"工匠精神"。高职院校要以"职业精神"为核心，以塑造"工匠精神"为目标，层层贴近高等职业院校学生的实际，引导和激励高等职业院校学生逐步成长为时代需要的高素质技术技能型人才。[④]王丽媛认为高职学生职业精神培养是中国经济转型升级发展的需要。实现"转型升级"，既要不断寻求科技进步，也要培养、形成一支高素质的技工队伍。"高等职业教育是培养市场所需的应用型人才的教育。在

---

① 孙晓玲. 基于职业素质的高职职业精神内涵论[J]. 职教论坛，2012(6)：62-65.

② 邓明珍. 以就业为导向的高职大学生职业精神培养的探讨[J]. 教育与职业，2011(23)：52-53.

③ 郭琴. 新时期高职人才职业精神培育的探索与实践[J]. 职教论坛，2012(24)：59-61.

④ 蒋丽芬. 关于高等职业教育的几点思考[J]. 教育与职业，2013(23)：56-58.

塑造学生职业精神时，若能强化其工匠精神的培养，将极大地提高其人力资本的附加值，促进高职学生的就业和未来职业的发展。"[①]韩翠兰认为："从我国经济发展新常态新趋势看，产业转型升级和结构调整赋予了新的内涵，各个产业领域发展趋向融合，企业的竞争环境复杂多变，越来越多的企业所需人才的规格由过去的技能型向复合型转变。"[②]这就要求从业者必须具有较高的职业技能和职业精神。高职院校要进一步重视职业精神的培养，使职业技能与职业精神两者并重并行，从而真正达到谋生与乐业相融合。

这一研究的价值在于从经济的角度出发论述职业教育，但更多的是论述经济与职教的关系，对于经济与职业教育、职业教育与职业精神的关系论述不够。

3) 关于高职学生职业精神存在的问题研究

高职学生职业精神的培养一直是高职院校探索的重要课题。学者们从教育观念、教学课程、教学体系、教师队伍等方面着重分析当前我国高职院校在培养学生职业精神的过程中存在的问题。郭少卿等从学校、学生两个维度分析了当前高职学生职业精神教育存在的问题。从学校教育维度而言，认为当前高职院校在教育观念上重技术轻精神，在教材建设上尚未形成完整的职业精神教育课程体系，在职后教育上缺乏细致的职后调查和梳理，在师资队伍建设上职业精神教育的能力有待提升，在社团建设上职业精神传承不明显。在学生维度上，职业精神认知整体比较模糊，大三和大一的学生职业规划低，大二学生的职业规划高。孔德兰从专业教学的角度探讨了高职学生在职业精神教育培养过程中的问题。她认为："职业精神作为一种观念性的行业共识，直接或间接地体现在个体职业生活中的方方面面，而一个人的职业精神很难以量化的指标进行考核，反映在教学过程中就是职业精神难以通过某一门课程或一项活动进行培养，这就需要将职业精神融入专业教学的各个环节，甚至延伸到高职院校其他教育活动中。"[③]当前高职院校专业教学中课程之间培育职业精神的力量难以有效聚合，专业教学实践中形成职业精神的链接前后脱节，教师职业精神的示范作用尚未充分彰显。杨胜萍认为："高等职业教育的本质特征决定了其教育重心就是对于学生职业素质和职业精神的培养，同时要积极推进职业素质、职业精神和职业能力的协调、均衡发展。"[④]而当前影响高职生职业精神培养的主要因素有职业素质和职业精神培养的缺失、高职生自身职业化综合特征的改变、职业教育师资队伍综合素养不高等。

对高职学生职业精神的问题研究，不足之处在于问题都来源于文献，来源于主观的推断，实证调查非常少，而且对问题的分析有夸大其词的现象，不能准确反映高职学生职业精神的现状。

4) 关于高职学生职业精神培育的路径研究

学界对高职学生职业精神培养的路径一般从宏观、中观、微观三个层面阐述。宏观上，政府与社会统筹资源、提供保障；中观上，学校从内容、方法等方面探究职业精神培养体制机制；微观上，教育者以课程为核心与载体将职业精神培养落到实处。何应林从"融合"的视角考虑职业技能与职业精神的培养问题，运用文献研究法、调查研究法和个案研究法三种方法，对德国、日本和瑞士三个国家职业技能与职业精神融合培养的经验进行了梳理，

① 王丽媛. 高职教育中培养学生工匠精神的必要性与可行性研究[J]. 职教论坛，2014(22)：66-69.
② 韩翠兰. 略论高职内涵发展与职业精神培育新常态[J]. 中国成人教育，2015(14)：123-125.
③ 孔德兰，王玉龙. 高职院校专业教学有效融合职业精神的路径[J]. 现代教育管理，2018(10)：100-104.
④ 杨胜萍. 论培养高职生的职业素质与职业精神[J]. 中国成人教育，2013(24)：106-107.

并就职业技能与职业精神融合培养情况进行了深入的调查。在此基础上，构建了高职学生职业技能与职业精神融合培养体系，并对高职学生职业技能与职业精神融合培养的机制进行了探索。他认为："高职学生职业技能与职业精神融合培养体系由融合培养理念、融合培养目标、融合培养条件、融合培养活动 4 个要素构成。其中，融合培养理念指引着融合培养目标的制定、融合培养条件的完善和融合培养活动的开展，是融合培养体系的驱动系统；融合培养目标是融合培养理念在高职技术技能人才培养目标上的具体化，融合培养活动是融合培养的主要载体，二者构成融合培养体系的主导系统；融合培养条件是融合培养活动开展和融合培养目标实现的基础条件，是融合培养体系的保障系统。"①盖晓芬强调："在高职学生职业素质培养中要确立强化人本性、凸显职业性、注重隐形性理念，并通过加强各类课程的建设、成立素质训练中心、强化校园文化感染等平台来实施，在实施中要着重通过品德优化提升职业道德、专业深化提升职业知识、能力强化提升职业技能、仪表美化提升职业形象、文化熏陶提升职业精神，从而促进高职学生职业素质的完善和提升。"②侯红英从工匠精神的视角出发，探讨了高职院校学生职业精神培育的路径。她认为："向社会输出一线人才的高职院校，应当重视和不断加强学生职业精神的培育教育，为社会和企业培养更多更好的兼具职业能力和职业精神的高素质人才。"③因此，高职院校要重视人才培养环节，完善职业精神培育制度和职业精神培育课程体系，要开展校园文化建设，营造良好的职业精神培育氛围。

路径的研究应该与问题紧密结合，路径由问题而来，问题不聚焦必然导致路径的不精准，所以在这类文献中，共同的不足在于培育路径上宏大描述多，可操作性差，很多路径依然停留在国家和社会层面，这种路径的探寻在实际培育过程中很难落地。

(三)研究述评

国内对职业精神的研究视域广阔，从思想到行为，从制度规范到自身修养，从国家层面到各行各业，研究的触角基本都涉及。一是从不同的角度对职场所需职业精神的某些要素进行了阐释，这些要素理论性较强，但实际操作起来并不容易。二是从这些文献表述中可以看出，尽管行业有差异，但各行业的职业精神有着相同或相似的特点，这为我们概括、提炼职业精神的一般内涵和高职学生的职业精神提供了理论上的可能。三是通过梳理国家政策可以看出，国家政策的明确导向有助于高职学生职业精神构建，不同时期，针对不同群体，我国都有明确的职业教育政策，尤其是针对高职学生的思想政治教育政策可以作为构建高职学生职业精神的直接理论来源。四是对古代各类技艺规范的研究，为我们传承优秀中华传统文化，实现民族复兴，寻求建立大国工匠提供了更为广阔的视野。但不足之处：一是已有研究大多只对职业精神的某些要素或特征方面进行描述，对职业精神的内涵挖掘不深不透，甚至多数文献绕开了核心概念，将职业精神、职业道德、职业伦理等概念混同使用，对高职学生职业精神的具体维度未进行梳理。二是已有文献对高职学生职业精神研究缺少实证分析，没有数据支撑，只是泛泛地论述了表象特征，文献陈述情况与高职学生

① 何应林，眭依凡. 高职学生职业技能与职业精神融合培养体系研究[J]. 中国高教研究，2019(7)：104-108.
② 盖晓芬. 高职学生职业素质培养研究与实践[J]. 黑龙江高教研究，2009(8)：114-115.
③ 侯红英. 论高职学生职业精神的培育价值及路径[J]. 学校党建与思想教育，2017(3)：75-77.

职业精神真实情况不相符。所以，具体应对措施不聚焦。三是对高职学生职业精神的特殊性研究不够，高职学生职业精神虽有一般性特征，但与其他行业、其他群体的职业精神仍有一定的差异，这种差异性正是研究的必要性，现有文献在这方面梳理还不够，对高职学生的职业精神的重要性、特殊性鲜有文献梳理。四是通过梳理文献发现，在高职学生职业精神研究中还有一种现象需要引起重视，就是对高职学生职业精神状况不加分析地一味否定，特别是一些高职院校教师的研究文章，完全忽视了高职学生职业精神良好的方面，故意放大其不足之处，甚至诋毁高职学生职业精神良好的一面，否定我国高等职业教育取得的巨大成就。这种情况不但对培育高职学生职业精神无益，相反给高职学生职业精神贴上了一种偏见的标签，严重误导了社会对高职学生的看法。

国外对职业精神的研究在社会层面论述得较多，将职业精神放在一个更广阔的背景中去理解，从社会学、宗教学等视域去考察职业精神、职业伦理，将人的精神层面与外界社会变化紧密联系在一起，让人们明白职业精神不是个体自身的事，是社会发展进步的产物，是社会分工的产物，也是社会整合的需要。当然这种抽象的职业精神容易忽视个体的能动性，以及个体在社会实践活动中的主观能动性，职业精神构建时个体是其中重要的一环，精神说到底也是个人的事，离开具体的个体去谈论精神，容易陷入抽象和神秘。另外，西方社会在研究职业精神的过程中，宗教占据相当重要的地位，将职业精神定格为一种宗教信仰。这是我们在研究中要理性对待、科学扬弃的。

综合上述文献，本书将在借鉴这些文献资料的基础上，尝试廓清职业精神的内涵，尤其是厘清高职学生职业精神的具体维度；关注高职学生职业精神的一般性和特殊性，将高职学生职业精神与本科学生、中职学生进行比较分析，努力找寻高职学生职业精神的生成根源，立足学生、教师、企业全方位研究高职学生职业精神；通过实证全面呈现高职学生职业精神现状，从高职学生职业精神存在的具体问题入手，完成"小切口，大手术"，实现问题能聚焦、措施可操作、效果可评估。

四、研究思路方法、重点难点、创新点和不足

(一)研究思路

本研究遵循提出问题，摸清现状、分析原因，找寻对策的研究思路，通过梳理中西方职业精神的思想资源，详细研读中西方思想家对人的精神世界的关注重点，从而管窥中西方思想家如何构建人的精神世界，并将个人精神世界置身于当前经济转型背景下去分析，将高职学生职业精神培育的特殊重要性放在人力资本建设、助力脱贫攻坚、建成小康社会的时代环境中去解读，通过社会文明整体演进过程去审视高职学生职业精神的发展脉络。

本研究在已有思想资源的基础上，综合运用思想政治教育理论，结合心理学、教育学等多学科知识，审视职业精神的一般结构和高职学生职业精神的具体结构，在厘清职业精神内涵的基础上，综合运用文献法、实证研究和比较研究等方法，分析高职学生职业精神的现状和原因，从受教育者、施教者、雇主等多方面的反馈中呈现高职学生职业精神的真实现状，并客观全面地分析造成这些现状的原因。

在高职学生职业精神的培育对策中，本研究避免就事论事，点对点单线培育的不足，将高职学生职业精神的结构作为一个系统，用整体论的观点去分析，从机制入手，细化具

体的培育路径，关注外部环境的营造和建设，将高职学生职业精神在活化、动态之中去考察。立足于真实问题、实际现状和有效对策，将劳动者置于经济社会环境中，将工具功能与价值属性结合，是本研究一以贯之的思路。

(二)研究方法

1. 文献研究法

文献主要是指包含各种信息的书面材料或文字材料。文献研究方法是"一种通过收集和分析现存的，以文字、数字、符号、画画等信息形式出现的文献材料，来探讨和分析各种社会行为、社会关系及其他社会现象的研究方式"[①]。本书运用这一方法，大量阅读社会学、教育学和伦理学等方面与职业精神培育研究相关的文献资料、相关政策文件、学术专著，并借助 CNKI 等学术平台广泛获取与本课题研究相关的内容资料，整理了职业精神、高职学生职业精神等诸多经典和一些最新文献资料，认真地进行了阅读分析、总结归纳，对比了目前关于职业精神研究的一些基本理论观点和方法，找到了理论研究的依据和支撑，并且通过文献发现了既有研究的不足，从中甄别有价值信息，为自己所做研究找寻理论基础和方法指导。

2. 实证研究法

实证研究法是通过问卷、访谈和观察等方法认识客观现象，向人们提供实在、有用、确定、精确知识的研究方法，目的在于揭示客观现象的内在构成因素及因素的普遍联系。其中问卷法是"将调查问卷发送给被调查者，由被调查者自己阅读和填答，然后由调查者收回进行分析研究的方法"[②]。本书通过设计一系列关于高职学生职业精神的调查问卷，用于研究高职学生的行为特征。本书所采用主要是自填问卷，通过对高职学生的问卷调查，获取了大量一手实证资料，再使用 SPSS 统计软件分析，为高职学生职业精神的研究找到了现实支撑。

访谈法一般分为无结构访谈和结构访谈。"无结构访谈不依据事先设计的问卷和固定的程序，而是通过一个访谈主题和范围，由访谈员和被访者围绕主体或范围进行比较自由的交谈。结构访谈指访谈过程、访谈内容、访谈方式等方面都尽可能统一，做到标准化。"[③]本书主要以甘肃省高职院校的学生访谈为主，采取了无结构访谈的方式。访谈了甘肃省高职院校的部分管理干部和一线教师，也走访了部分高职毕业生的用人单位，深度访谈了一些学生，通过直接访谈、个别访谈的方法，了解了高职学生关于职业精神的一些观点，了解到学生对提升职业精神的迫切愿望，以及对于无法找到恰当路径的困惑。

观察法是"带着明确的目的，用自己的感官和辅助工具去直接地、有针对性地了解正在发生、发展和变化着的现象，然后由观察者对所观察到的事实做出实质性的和规律性的解释"[④]。通过直接感知和直接记录的方式，获得由研究目的和研究对象所决定的一切有关

① 风笑天. 社会学研究方法[M]. 2 版. 北京：中国人民大学出版社，2005：220.
② 风笑天. 社会学研究方法[M]. 2 版. 北京：中国人民大学出版社，2005：175.
③ 风笑天. 社会学研究方法[M]. 2 版. 北京：中国人民大学出版社，2005：263.
④ 风笑天. 社会学研究方法[M]. 2 版. 北京：中国人民大学出版社，2005：257.

的社会现象和社会行为的资料。笔者 20 年来一直在高等职业教育一线工作，先后做过学生工作，负责过招生就业工作，了解到社会、家庭对高等职业教育的态度和看法，也观察到高职学生对职业教育的期待与不满，对高职学生职业精神的优势和不足有着较为直观的认识。

3. 比较研究法

比较研究法是对两个或两个以上的事物或现象加以对比，以找出它们之间的相似性和差异性的一种分析方法。本研究始终贯彻比较研究的方法，从比较中发现高职学生职业精神的特殊性及其研究的特殊价值，将高职学生与本科学生、高职学生与中职学生的职业精神进行了对比，也与国外发达国家在职业精神培育方面进行了对比研究。通过比较能更清晰地明确我们研究的重点和思路。

(三)研究重点和难点

思想政治教育与高职学生职业精神培育之间有着紧密的内在关联。一方面，思想政治教育对高职学生职业精神培育具有重要的引领和促进作用；另一方面，高职学生职业精神培育对思想政治教育具有突出的拓展和深化作用。如何通过高职学生职业精神培育找到高职学生思想政治教育的良好切入点，为思想政治教育找到有效抓手，使高职学生职业精神的建设和践行在实际生活中真正落到实处，是本研究的重点所在。

理论清醒，方能行动正确。在新形势下如何廓清高职学生职业精神的具体内涵和表征，把握高职学生职业精神培育的若干重要问题，将抽象的精神世界理论转变为易于掌握的理论、便于应对的措施、可以检测的效果，是本研究的难点所在。

(四)研究创新点和不足

1. 创新点

一是内涵把握更明晰。现有文献对高职学生职业精神的内涵分析较少，在研究的过程中对高职学生职业精神泛泛而谈，所以以往对问题的呈现比较混沌。本书将高职学生职业精神放在社会经济发展的现实背景下去考量，对高职学生职业精神的具体内涵进行了深入分析，内涵界定较为全面，问题呈现比较真实，从而提出的培育路径更加具体，应对措施更加有效。

二是研究维度更加全面。以前对高职学生职业精神的研究往往是站在社会、学校或家庭的层面去分析，多数从教育者的身份看待被教育者。本研究尝试让高职学生讲述自己的故事，从受教育者的角度、用人单位的视角，以及授课教师的认知等多方面呈现高职学生职业精神现状，对如何提升高职学生职业精神，让学生对学校教育提出要求，对自己的行为进行反思，对社会发展做出回应。避免先入为主，实事求是地去做分析是本研究贯穿始终的研究态度。

2. 研究不足

一是理论深度有待进一步提升。本书将我国古代的一些道德理论，国外关于职业精神的一些论述，马克思经典作家对于职业精神的研究做了梳理，但这些理论本身只是对高职学生职业精神建构方面的借鉴，如何完整地梳理出这些理论与高职学生职业精神的清晰脉络，限于自身学术水平，对相关理论的系统逻辑梳理仍然不够精确，对目前高职学生职业精神具体维度的界定尚欠全面，还需细化深化，这方面尚显不足。

二是政策研究有待进一步跟进。本书开始写作时高等职业教育领域尚显平静，高职学生结构依然稳定，但进入 2019 年，高等职业教育领域大事不断，特别是高职百万扩招政策出台后，相关部门的政策研究才起步，但可预见的是传统高职生源将发生根本变化，未来将以"下岗职工、新型农民工、退伍军人"等组成多元化高职学生群体，料定其职业精神必将发生重大变化，由于有许多不确定因素尚未呈现，本研究对此着墨不多，需要在今后的研究中重点关注。

第一章　概念辨析与相关思想资源

第一节　核心概念辨析

一、职业

(一)职业的概念

在我国古代，"职业"一词最早见于《国语·鲁语下》："昔武王克商，通道於九夷百蛮，使各以其方贿来贡，使无忘职业。"这里的"职业"是指职分，是应作之事。同样含义的还见于宋代诗人王禹偁的《和杨遂贺雨》诗句："为霖非我事，职业唯词臣。"清代梁章钜《退庵随笔·官常一》："士君子到一处，便思尽一处职业，方为素位而行。"职业指做适当之事，不超越自己的本职工作。

"职业"的第二类含义是指官事和士农工商四民之常业。《荀子·富国》："事业所恶也，功利所好也，职业无分，如是，则人有树事之患而有争功之祸矣。"杨倞在《荀子注》解释"职业，谓官职及四人之业也"。纳兰性德《渌水亭杂识》卷二："陶侃勤於职业，虚浮之士，不敢议之，功名显著故也。"

"职业"的第三类含义是指职务、职掌。《资治通鉴·后周太祖广顺二年》："李谷足跌，伤右臂，在告月馀；帝以谷职业繁剧，趣令入朝，辞以未任趋拜。"

"职业"的第四类含义是指事业。宋代诗人石孝友《水龙吟·旧游曾记当年》："职业才华竞秀，汉庭臣、无出其右。"从历史来看，我国古代"职"和"业"是有区别的，"职"通常指官事，"业"通常指士农工商所从事的工作。

高雅珍等人认为"职业是一种社会组织形式，是社会对人角色的安排，是人的自我实现的途径"[①]。廖轶涵认为职业是具有一定劳动能力的人在社会生活中所从事的相对稳定、合法、有偿且能发挥个人能力或特长，为社会做出贡献的一种持续性活动，职业具有社会性、稳定性、经济性等要素。"职业是参与社会分工，利用专门的知识和技能，为社会创造物质财富和精神财富，获取合理报酬，作为物质生活来源，并满足精神需求的工作。"[②]史卉等人将职业分为"一般范畴的职业、专门范畴的职业以及象征符号的职业"[③]，其分类依据是法国社会学家涂尔干的社会分工理论。

在西方，马丁·路德首先使用了"职业"一词，他把《圣经》中"神的召唤"概念改造为"职业"。"职业"在德语中是 Beruf，在英语中是 Calling，是呼叫、召唤、呼召的含义。在现代英文中，Vocation 是"工作、职业"的意思，但它也是"天职、神召"之意，Vocation 来自拉丁文 Voco，是个动词，意为"召唤"。路德认为，"职业，亦即神的召唤，

---

① 高雅珍，熊亮. 职业道德[M]. 上海：上海人民出版社，2014：1-6.
② 廖轶涵. 职业与职业指导概念探究[J]. 中国职业技术教育，2007(5)：26.
③ 史卉，闫智勇，谢晓艳. 社会学视角下职业的含义及其对职业教育的启示[J]. 职教论坛，2012(21)：23.

是上帝为人安排的终身任务"①。因此,现代意义上的"职业"一词是宗教改革和工业革命的产物。

美国社会学家塞尔兹(Philip Selznick)认为"职业是一个人为了不断取得收入而连续从事的具有市场价值的特殊活动,这种活动决定着从事它的那个人的社会地位,只有具备了技术性、经济性和社会性三要素的社会活动方可列入职业范畴"②。美国学者泰勒认为"职业是一套成为模式的与特殊经验有关的人群关系,职业是用于组成一个社会的一种地位范畴"③。日本学者尾高邦雄认为"所谓职业是个性的发挥、任务的实现和维持生活的连续性的人类活动"④。

西方学者对职业的另一种解释是从社会分工的角度,主要讲述职业的由来。代表人物有亚当·斯密(Adam Smith)和马克思(Karl Heinrich Marx)。亚当·斯密提出交换倾向产生了劳动分工,劳动分工产生了职业,因为劳动分工提高了劳动生产率并为人们提供了大量可以通过交换满足自身需要的资源。⑤正是因为交换,使职业存在成为可能,也成为必要。马克思认为"人们为了能够创造历史,必然能够生活,但是为了生活,首先就需要吃喝住穿以及其他一些东西。因此,第一个历史活动就是生产满足这些需要的资料,只生产物质生活本身"⑥。由于生产力低下,这时的分工还停留在生理基础上,根据男女性别的不同,分别从事一些狩猎与织布、抚养孩子的职责。但随着社会生产力的发展,人们由原来的自然分工,逐渐分化出其他的职业。

综上所述,职业首先是人的一种活动,是人的一种社会性活动,而且是稳定性的社会活动,职业是社会分工的产物,职业在带给个体利益的同时,客观上促进物质财富的发展。综合上述意见,笔者尝试性地对职业概念进行界定:职业是在社会分工的基础上产生,是个人维持生活所需和实现自我价值的一种连续性社会活动,是社会物质财富和精神财富的源泉。

(二)职业的特点

1. 社会性

职业的社会性首先表现为职业是社会分工的产物。当社会发展到一定程度,劳动对象、劳动工具以及劳动力的组成都会呈现出新的形式,这些生产要素的不同形式构筑起不同的职业。社会分工的不同,反映着生产力发展程度的差异,也导致职业种类的不同。社会分工水平越高,职业的分类越细。其次,职业的社会性表现在职业的层次结构上,"职业层次反映基本的生产关系,社会的组织结构和社会的权益分配。在阶级社会,职业与阶级、等级制度联系在一起,脑力劳动与体力劳动分开以后,一部分人变成了特权阶级,专事脑力劳动,另一部分人处于被统治地位,只能从事体力劳动"⑦。而不同的职业承担着不同的

① 马君. 论新教伦理中的职业精神[J]. 山西社会主义学院学报,2007(2):28.

② 刘春生,徐长发. 职业教育学[M]. 北京: 教育科学出版社,2002:46.

③ 刘春生,徐长发. 职业教育学[M]. 北京: 教育科学出版社,2002:46.

④ 刘春生,徐长发. 职业教育学[M]. 北京 : 教育科学出版社,2002:46.

⑤ 亚当·斯密. 国民财富的性质和原因的研究[M]. 北京: 商务印书馆,1983:1-16.

⑥ [德]马克思,恩格斯. 马克思恩格斯选集(第一卷)[M]. 北京:人民出版社,1995:79.

⑦ 高雅珍,熊亮. 职业道德[M]. 上海:上海人民出版社,2014:1-6.

责权利，代表着不同的地位、经济收入、社会的权益分配情况。再次，职业的社会性表现在职业活动中反映了社会运转的机制。职业是社会分工的产物，分工的结果促使人们之间的依赖关系更加紧密，不同职业的职能、职责划分形成了各行各业间的相互关系和合作形式。因此，职业的社会性是从业人员在特定的社会生活环境中所从事的一种与其他社会成员相互关联、相互服务的社会活动，职业活动不是个体孤立的行为。

2. 经济性

从宏观角度来看，社会的职业构成反映了社会的产业结构，如三大产业的构成与劳动力的开发与储备状况。从中国历史上产业发展的脉络来看，产业的发展影响着职业的发展，如中国的产业形态先后经历了原始农业时期、传统农业时期、农工商交会时期、机器工业时期、电器工业时期和现代服务业时期。[①] 伴随着产业的发展，职业也随之更替，由最初以农业为主，随后农业、手工业、商业交会发展到近代工业化以后出现的各类新型职业。产业对职业的影响首先表现在生产工具上，生产工具包含两层属性，一是制造工具本身就是一种职业，而使用工具又会产生新的职业。传统农业时期，从"钻燧取火以化腥臊"[②]到"作结绳而为罔罟，以佃以渔"[③]，生产实践的发展，工具从石制工具、木制工具，再到金属工具的运用，以致后来机器工业的大力发展，每一次工具的改进都带动了产业的发展，相应地促使职业的更新。

从微观角度来看，职业活动的经济性是指劳动者从事职业活动的目的是获得报酬。职业活动正是因为有了经济性和连续性，才与劳动者的生计紧紧联系在一起。所以只有在较长时间内，持续从事稳定活动获得收入，并且以该收入作为主要生活来源，才能算作职业活动。

3. 历史性

职业的历史性表现为职业是一个动态发展的过程，职业的稳定只是暂时的，是相对于某一时代而言，放在整个人类的历史中，职业的演变速度很快。一方面是整个职业轮换代替，传统行业中的许多职业今天已完全消失，而新时代催生出新的行业，如信息革命后催生出大量的 IT 类职业；另一方面，职业的名称没有变，但内涵已发生了根本变化，同样是工人，今天的工人无论从工作条件、工作内容，还是从工作要求都发生了很大变化。可以说，不同的历史时代有不同的职业，不同的职业服务于不同的时代。

二、职业精神

(一)职业精神的概念

目前论述职业精神的文献较多，但对职业精神内涵界定的表述并不多，查阅现有文献，对职业精神做出明确概括的有：王伟认为"职业精神是与人们的职业活动紧密联系，具有自身职业特征的精神。在内容方面，它表达职业根本利益以及职业责任、职业行为上的精

---

① 王天伟. 中国产业发展史纲[M]. 北京：社会科学文献出版社，2012：436.

② 侯外庐，赵纪彬，杜国庠. 中国思想通史(第一卷)[M]. 北京：人民出版社，2011：546.

③ 侯外庐，赵纪彬，杜国庠. 中国思想通史(第一卷)[M]. 北京：人民出版社，2011：587.

神要求。从功效上看，职业精神使社会精神职业化"①。袁继道认为"职业精神是基于对职业的正确认识，建立在职业责任感和职业道德观念之上，把职业当成事业、当成人生、当成奉献的高尚情操"②。葛志亮认为"职业精神是人们在长期的职业活动中形成并为人们所认可的一种持续、稳定且具有职业特征的价值观、态度和精神风貌的总和，是职业人在具备职业技能和遵守职业道德基础上形成的更高层次的精神境界"③。刘慧认为"职业精神是基于对职业的正确认识，建立在职业道德和职业伦理之上，将职业当作人生的事业，当成奉献的精神，且是一种人生精神的内化组成部分，它是一种态度，也是能够落到实处的实践能力和社会能力"④。上述概念均从某一方面对职业精神进行了界定，都认为职业精神来源于职业活动，与人们的道德观念相关联，是对道德的升华，但不足之处是界定较为宽泛，并且将精神与能力等混为一谈。邱吉认为"职业精神是指人们在一定的职业生活中能动地表现自己，反映职业性质和特征的思想、观念和价值取向。职业精神既是人类在改造物质世界过程中被激发出来的活力和意志的体现，具有强烈的社会性特征；也是对从业者职业意识、职业思维和职业心理状态的反映，具有强烈的主观性色彩；同时还是从业者职业道德素质的具体体现"⑤。具备高尚的职业精神是个人从事工作的基本要求，是其价值观和行为准则的基本体现，职业精神是职业行为的动力支撑，职业精神是"个体存在的深层尺度"⑥。

综合上述研究，本书认为职业精神是个人在维持生活所需和实现自我价值的职业活动中所秉持的职业价值观、态度和精神风貌，也是从业者建立在职业道德基础上的高层次精神境界。职业精神是观念性和价值性、社会性与个体性的统一体。从历史的角度来看，职业精神属于历史范畴。职业具有时代性，不同的时代，由于产业结构不同，职业亦不相同，而精神是通过思想、制度、理论等载体来表现的，不同时代，这些载体不同，所以表现出的精神核心也不同，蕴含的职业精神自然也不同。从社会分工和社会发展的角度看，职业精神与人们的职业活动和职业发展密切相关。职业和职业精神的本质既是实现个人价值和获取物质资料，也是创造社会物质财富和精神财富的一种社会活动，这种社会活动深刻地打上了社会发展的烙印，也打上了行业发展和个体进步的烙印。现代意义上的职业是近代工业化的产物，是在近代资本主义发展的过程中产生的，职业呈现出明显的历史印记，这种历史性既体现在不同制度下各国职业精神表现不同，也体现在同一制度不同历史时期对职业精神的理解也不同。在资本主义国家，职业精神的价值取向是为维护资本的最大化服务的，职业精神背后的驱动力是为了追求最大化的剩余价值，而在社会主义国家，职业精神是社会主义精神文明的重要组成部分，其本质是为人民服务。今天社会主义新时代的职业精神是为了满足人民对幸福生活的追求而奋斗。法国学者孔多塞(Condorcet)说："如果我们在同一个时间的某一空间之内对每一个个人都存在着的那些结果来考虑这同一发展过

① 王伟. 论职业精神[N]. 光明日报，2004-06-30(5).

② 袁继道. 论职业精神[N]. 科技创新导报，2008，3(20)：3.

③ 葛志亮. 论高职学生职业精神培养的三个维度[J]. 继续教育研究，2014(4)：18.

④ 刘慧. 职业精神的概念界定与辨析[J]. 江苏教育，2015(12)：18.

⑤ 邱吉. 培育职业精神的哲学思考[J]. 中国人民大学学报，2012(2)：77-78.

⑥ B. K. Myers. Younng Children and Spirituality[M]. New Yyork and London: Routledge, 1997: 18.

程,并且如果我们对它的世世代代加以追踪,那么,它就呈现为人类精神进步的史表。"[①]

从社会角度看,职业精神是人类精神体系的重要组成部分。个体不能独立于社会单独存在,个体的生存和发展,受制于所处的社会关系,职业精神作为个体内化的价值规范,不只是个体内生的产物,而是外部社会精神在人的职业生涯中的体现,是个体所处时代精神的有机组成部分。例如当前我国倡导的社会主义核心价值观,将被个体认同并内化为个体的精神世界的主要组成部分,成为个体职业精神的有机组成。美国学者麦克基认为:"所谓精神生活,本质上就是一系列的人与人之间和人与团体之间的交流,并在交流中得到满足,同时也改善社会。"[②] 因此,职业精神作为社会生活的产物,既受到已有精神体系的制约,又反过来影响和丰富既有的精神体系,"既是人们通过职业活动对物质世界进行改造的结果,也是对人自身进行改造和思考的结果,是人类意志在职业活动中得以充分体现的佐证,它使人的精神和灵性在职业实践活动中得到了充分的延伸"[③]。

从功能上看,职业精神规范和指引着主体的实践活动。人是社会的产物,总是处在各种社会关系之中,这些社会关系往往通过各类社会实践活动来体现。这些社会实践活动不仅是社会对个体评价的依据所在,也是实现个体价值的载体,社会对个体的评价既关注个体对社会物质上的贡献,也关注个体的精神彰显和精神感召力。因此人的社会实践活动不但为社会提供物质财富,也为社会贡献着精神财富。"社会实践是人的实践,人的实践塑造着我们的人格,作为实践品格的精神根基,职业精神决定了实践品格的方向,支撑着实践品格的养成,引领和规范着实践的发展,直接影响到包括实践主体在内的所有社会成员的进步与发展。"[④] 这种实践活动,反映了人类认识世界和改造世界的能力,而在实践活动中沉淀下来的职业精神要素,又为群体和个体提供了精神动力。"从人性发展的角度看,从业者的职业行为反映着从业者的人生追求,折射出他们的精神生活层次。无论是对人类的存在价值的追寻,还是对从业者个体全面发展的期待,高层次精神品质的培育是职业精神的根本追求。从职业发展的历史和发展趋势来看,高层次精神品质是引领职业持久发展的主导力量。因此,培育高层次职业精神品质成为当代社会的迫切需要。"[⑤]

(二)职业精神的特点

1. 内在性

职业精神是人们在一定的职业活动中体现出的价值规范,它以价值观、态度、良心、作风等形式表现出来,这些因素必须为一定主体所内化,才能引导具体的职业行为,因此,职业精神尽管没有直接外显出来,无法直接观察和衡量,但它渗透在每一位职业主体的具体职业行为之中。

2. 目的性

"精神因素能够成为推动人们行动起来的精神动力,是因为精神、意识能够反映人们

① 邱吉. 培育职业精神的哲学思考[J]. 中国人民大学学报, 2012(2): 77.
② 邱吉. 培育职业精神的哲学思考[J]. 中国人民大学学报, 2012(2): 77.
③ 邱吉. 培育职业精神的哲学思考[J]. 中国人民大学学报, 2012(2): 78.
④ 陈辉. 培养时代需要的职业精神[N]. 浙江日报, 2012-01-20(5).
⑤ 邱吉. 培育职业精神的哲学思考[J]. 中国人民大学学报, 2012(2): 77-78.

活动的规律性。"[①] 人们的职业精神能够反映人们对职业活动的价值认同和取向，决定着人们对待职业的态度和行为，支撑着人们对职业的敬畏与创新，推动人们的职业活动朝着一定的方向和目标前进。

3. 稳定性

相比于人们的具体职业行为，职业精神具有更大的稳定性，人们在职业活动中形成的理想、信念等价值观，会在人们的实践活动中逐渐被强化、发展。例如我们曾经倡导过的铁人精神、大寨精神，新时代倡导的红船精神，这些精神不仅体现在一代又一代共产党员身上，而且影响着各行各业的从业者顽强拼搏、无私奉献，这些精神都从不同侧面诠释着职业精神。

4. 多样性

职业精神的多样性源于职业活动的历史性和职业活动的丰富性，社会分工不同，社会的产业结构不同，对人们的职业规范也不尽相同，例如忠诚是多数职业提倡的职业精神，但是对于医生，有时对病人隐瞒病情可能有利于治疗，这种善意的谎言对于医生来说又成为职业精神的一部分。因此，在不同的职业活动中，人们的职业理想、职业信念、价值观念、道德情操呈现出多样性。

中国古代社会对职业精神的培育主要体现在个体精神世界的培育方面，个体精神世界的培育本质上是为社会培养理想人格的人，尽管理想人格是按照统治阶级的要求培养的，但客观上对个人精神世界的培育推动了人类社会的实践活动，这些蕴含在社会实践活动中的精神价值为高职学生职业精神的培育提供了有益借鉴。

第二节　职业精神相关思想资源

一、国内相关思想资源

中国思想史上，精神建构主要围绕道德、义利、诚信、意志、理想等方面展开阐释，这些思想赋予了人们立足社会的道德支点。一方面，中国历史上占主导地位的精神理论是以儒家为首的正统思想，主要关注个体精神世界的培育，侧重于伦理精神的建构，追求形而上之道；另一方面，数千年工艺成就体现了古代工匠对个体道德的践行过程，从先秦时代形成的中国古代工匠精神到封建社会农业手工业的繁荣发展，直至近代职教思想的出现，工匠们展示了优良的技术水平和先进的技术理念，回应了所处时代的现实需求，这些伦理思想和技术理念共同彰显了中华文化的博大精深，丰富了中华文化思想的宝库。今天我们需要"努力实现传统文化的创造性转化、创新性发展，使之与现实文化相融相通，共同服务以文化人的时代任务"[②]。

---

① 邱吉. 培育职业精神的哲学思考[J]. 中国人民大学学报，2012(2)：78.
② 习近平. 谈治国理政(第二卷)[M]. 北京：外文出版社，2014：313.

(一)古代相关代表人物思想

1. 孔子的"理想人格"思想

孔子的思想主要集中于弟子的记录本《论语》中。李泽厚认为："《论语》这本书所宣讲、所传布、所论证的那些道理、规则、主张、思想已代代相传，长久地渗透在中国两千多年的政教体制、社会习俗、心理习惯和人们的行为、思想、言语、活动中了。"[①]孔子在《论语》中塑造了"理想人格"的形象，而这一"理想人格"又以"君子"模型呈现给大家，孔子在《论语》中提及的"君子"是"仁、义、礼、知、信"的集合体。孔子认为不论做人做事都要朝这一方向努力，争取达到"君子"的要求。分析孔子刻画的"君子"形象，可以概括出以下几个特征。一是对人遵循"仁爱"原则。仁爱原则主要用来处理自己与他人的关系，比如在处理自己与家人的关系上，要"入则孝，出则悌，谨而信，泛爱众，而亲仁。行有余力，则以学文"[②]。在孔子看来，在父母面前，就要孝顺父母；离开家里，便要敬爱兄长，要寡言少语，博爱大众，亲近有仁德的人，这样躬身实践之后，心有余力，再去学习。在处理他人关系时，要坚持"夫仁者，己欲立而立人，己欲达而达人。能近取譬，可谓仁之方也矣"[③]孔子认为仁就是要自己站得住，同样也使别人站得住；自己要事事行得通，也要让别人行得通，这样做，就是实践了仁道的做法，己所不欲勿施于人，这一原则，直到今天仍然是我们处理人际关系的重要准则。二是注重用礼来规范自己行为。君子如何保持不离经叛道，需要"博学于文，约之以礼"[④]。三是尊崇诚信品行。孔子反对"巧言、令色、足恭"[⑤]。对花言巧语、表面伪善、假装恭顺的人，"丘亦耻之"。四是主张"取义"。孔子担心的则是"德之不修，学之不讲，闻义不能徙，不善不能改，是吾忧也"[⑥]。品德不培养，学问不讲习，听到"义"在那里，却不能亲身赴之。孔子非常重视品德，主张杀身成仁、舍生取义、无私奉献的精神。五是重道，孔子提出培养人的标准为"志于道、依于仁"[⑦]，要培养"成德之人"，孔子提出的"君子人格""有君之道四焉，其行己也恭，其事上也进，其养民也惠，其使民也义"[⑧]。孔子评论子产具备四种行为合于君子之道："容颜态度庄严恭敬，对待君上认真负责，教养人民有恩惠，役使人民合于道理。"[⑨]

总之，孔子在价值标准上追求"志于道、据于德，依于仁，游于艺"[⑩]。将人生价值目标定位于追求"道"，根据在德行，依赖于仁义，而游憩于礼、乐、射、御、书、数六艺

---

① 李泽厚. 论语今读[M]. 桂林：广西师范大学出版社，2007：2.
② 杨伯峻. 论语译注[M]. 北京：中华书局，2006：5.
③ 杨伯峻. 论语译注[M]. 北京：中华书局，2006：72.
④ 杨伯峻. 论语译注[M]. 北京：中华书局，2006：71.
⑤ 杨伯峻. 论语译注[M]. 北京：中华书局，2006：57.
⑥ 杨伯峻. 论语译注[M]. 北京：中华书局，2006：75.
⑦ 杨伯峻. 论语译注[M]. 北京：中华书局，2006：76.
⑧ 杨伯峻. 论语译注[M]. 北京：中华书局，2006：53.
⑨ 杨伯峻. 论语译注[M]. 北京：中华书局，2006：53.
⑩ 杨伯峻. 论语译注[M]. 北京：中华书局，2006：76.

之中。具有君子人格的人"巍巍乎，舜禹之有天下也，而不与焉"①！君子应该以尧舜为楷模，为富四方，不为私利。孔子在价值目标上追求的理想人格，本质上就是追求高尚道德的人。孔子希望借助于他的"内圣外王"之法，对内修好自己的心性，对外实现"齐家治国平天下"的抱负，以此达到"修己安人"的目的，而"君子"也成为两千多年来大家追逐的精神标杆。

2. 墨子"厚乎德行，辩乎言谈"的思想

先秦时代，尚技与崇德是并行而进的，工匠的首要任务依然是遵从德政的需要，这从墨子的用人标准中可以集中展示出来。"厚乎德行，辩乎言谈，博乎道术"是墨子提出的用人标准。墨子认为贤者是国家之珍、社稷之佐，国家强盛的根本在于广纳贤才，最好的办法莫过于给他们富贵、尊敬和荣誉。《墨子》记载："子墨子言曰：今者王公大人为政于国家者，皆欲国家之富，人民之众，刑政之治，然而不得富而得贫，不得众而得寡，不得治而得乱，则是本失其所欲，得其所恶。是其古何也？子墨子言曰：是在王公大人为政于国家者，不能以尚贤事能为政也。是故国有贤良之士众，则国家之治厚；贤良之士寡，则国家之治薄。故大人之务，将在于众贤而已。"②墨子认为治理国家的目的，就是希望国富民众，社会秩序井然，但事实上没有实现上述目的，国未强，人未增，社会却变得混乱，墨子认为造成这种情况的原因，就是王公大臣治理国家的时候，不善于崇尚贤者，任用能者的缘故。国家德才兼备的人众多，统治基础就深厚，德才兼备的人稀少，统治的基础就薄弱。所以，掌权者的当务之急，就在于广纳贤才。那什么样的人才能算贤才呢？"子墨子言曰，譬若欲众其国之善射御之士者，必将富之、贵之、敬之、誉之。然后，国之善射御之士，将可得而众也。况又有贤良之士厚乎德行。辩乎言谈，博乎道术者乎！此固国家之珍，而社稷之佐也。亦必且富之、贵之、敬之、誉之，然后国之良士，亦将可得而众也。"③墨子认为那些道德品行淳厚，言谈辞令精辩，通晓治理国家方法的贤良之士本来就是国家的珍宝、社稷的辅佐，一定也要使他们富足、显贵，给他们尊敬、荣誉，然后国中的贤良之士就可以逐渐增多。

墨子以比喻的手法说明要对德艺并修的人给予其富足和尊重。直到今天，德才兼备依然是我们培养人才的目标，选人用人的标准。

对于如何培养"德才兼备"的人，墨子还提出了"述而作"的因材施教之法。墨子认为"为义孰为大务""譬若筑墙然，能筑者筑，能实壤者实壤，能欣者欣，然后墙成也。为义犹是也。能谈辩者谈辩，能说书者说书，能从事着从事，然后义事成也"。④墨子认为仁义之事最重要的就是各司其职，就像筑墙，能筑土的就筑土，能填土的就填土，能挖土的就挖土，然后墙才能筑成。行仁义之事也是这样，能言谈辩论的就言谈辩论，能解说典籍的就解说典籍，能身体力行的就身体力行，然后，仁义的事就能做成。总之，将合适的人用在合适的地方，发挥各自的特长，整件事情才能完成。"二三子有复于子墨子学射者，子墨子曰不可。夫知者必量其力所能至而从事焉，国士站且扶人，犹不可及也。今子非国

---

① 杨伯峻. 论语译注[M]. 北京：中华书局，2006(1)：96.
② 张永祥，肖霞. 墨子译注[M]. 上海：上海古籍出版社，2015：46.
③ 张永祥，肖霞. 墨子译注[M]. 上海：上海古籍出版社，2015：47.
④ 张永祥，肖霞. 墨子译注[M]. 上海：上海古籍出版社，2015：47.

士也，岂能成学又成射哉？"①

墨子主张学习要专心，有智慧的人要根据自己的力量去做事，他举例说即使才能出众的人也无法将作战与救治伤员同时兼顾，才能不出众的人，更无法兼顾多件事情。其实，这种说法今天依然有其可取之处，职业教育一直被认为是特长教育，要充分发挥学生的特长，尊重个性化差异，实现因材施教。

墨子还认为不能固守传统，要有不断创新的精神。墨子通过一段敲钟的比喻说明创新的必要性。"公孟子谓子墨子曰：君子共己以待，问焉则言，不问焉则止。譬若钟然，扣则鸣，不扣则不鸣。子墨子曰：是言有三物焉，子乃今知其一身也，又未知其所谓也。若大人行淫暴于国家，进而谏，则谓之不逊；因左右而献谏，则谓之言议。此君子之所疑惑也。若大人为政，将因于国家之难，譬若机之将发也然，君子之必以谏，然而大人之利，若此者，虽不扣必鸣者也。若大人举不义之异行，虽得大巧之经，可行于军旅之事，欲攻伐无罪之国，有之也，君得之，则必用之矣。以广辟土地，著税伪材。出必见辱，所攻者不利，而攻者亦不利，是两不利也。若此者，虽不扣必鸣者也。且子曰：君子共己待，问焉则言，不问焉则止，譬若钟然，扣则鸣，不扣则不鸣。"② 这段话的意思是：君子不应该直接发言，"应该拱手而立，恭敬地等待，有问必答，不问就停止。就好像钟一样，敲它就响，不敲就不响"。墨子对这种说法，根据具体情况进行了分析，他认为："讲话要分三种情况，你现在只知道其中的两种，而且还不知道他的真正用意，如果国君在国内倒行逆施，如果进谏则是不恭敬，如果通过国君的近臣，进谏又会被认为是妄加议论，这就是君子的困惑所在，如果国君处理政务，国家眼看要有大难发生，就像机关一样一触即发，君子就一定要进谏，然而国君却能因此而得利！像这种情况即使不敲，也一定要鸣响，如果国君做出不道义的行为，即使有巧妙的方法可以在军队中实行，想要攻伐没有罪行的国家，君主得到后一定会使用，以此来开疆拓土，聚敛税利财货，但外出作战一定会遭受耻辱，被攻打的国家没有好处，攻打别人的也得不到好处，是两者都得不到好处，如果像这样，即使不敲，也一定要鸣响。"墨子通过这种分析，说明不要固守传统，要根据实际情况，具体问题具体分析，这是一种实事求是的态度，也是一种勇于创新的精神。

墨子的这些观点用现在的标准衡量似乎并没有独到之处，但在两千多年前，不愧为极有见地的思想。先秦以后，由于儒家思想的强有力主导地位，墨家思想一度陷于沉寂，但是中国的科技却承继着德技并进的模式，古代工匠们以自己精益求精的态度，为后世呈现了独一无二的匠品，给我们留下了丰厚的物质文化和精神文化遗产，也是我们研究职业精神的宝贵资源。

3. 孟子"舍生取义"的思想

孟子的"义利"思想是对孔子思想的进一步发展，孟子的"义利"思想并非完全隔离"义"和"利"，孟子首先肯定物质生活的合理性。"五谷熟而民人育"③"民非水火不生活"④"五十非帛不暖，七十非肉不饱。"⑤孟子认为人们有合理追求物质生活的需要。"口

① 张永祥，肖霞. 墨子译注[M]. 上海：上海古籍出版社，2015：398.
② 张永祥，肖霞. 墨子译注[M]. 上海：上海古籍出版社，2015：384.
③ 杨伯峻. 孟子译注[M]. 北京：中华书局，2010：114.
④ 南怀瑾. 孟子与尽心篇[M]. 上海：东方出版社，2014：78.
⑤ 南怀瑾. 孟子与尽心篇[M]. 上海：东方出版社，2014：69.

之于味也，目之于色也，耳之于声也，鼻之于臭也，四肢之于安佚也，性也。"[1]人们的感官愿意追求享乐，所以孟子承认人们求利的合法性和正当性。但在这种基础上，孟子对"义利"关系提出了他的主张："养心莫善于寡欲"[2]，清心寡欲是修养自身的最好方式，孟子倡导统治阶层要节俭，"贤君必恭俭礼下"[3]。孟子藐视统治阶级建造豪华殿宇，饮酒作乐的奢侈生活，"堂高数仞，榱题数尺，我得志，弗为也。食前方丈，侍妾数百人，我得志，弗为也。般乐饮酒，驱骋田猎，从车千乘，我得志，弗为也"[4]。孟子主张适当地取利可以，但反对奢侈浪费。怎样正确处理二者的关系，要做到"内无怨女，外无旷夫"，要以"义"为先，"非其道，一箪食，则不可受于人"[5]。孟子舍利取义最为大家熟知的是鱼与熊掌的论述，鱼与熊掌不可兼得，舍鱼而取熊掌也。孟子在利的基础上推崇其义的主张，更符合现实，但在义利发生冲突时，一定要做到舍利取义，这种舍生取义的思想在其后中国历史上演绎出了许多可歌可泣的故事，成了支撑中华民族脊梁的主要精神支柱。

4. 法家的"以法为教"思想

相比儒家和墨家的道德教化，法家主张以法为教。"法家不别亲疏、不殊贵贱，一断于法"[6]，通过严格的法律来确保各项政策的实施，"法令者，民之命也，为治之本也"[7]。商鞅主张"凡明君之治，任其力不任其德"[8]。法家思想为当时秦国的强大奠定了基础，也为中国后世的强盛开启了序幕。中国古代思想史，无论主张仁政还是德政，德治与法治从来没有分开过。所以，韩非主张"赏莫如厚而信，使民利之；罚莫如重而必，使民畏之，罚莫如一而故，使民知之"[9]。从法家的思想可以看出，人们在做事的过程中，外在他律的重要性，道德的教育如果没有外在法律的保障，良心不会自动生成，他律要转换为自律，必须有对法律的遵守、对规则的敬畏之心。

综观先秦时代的各位思想家，在追求思想政治教育的本体价值，旨在回答为社会培养什么人的问题。正如《大学》所言，"大学之道，在明明德，在亲民，在止于至善"[10]。在价值判断标准上，"为人君止于仁；为人臣，止于敬；为人子，止于孝；为人父，止于慈；与国人交，止于信"[11]。这些为人处世的道德原则，影响了中华文化的千年走向，刻画了中国人的特殊性格，这些文化思想穿越时光，直到今天依然闪烁着智慧的光芒，为我们研究职业精神提供了宝贵的借鉴。

儒家文化经过演变交汇，复兴重组，奠定了整个中华传统文化的核心地位，秦汉以降，儒家的思想地位愈发巩固，后世的思想家们对儒家的思想做了深入的挖掘，王充、朱熹、

① 南怀瑾. 孟子与尽心篇[M]. 上海：东方出版社，2014：188.
② 南怀瑾. 孟子与尽心篇[M]. 上海：东方出版社，2014：216.
③ 曾振宇. 孟子新注[M]. 北京：人民出版社，2012：72.
④ 南怀瑾. 孟子与尽心篇[M]. 上海：东方出版社，2014：216.
⑤ 曾振宇. 孟子新注[M]. 北京：人民出版社，2012：89.
⑥ 侯外庐，赵纪彬，杜国庠. 中国思想通史(第二卷)[M]. 北京：人民出版社，2011：546.
⑦ 宋作璋. 秦汉史研究文集[M]. 北京：人民出版社，2015：212.
⑧ 方尔加. 法学思想讲演录[M]. 北京：人民出版社，2019：277.
⑨ 罗安宪. 中国孔学史[M]. 北京：人民出版社，2008：248.
⑩ 黄侃. 黄侃手批白文十三经·礼记·大学[M]. 上海：上海古籍出版社，1983：229.
⑪ 丁联，曾振宇. 大学中庸新注[M]. 北京：人民出版社，2015：14.

王阳明、黄宗羲等人探讨提升道德的力量，竞相证明品德培育的重要性，通过道德教化、人格塑造为统治阶级招募合格的代理人。但与伦理道德发展相并行，科技也以自己的规律在演进，普通百姓用自己的双手践行美好的品德，并将其转化为科技发展的主要推力，将形成于先秦时代的工匠精神传承发扬光大，其中最权威的当属明代宋应星的《天工开物》，集中地反映了普通百姓的开拓创新精神，它与各类道统思想一起组成了古代灿烂的文化。

5. 王充的"贤才"思想

王充认为判断贤人要"观善心也，夫贤者才能未必高也，而心明；智力未必多，而举是。何以观心？必以言，以故心善无不善也，心不善无能善，心善则能辨然否，然否之义定心善之效明，虽贫贱困穷，功不成而效不应，犹为贤矣"[①]。是否为贤人，要从"心"入手观察是否心善，如何观察善行，则要倾听其善言，退而求其次，没有善言的话，则要看其著书立说，通过言谈作文来辨别其贤，著书立说本是文人的本职工作，换句话说，这是对贤人学识方面的要求，因此王充认为察其言观其行可以辨别贤人。贤人也有层次差别，"故夫能说经者为儒生，博览古今者为通人，才摅传书以上书奏记者为文人，能精思著文，连结篇章者为鸿儒，故儒生过俗人，通人胜儒生，文人踰通人，鸿儒超文人，故夫鸿儒，所谓超而又超者也"[②]。这种差别反映了对贤才学识的重视，王充欣赏能"好学勤力，博闻强识，著书表文，论述古今"[③]的人。

但在重视学术的同时，王充对贤人的品行也非常重视，"夫不孝之人，下愚之才也。"[④]"以《程材》所论，论才能行操，未言学知之殊奇也。"[⑤]学识操行并重方能看作贤人。那怎样才能成为贤人？"佞与贤者通才，材行宜钧，而佞人曷为独以情自败？曰：富贵皆人欲也，虽有君子之行，犹有饥渴之情。君子则以礼防情，以义割欲，故得循道，循道则无祸；小人纵贪利之欲，踰利翻义，故进得苟佞，苟佞则有罪。"[⑥]成为贤人就要用礼仪规范约束自己的行为，控制自己的情欲，不得放纵欲念。同时王充提出要"化性易俗"，将恶性转化为善性。他在《论衡·率性》中提出"论人之性，定有善有恶。其善者，固自善矣，其恶者，固可教告率勉，使之为善。凡人君父，审视臣子之性，善则养育效率，无令近恶；恶则辅保禁防，令渐于善，善渐于恶，恶化于善，成为性行"[⑦]。不论性善性恶，培育教化都会起到较大的作用，可以实现恶转向善。他指出："凡含学气者，教之所以异化也。"[⑧]"三苗之民，或贤或不肖，尧舜齐之，思教加也，楚越之人，处庄越之间，经历岁月，变为舒缓，风俗移也。"[⑨]

王充对儒家追求的理想人格以"贤人"的形象进行了具化，对于贤人的标准，一是技

① [汉]王充. 论衡校注[M]. 张宗祥，校注. 上海：上海古籍出版社，2010：543.
② [汉]王充. 论衡校注[M]. 张宗祥，校注. 上海：上海古籍出版社，2010：278-279.
③ [汉]王充. 论衡校注[M]. 张宗祥，校注. 上海：上海古籍出版社，2010：278. .
④ [汉]王充. 论衡校注[M]. 张宗祥，校注. 上海：上海古籍出版社，2010：204.
⑤ [汉]王充. 论衡校注[M]. 张宗祥，校注. 上海：上海古籍出版社，2010：251.
⑥ [汉]王充. 论衡校注[M]. 张宗祥，校注. 上海：上海古籍出版社，2010：236.
⑦ 沈善洪，王凤贤. 中国伦理思想史[M]. 北京：人民出版社，2009：457.
⑧ 史志文，胡晓林. 新编中国秦汉史(下册)[M]. 北京：人民出版社，1995：137.
⑨ 强中华. 秦汉荀学研究[M]. 北京：人民出版社，2017：123.

能方面要博览群书，学富五车；二是操守方面要教告率勉，使之为善，良好品行是对贤人品德的要求。因此，德才兼备是贤人必备的条件。

6. 朱熹的"存天理、灭人欲"思想

为追求道德行为的完善，朱熹提出"存天理、灭人欲"的道德教育思想，主张完全禁绝个人欲望。他认为如果人们能够消除一切欲望，就必然能获得天性的完美和道德的完善。朱熹把道德教育放在教育的首要位置，目的是培养"诚意、正心、修身、齐家、治国、平天下"的统治人才。[①]他说："立学校以教其名，必始于洒扫、应对进退之间，礼、乐、射、御、书、数之际，使之敬恭，朝夕修其孝悌忠信而无违也。然后从而教之格物致知以尽其道，使知所以自身及家、自家及国而达之天下者。盖无二理。"[②]通过办学来培养人才，首先要抓好道德教育，确立坚定的做人方向和培养高尚的道德品质，然后才能"格物致知"，以获取广博的文化知识和齐家治国平天下的本领，如果不抓道德教育，不知善之所在，而片面地追求知识就会像断线的风筝一样，飘无定所。朱熹从多方面来看待道德的重要性，"从道德与学术、道德与政治、道德与社会风气等方面的关系来看，朱熹认为重视个人的道德品质；个人品质决定着社会的治乱和王朝的兴衰"[③]。朱熹认识到了治国安民方面传统道德的力量，与刑法的力量相比，道德力量比刑法的强制作用更大，所以道德教育对人的善性的形成具有巨大的潜移默化的作用。

7. 王阳明的"知行合一"思想

王阳明作为明代心学运动的代表人物，通过"立德""立言""立功"而成为"三不朽"的代表人物。他兴建书院、传经讲道、答疑解惑、著书立说，致力于为封建社会树立道德规则及价值建构，为破除人们"心中贼"而"格物致知"，王阳明发"心学"之论，倡"知行合一"之说，最终澄明通达"致良知"境界。

王阳明的"知行合一"学说是对宋明理学的进一步发扬光大，克服了朱熹的"茫茫荡荡悬空去思索，全不肯着实躬行"[④]的弊端，是对理学"天理"论的进一步深化，王阳明的"良知"一词源于《孟子·尽心上》"人之所不学而能者，其良能也；所不虑而知者，良知也，孩提之童无不知其爱其亲者，及其长也，无不知敬其兄也，亲亲，仁也；敬长，义也。无他，达之天下也"[⑤]。因此，王阳明说："良知者，孟子所谓是非之心人皆有之者也，是非之心，不待虑而知，不待学而能，是故谓之良知。是乃天命之性，吾心之本体，自然林昭明觉着也。"[⑥]良知范畴是一个包含本体论、道德修养论、认识论与人性论为一体的纯主观精神的集合范畴，良知仍然是以"仁、义、礼、智、信"等传统伦理道德准则为基本内涵的。

而王阳明最大的贡献在于探索道德修养与道德实践结合，就是被他称为"致良知"的

---

① 项久雨. 思想政治教育价值论[M]. 北京：中国社会科学出版社，2003：73.
② 杨晓塘. 程朱思想新论[M]. 北京：人民出版社，1999：331.
③ 项久雨. 思想政治教育价值论[M]. 北京：中国社会科学出版社，2003：73.
④ 陈清春. 七情之理——王阳明道德哲学的现象学诠释[M]. 北京：人民出版社，2016：261.
⑤ 陈昇. 孟子讲义[M]. 北京：人民出版社，2012：161-162.
⑥ 张立文. 宋明理学研究[M]. 北京：人民出版社，2002：527.

过程，"夫良知即是道，良知之在人心，不但圣贤，虽常人亦无不如此。"[①] "良知之外，别无知矣，故致良知是学问大头脑，是圣人教人第一义。"[②]致良知是去除心中杂念的过程，也是道德教育的过程。王阳明将主体道德概括为"无善无恶是意之动""知善知恶是良知，为善无恶是心之体，有善有恶是意之动，为善去恶是格物"[③]。这四句话揭示了王阳明试图通过良知本体出发，实现个体道德的内在自由与外在现实约束的统一，实现个体修养与践履行为的统一，他特别强调"不能是虚空无实，而是必须实有其事，着实践履，在行动实为之，实去之"[④]。因为心之本体无善恶，善恶乃意念之物，所以达到至善需要去除意念，格物变成正心之物，校正心头邪念，"我今说个知行合一，正要人晓得一念发动处便即是行了，发动处有不善，就将这不善的念克倒了，需要彻根彻底，不使那一念不善潜伏在胸中，此是我立言宗旨。"[⑤]实为道德良知的理性自觉与为善去恶信念的培养，强调道德修养与道德践行要统一，贯彻"知行合一"，人们不要有违背伦理纲常的念头，破除心中之贼，"知行合一"的最大效用，在于改变封建伦理空洞的说教，将道德践行与事功结合，倡导实学躬行。同时，他宣扬"人皆可以为尧舜的道德价值取向""只要去人欲，存天理，方是功夫。静时念念去人欲，存天理；动时念念去人欲，存天理，不管宁静不宁静"[⑥]。用良知来规范人们的思想行为，让其合乎传统道德规范。王阳明也坚信凡人可以达到良好的道德修养水平，成为圣人，"故虽凡人而皆为学，使此心纯乎天理，则亦可为圣人"[⑦]。

王阳明一生积极践行其思想，他的致良知是对儒家"内圣外王"思想的拓展。一方面，王阳明积极构建道德价值体系，为人们树立道德规则，鼓励人们提高道德水平；另一方面，他致力于寻求道德实践的过程，反对空洞的道德说教，用道德理论指导自己的实践活动，倡导"知行合一"的境界。今天构建高职学生的职业精神，也应贯彻"知行合一"理念，将职业精神与职业实践活动结合起来，离开具体实践活动的精神构建是没有实际意义的。

8. 黄宗羲的"豪杰"思想

黄宗羲非常重视个人道德品质的养成，他认为个人的道德品质是养成"豪杰之士"的必由之路。他认为"学莫先于立志，立志则为豪杰，不立志则为凡民"[⑧]。他把个人的理想目标定位在"豪杰之士"上，因此，豪杰便成为封建社会人们追求的一种人生境界，"豪杰"之说是黄宗羲对儒家思想的发扬光大，孟子提到"大丈夫形象"为"居天下之广居，立天下之正位，行天下之大道，得志，与民由之，不得志，独行其道。富贵不能淫，贫贱不能移，威武不能屈，此之谓大丈夫"[⑨]。"二程"评价儒家"仲尼浑然，乃天地也；颜子碎然，犹和风庆云也；孟子岩岩然，犹泰山北斗也"[⑩]，可以看作是圣贤、君子、豪杰的区

---

① 欧阳晓东. 尚和合[M]. 北京：人民出版社，2016：273.

② 陈清春. 七情之理——王阳明道德哲学的现象学诠释[M]. 北京：人民出版社，2016：293.

③ 张立文. 宋明理学研究[M]. 北京：人民出版社，2002：530.

④ 魏义霞. 儒家的和谐理念与建构[M]. 北京：人民出版社，2010：246.

⑤ 侯外庐，邱汉生，张岂之. 宋明理学史(下)[M]. 北京：人民出版社，2016：192.

⑥ 陈清春. 七情之理——王阳明道德哲学的现象学诠释[M]. 北京：人民出版社，2016：268.

⑦ 陈来. 有无之境——王阳明哲学的精神[M]. 北京：人民出版社，1991：290.

⑧ 沈善洪. 黄宗羲全集(第1册)[M]. 杭州：浙江古籍出版社，2005：151.

⑨ 杨伯峻. 孟子译注[M]. 北京：中华书局，2010：128.

⑩ 程颢，程颐. 二程集[M]. 北京：中华书局，1981：1234.

别。有学者将黄宗羲的豪杰思想概括为以下几大特征："一是以居仁由义为底蕴和根基；二是刚毅劲健的意志品质；三是独立无畏的精神气度；四是勇于担当的责任意识。"[①] 黄宗羲主张以志帅气，"持其志，无暴其气"[②]，展现出凛然大义的风范。

儒家思想中孔子主张"内圣外王"，先要做好内圣，才能"修己安人"；而到了黄宗羲时，由于社会环境及家庭因素的影响，黄宗羲坚持替父报仇，毁家抗清、著书立说，这些举动皆为豪侠壮举，他本人将文天祥视为榜样，盛赞："吹冷焰与灰烬之中，无尺地一民可据，止凭此一线，未死之人心以为鼓荡。"[③] "天地以生物为中心，仁也，其流行次序万变而不紊者，义也。仁是乾元，义是坤元，乾坤毁则无以天地也。故国之所以治，天下之所以平，舍仁义更无他道。"[④] 他认为"仁义"品质是人才培养的首要目标，对于造就人才而言非常重要，治国平天下的大业必须从道德品质的培养入手。

9. 宋应星的"造物"思想

中国封建社会的道统思想家都致力于探讨提升道德的力量，竞相证明品德培育的重要性。但与伦理道德发展相并行，科技也以自己的规律在演进，普通百姓用自己的双手践行美好的品德，并将其转化为科技发展的主要推力，将形成于先秦时代的工匠精神传承发扬光大，其中最权威的当属明代宋应星的《天工开物》，它集中反映了普通百姓的开拓创新精神。天工开物原是明代宋应星为其工艺著作所命的书名。天工来自《尚书》"天工人其代之"[⑤]，指天的职责由人代为执行；开物来自《周易》，"开物成务"指通晓万物的道理。[⑥] 宋应星用天工开物为其著作命名，意在强调人与自然相协调，"通过运用技术从自然界中开发出有用之物，同时也暗含自然界蕴藏着取之不尽的美好事物，但这些事物要通过人的辛勤努力创造出来"[⑦]。《天工开物》中记载的生产工艺涵盖众多方面，包括"乃粒(五谷)、乃服(纺织)、彰施(染色)、粹精(粮食加工)、作咸(制盐)、甘嗜(制糖)、陶埏(陶瓷)、冶铸(铸造)、舟车(车船)、锤锻(锻造)、燔石(焙烧矿石)、膏液(油脂)、杀青(造纸)、五金(冶金)、佳兵(兵器)、丹青(朱墨)、曲蘖(制酒曲)、珠玉(珠玉宝石)"[⑧]。书中详细描述了从原料到制作工艺，再到成品的整个生产过程，这些都是劳动者上千年来实践传承发展的产物。书中肯定了劳动人民的首创精神，赞扬了他们的勤劳朴实，也向我们展示了古代工艺的传承和创新路径，从中可以管窥到器物思想的发展变化，古代工匠精神的延续和发扬。

宋应星首先赞扬广大劳动人民的创新精神。《天工开物》中强调了人的主观能动性"草木之实，其中韫藏膏液，而不能自流，假媒水火，冯借木石，而后倾注而出焉"[⑨]。造物过程中要发挥人之"不知于何禀度"的"人巧聪明"[⑩]，说明主观能动性是造物的关键。所有

① 孟新东. 黄宗羲的豪杰理性及其诗学安顿[J]. 湖北社会科学，2018(2)：140.

② 杨伯峻. 孟子译注[M]. 北京：中华书局，2010：56.

③ 沈善洪. 黄宗羲全集(第10册)[M]. 杭州：浙江古籍出版社，2005：288.

④ 张立文. 中国哲学思潮发展史[M]. 北京：人民出版社，2014：1478.

⑤ 李民，王健. 尚书译注[M]. 上海：上海古籍出版社，2004：37.

⑥ 黄寿祺，张善文. 周易译注[M]. 上海：上海古籍出版社，2004：519.

⑦ 潘吉星. 天工开物译注[M]. 上海：上海古籍出版社，2016：17.

⑧ 潘吉星. 天工开物译注[M]. 上海：上海古籍出版社，2016：7.

⑨ [明]宋应星. 天工开物[M]. 扬州：广陵书社，2002：141.

⑩ [明]宋应星. 天工开物[M]. 扬州：广陵书社，2002：141.

人的衣食住行皆为"人工之巧""百工之智,",是人们从自然界中加工创造所得,体现了劳动人民的勤劳创造精神。宋应星详述了如"天孙机杼,传巧人间"①的纺织制造技术;"巧用着以之埋藏土内为墙脚,则亦有砖之用也"②一举多得的建筑艺术;"良玉虽集京,工巧则推苏郡"③,盛赞苏州等地的美玉雕琢工匠,所有工艺的发展都是工人们精益求精、追求创新的产物,由此可以看出,创新精神在我国古代深厚的民间基础。

其次,宋应星传承和谐的理念,主张人与自然和谐发展。创新的前提是敬畏自然,遵从自然规律。宋应星指出人们要顺应自然规则,不违农时,发挥人工之巧,以创造有用之物,取物要有度,保持人类命运与自然万物的延续不息。"天覆地载,物数号万,而事亦因之,曲成而不遗,岂人力也哉?"④对大自然的包容与伟大要心怀感恩之情,要遵从大自然的运行规律,因为大自然"不为尧存,不为桀亡",自有其运行规律。人只是大自然造化的一部分,人所有的生存资料皆源于大自然的恩赐,"生人不能久生,而五谷生之"⑤"生五谷以育人"⑥"颐养便于天下"⑦,所以要感恩自然,尊重天工,这种理性精神有力地驳斥了当时占主导地位的"理生万物""心生万物"的理气论。这些工艺都是在遵循自然规律的前提下,实现了人与天的和谐,造物选物均在大自然的承受范围之内,不搞无节度开采,过度地破坏。这与我们今天倡导的和谐理念有异曲同工之妙。

再次,宋应星还多次提到物尽其用的节约意识,时刻考虑自然资源的有限性,提倡废物再用。他在《珠玉》一章中提到:"凡珠生止有此数,采取太频,则其生不继,经数十年不采,则蚌乃安其身,繁其子孙而广孕宝质。"⑧《天工开物·彰施》中记载:"凡红花染帛之后,若欲退转,但浸湿所染帛,以碱水,稻灰水滴上数十点,其红一毫收转,仍还原质,所收之水藏于绿豆粉内,放出染红,半滴不耗。"⑨这是红花汁液再利用的说明,在《彰施》一章中,宋应星提出"近世阔幅者,名大四莲,一时书文贵重。其废纸,洗去朱墨污迹,浸烂,入槽再造,全省从前者浸之力,依然成低,耗亦不多。南方竹贱之国,不以为然,北方即寸条片角在地,随手拾取再造,名曰还魂纸"⑩。节约原料,废物回收,既是劳动人民智慧的结晶,也是节约理念的贯彻。

最后,宋应星摒弃了长期以来程朱理学提出的"存天理,灭人欲"的主张,大力弘扬人的主体地位,他用事实说明发展手工业是一种利民举措,手工业发展的目的是满足百姓所需,是造福劳动人民之举。《天工开物》全书18卷的内容没有高深的玄学探索,而悉数囊括日用油盐酱醋、衣食住行之物,每一章的记录都在赞美人民之创造。《天工开物·甘嗜》

---

① [明]宋应星. 天工开物[M]. 扬州:广陵书社,2002:21.
② [明]宋应星. 天工开物[M]. 扬州:广陵书社,2002:89.
③ [明]宋应星. 天工开物[M]. 扬州:广陵书社,2002:203.
④ [明]宋应星. 天工开物[M]. 扬州:广陵书社,2002:1.
⑤ [明]宋应星. 天工开物[M]. 扬州:广陵书社,2002:1.
⑥ [明]宋应星. 天工开物[M]. 扬州:广陵书社,2002:50.
⑦ [明]宋应星. 天工开物[M]. 扬州:广陵书社,2002:81.
⑧ [明]宋应星. 天工开物[M]. 扬州:广陵书社,2002:200.
⑨ [明]宋应星. 天工开物[M]. 扬州:广陵书社,2002:247.
⑩ [明]宋应星. 天工开物[M]. 扬州:广陵书社,2002:148.

中记载："气至于芳，色至于青色，味至于甘，人之大欲存焉。"[①] 主张造物的目的就是为了实用，比如造水利器械是为了稻田的灌溉与排涝，造农用器械"精粗巨细之间""钝者司春、利者司垦"是为了耕作之需；造屋宇"以避风雨"，等等。这种肯定人欲，关注百姓，注重生活的细节，工艺的背后为百姓苍生的福祉着想，从利民的情怀出发，这样的工艺才有生命力，这样的工艺才能蕴含真正的灵魂并传世至今。

宋应星总结的历史中的工艺文化，是古代劳动人民智慧的结晶，是无数普通百姓在实际生活中的创造所得，这些工艺文化反映了人们对技艺的尊崇，弘扬了劳动者的创新精神，倡导敬畏自然，主张节俭资源，立足百姓日用。让中国古老的工艺得以传承，工匠精神得以发扬光大，为后世创造利用传统文化提供了资源。

(二)近现代相关代表人物思想

明清以后，中国没有走向资本主义，这一时期，资本主义国家科技全面超越我国，促使当时有识之士寻找救国出路，他们举办实务，推行新学，开启民智，关注民生，改革旧教育、推行经世致用的教育思想，在思想解放的同时，也促进了近代职业教育思想的萌芽，这些教育思想和教育实践活动直至今天依然在发挥积极作用。

1. 魏源的"师夷长技以制夷"思想

魏源认为中国的落后是技术不发达造成的，他在《海国图志》中指出，作书的目的是"为以夷攻夷而作，为以夷款夷而作，为师夷之长技以制夷而作，唯有师夷之长技才可制夷，善师四夷者，能制四夷；不善师外夷者，外夷制之"[②]。这一思想的提出，对封建社会的主导价值观造成了极大冲击，因为我国古代推崇"学而优则仕"，压制士农工商，对外国的学习一贯坚持"中学为本、西学为用"，将西方的坚船利炮视为"奇技淫巧"，造成我国科技落后，也导致我国职业教育发展缓慢、社会长期不认可职业教育的价值。魏源认识到"国以人兴"，必须以开放意识、包容心态去接受国外的先进技术。从此以后，积极开放、努力进取的精神被逐渐纳入各类人才培育的体系中。

2. 蔡元培的"完全人格"思想

辛亥革命后，蔡元培清醒地看到新民主主义的革命目标虽然实现，但依旧面临失败的风险。他认为当务之急应该培养革新人才，造就"自由之意志，独立之人格"的民主社会建设者。蔡元培围绕培养完全人格和发展共和精神两方面的任务，提出了培养具有自由、民主、平等的社会新人的目标。他倡导的"完全人格"包括"德、智、体、美、劳"和谐发展，他总结为"五育并举"的教育思想，其中"五育"包括"军国主义教育、实利主义教育、公民道德教育、世界观教育和美感教育"[③]。"五育"里面公民道德教育是中心，其他几方面围绕公民道德教育开展，在道德的支撑和引领下，通过"德、智、体、美、劳"和谐发展来健全人格。"五育并举"思想是蔡元培教育思想的显著特点，也是他对中国近代教育理论的重大贡献。为了推行这一教育思想，蔡元培主张"思想自由、兼容并包"的

---

① [明]宋应星. 天工开物[M]. 扬州：广陵书社，2002：23.

② 项久雨. 思想政治教育价值论[M]. 北京：中国社会科学出版社，2003：81.

③ 赵维新. 蔡元培教育思想及其对当代大学教育的启示[J]. 教育理论与实践，2016(21)：14.

教育思想，并身体力行，邀请不同学术派别的教授来北京大学任教，一时间，北京大学形成了极其活跃的学术氛围，为引领以后的革命风气奠定了基础，"五育并举"的思想被不断创新发展，成为人才培养的主要内容。

3. 黄炎培"以人为本"的职业教育思想

近代推行职业教育的思想家很多，陶行知、晏阳初、梁簌溟等人都进行了积极的实践和探索，但影响最大者，当属黄炎培。他创立的中华职业教育社直至今天依然发挥着积极的作用。黄炎培提出职业教育目的是"为个人谋生之准备，一也；为个人服务社会之准备，二也；为世界增进生产力之准备，三也"①。此后的几十年里，黄炎培将"使无业者有业，使有业者乐业"作为职业教育的最终目标，为实现"谋生"与"乐业"的统一，他把"关注人人、关注人的生存与发展、关注人的心灵净化和觉醒"三个方面视为职业教育人本主义思想经典的科学表述。黄炎培认为通过职业教育可以实现"使人人依其个性，获得生活的供给和乐趣，发展其能力，同时尽其对群之义务"②。

黄炎培还认为：人类不但要生存，而且要在社会中生活得有意义，他认为"人类最基本的需求是求生及求得自身的生存和发展；而天赋我已知，更赋我已爱，孤身不能，生意寡趣，乃求群"③。教育是广其知以大其爱的最好办法，据此推理，沟通教育与职业，发展职业教育，必将解决人们生存问题，保证社会太平，即所谓"天赋我已知，更富我也爱"。黄炎培把办职业教育定位在下决心为大多数平民谋幸福，解决社会的生计问题上。为了帮助失业失学青年提高文化水平和业务能力，中华职业教育社还创办了为数众多的职业补习教育机构，其本意也在"以人为本"。

(1) "对己谋生"与"对群服务"相结合的思想。戊戌变法后，中国教育冲破科举制度的束缚，举办大量新式学堂，但是新式学堂毕业生没有出路，学校的毕业生不能适应社会生活，"求事者纷纷，而合格者绝少"，盖所学非其所用，所供非其所求，青年毕业于学校、失业于社会者比比皆是，这就为职业教育的诞生与发展留出了空间，"职业教育之注重，非凭学说，乃社会要求，使不得不出此"④。黄炎培认为，从广义而言，凡教育皆含职业之意味，职业教育在教育制度上应有一贯的、正统的和整个的地位；那种以普通教育为正统教育，以职业教育为偏细的观念，是一种陈旧观念，他提出要建立一个包括职业陶冶、职业指导、职业训练、职业补习和再补习在内的职业教育系统。黄炎培认为，职业教育应具有发展人类生活智能与培养服务精神的双重功能，"使人人明了其自身应尽之义务与应享之权与利之质量与限制而努力取求"⑤。通过职业教育传授之能，使人人能胜任自己的职业、热爱本职工作，进而对社会有所贡献。

(2) "敬业乐群"的道德规范。黄炎培指出，职业教育必须同时注重职业道德教育，

① 夏金星，彭干梓. 中国职业教育思想史[M]. 长沙：湖南人民出版社，2013：105.

② 夏金星，彭干梓. 中国职业教育思想史[M]. 长沙：湖南人民出版社，2013：105.

③ 黄炎培. 我之人生观与吾人从事职业教育之基本理论[A] // 夏金星，彭干梓. 中国职业教育思想史[M]. 长沙：湖南人民出版社，2013：106.

④ 黄炎培. 职业教育实施之希望[A] // 夏金星，彭干梓. 中国职业教育思想史[M]. 长沙：湖南人民出版社，2013：106.

⑤ 夏金星，彭干梓. 中国职业教育思想史[M]. 长沙：湖南人民出版社，2013：109.

二者不仅不处于对立地位，"而且是职业教育理论的重要组成部分，职业教育的概念从内涵上讲，应该包括职业技能的教授学习和职业道德的培养训练，二者缺一不可，离开职业道德教育的培养、训练，职业教育也就失去了意义。他反复强调，职业教育，不仅是为个人谋生的，并且是为社会服务的"[①]。职业教育训练第一要务是为群服务，他把职业道德教育的基本规范概括为"敬业乐群"四个字，并将其作为中华职业学校的校训，"所谓经验是指对所习之职业，具有嗜好心，所任之事业具有责任心"[②]。通过职业教育要让学生懂得"职业平等、无高下、无贵贱，苟有益于人群，皆是无上上品"[③]"要求学生深刻理解自己的职业，尊重自己从事的职业，所谓乐群，强调培养学生'利居众后，责在人先''具优美和乐之情操及共同协作之精神'"[④]。中华职业教育社制定了职业道德教育标准，把"敬业乐群"内容具体化。"有认识职业之真义在服务社会；养成责任心；养成勤劳习惯；养成互助合作精神；养成理性的服从美德；具有稳健改进之精；养成对所从事职业之乐趣；养成经济观念，养成科学态度，等等。"[⑤]黄炎培重视职业道德的培养训练是与他对职业教育社会职能的认识紧密联系的。在他看来："职业教育是增加社会物质财富，激发事业心、创造力和积极性的重要动力，个人道德情操的健全发展，人们之间相互关系的和谐一致，不仅是个人生存发展的需要，而且是消除人类社会'惨变'的先决条件。"[⑥]

黄炎培告诫青年："君须知，人生必服务，求学非自娱。无论受教育至若何高度，总以其所学能应用社会，造福人群为贵。彼不务应用而专读书，无有是处。""求学与习事，初非两橛，以实地功夫求学，以科学方法习事，互相印证，其乐无穷。"[⑦]随着社会活动领域的扩大，黄炎培号召学生："人人须勉为一个复兴国家的新公民，人格好、体格好，人人有一种专长，为社会国家效用。"所谓人格好，他解释为"须有高尚纯洁之人格，须有博爱互助之精神，须有侠义勇敢之气感，须有刻苦耐劳之习惯，而更须有坚强贞固的节操战胜千难百险的环境，将整个生命完全献给我国家民族生存工作"[⑧]。1935年3月，在黄炎培的倡议下，中华职业教育社邀集专家拟定了复兴民族的行为标准，作为对职业学校学生进行道德教育的新要求，黄炎培对年轻人的教育，对中国职业教育的研究理论直到今天依然有很高的借鉴价值。

中国古代思想家对精神的追求，一方面着眼于个体需要什么样的精神世界，另一方面积极探索如果构筑起个体的精神世界。从墨子"厚乎德行，辩乎言谈"的观点，到宋应星的"天工人代，开务成物"文化，再到黄炎培"手脑并用、敬业乐群"思想的出现，表明我国古代职业精神遵循"德技并修"培养思路，没有精湛的技术，再好的道德只能是空洞

① 夏金星，彭干梓. 中国职业教育思想史[M]. 长沙：湖南人民出版社，2013：116.

② 夏金星，彭干梓. 中国职业教育思想史[M]. 长沙：湖南人民出版社，2013：116.

③ 俞启定，和震. 中国职业教育发展史[M]. 北京：高等教育出版社，2012：124.

④ 俞启定，和震. 中国职业教育发展史[M]. 北京：高等教育出版社，2012：124.

⑤ 夏其言. 记职教社[A] // 夏金星，彭干梓. 中国职业教育思想史[M]. 长沙：湖南人民出版社，2013：116.

⑥ 夏金星，彭干梓. 中国职业教育思想史[M]. 长沙：湖南人民出版社，2013：116-117.

⑦ 黄炎培. 职业教育之礎[A] // 夏金星，彭干梓. 中国职业教育思想史[M]. 长沙：湖南人民出版社，2013：116.

⑧ 黄炎培. 吾人在非常时期将以何者为最大贡献乎[A] // 夏金星，彭干梓. 中国职业教育思想史[M]. 长沙：湖南人民出版社，2013：106.

的说教，而没有良好的道德，技艺也就无法体现价值。先秦时代德技主要是为统治阶级服务的；而到明代晚期，宋应星高度赞扬技艺为民服务、造福百姓的成就，技艺服务目标的转向，让职业精神得以升华；而近代的黄炎培则认为，职业教育一方面解决个体的生存生计问题，另一方面肩负着复兴国家、振兴民族的使命。在职业精神的核心价值中，技术只是支撑和载体，而目标使命才是其核心。正如今天高职学生职业精神的培养，一方面要求技术过硬，另一方面则要秉持德行端正、胸怀造福人民、振兴国家的重任，这是我们从古代思想资源中获得的宝贵启示。

(三)新中国关于职业精神培育的启示

中华人民共和国成立后，面对百废待兴的局面，国家采取物质文明建设和精神文明建设"两手抓"的策略，在做好经济建设的同时，及时树立先进典型，突出榜样示范，做好价值引领，这些体现在不同领域的职业精神，最后变成各行各业的价值追求，今天高职学生职业精神的培育依然可以在这些精神食粮中汲取积极的养分。

1. 新中国成立初期：突出典型人物的榜样示范

1)　广泛开展学习先进，树立新风活动

中华人民共和国成立以后，在十年全面建设社会主义时期，全国各条战线先后涌现出一批先进个人和先进集体。相关部门及时发现并总结他们的先进事迹，在全国大张旗鼓地进行宣传教育，号召全体党员干部和群众向他们学习，发扬他们艰苦创业、无私奉献的精神，从而焕发出巨大的建设社会主义的精神力量。

第一，学习雷锋精神。雷锋于 1940 年 12 月出生于湖南望城县，他先后从事过家乡望城县县委机关的公务员工作、望城县团山湖农场工作，随后到辽宁鞍钢化工总厂洗煤车间再入弓长岭矿山工作，最后被应召入伍，成为一名中国人民解放军战士。他生前担任沈阳部队工程兵某部运输连副班长，共产党员。在工作间隙，雷锋认真学习马列主义毛泽东思想相关著作，逐渐树立了全心全意为人民服务的坚定理想和信念。在生活上，他一贯艰苦朴素，时时处处严格要求自己，在 1960 年 6 月 5 日的日记中，他写道："在工作上，要向积极性最高的同志看齐；在生活上，要向水平最低的同志看齐。"[①]雷锋在平凡的小事中彰显出助人为乐、公而忘私的品德，把自己有限的生命投入无限的为人民服务中去。他多次立功受奖，曾被评为节约标兵、模范共青团员，还被选为抚顺市人大代表。1962 年 8 月 15日，雷锋在指挥倒车的过程中，不幸因公殉职。

1963 年 3 月 2 日，《中国青年》杂志刊登了毛泽东"向雷锋同志学习"的题词；3 月 5日，《人民日报》《解放军报》《光明日报》《中国青年报》等都刊登了毛泽东的题词；3月 6 日，《解放军报》刊登了刘少奇、周恩来、朱德、邓小平等人关于向雷锋学习的有关题词；国防部也将雷锋所在班命名为"雷锋班"；共青团中央发出通知，在全国青少年中广泛开展学雷锋活动。各级党组织积极响应向雷锋同志学习的号召，采取多种形式深入宣传学习雷锋的先进事迹；全国各大报纸杂志纷纷介绍转载雷锋的生平事迹，歌颂雷锋的共产主义精神，先后有《雷锋日记》《雷锋的故事》等小册子和连环画出版，一些单位通过报告会、座谈会、文艺演出等形式，将雷锋的崇高形象，深深地根植于人民群众的脑海之中。

---

① 雷锋. 雷锋日记[M]. 呼和浩特：远方出版社，2012：31.

雷锋生活的年代是国民经济和社会发展极端困顿、集体主义价值观被强烈推崇、人们的思想观念非常单纯、利益需求非常趋同的时代。正是这样的时代，孕育出了以"心里永远装着别人，唯独没有自己"为核心理念支撑的雷锋精神。雷锋精神就狭义而言，是对雷锋的言行和事迹所表现出来的先进思想、道德观念和崇高品质的理论概括和总结；从广义而言，已升华为以雷锋的名字命名的、以雷锋的崇高品质为基本内涵的、在实践中不断丰富和发展着的、为人们所敬仰和追求的精神文化。雷锋精神体现了一种"向上"的人生姿态。综观雷锋短暂的一生，他始终具有一种积极主动的生活态度，对新中国、新生活充满无限热爱和美好向往，始终以饱满的热情和充足的干劲投入工作、学习中。周恩来把雷锋精神全面而精辟地概括为"爱憎分明的阶级立场、言行一致的革命精神、公而忘私的共产主义风格、奋不顾身的无产阶级斗志"。在全国学习雷锋的过程中，形成了一大批雷锋式的好青年、好干部，在全国营造了刻苦学习、努力工作，全心全意为人民服务的良好社会风尚。雷锋精神的实质和核心是全心全意为人民服务，同时也变成了时代精神、文明的同义语、先进文化的表征。

第二，学习焦裕禄模范事迹。焦裕禄于1922年8月16日出生于山东博山县的一个贫困农民家庭。在国家经济最困难的时期，他被组织上调到河南省兰考县任县委书记，当时的兰考县内涝、风沙、盐碱"三害"非常严重。粮食产量降到中华人民共和国成立以来的最低水平，老百姓缺衣少吃，生活极度贫困。从踏上这片土地到因病离世，焦裕禄在兰考工作的时间只有470多天，在这400多个日日夜夜，他组织"三害"调查队跋涉5000余里，走遍了兰考的角角落落，完成了对全县所有沙、碱、涝面积和分布情况及其对农作物危害程度的勘察考量，亲手摸清了"三害"的底子和分量。他带领兰考人民栽泡桐、治盐碱、排内涝，耗尽了生命的最后一丝能量，最后积劳成疾，1964年5月14日因病去世。焦裕禄以强烈的事业心和高度的责任感，发扬全心全意为人民服务、鞠躬尽瘁、死而后已的精神，坚持深入实际，调查研究，实事求是，走群众路线，展现了共产党人的大无畏革命精神，被群众誉为"党的好干部"。

1965年5月，《人民日报》以"县委书记的好榜样——焦裕禄"为题，介绍了焦裕禄的先进事迹，并号召广大党员干部向焦裕禄学习。1966年2月，人民解放军总政治部、全国总工会、共青团中央先后发出向焦裕禄学习的通知，全国各地掀起了一股学习焦裕禄的热潮。[1] 学习他"天下为公"的奉献精神、"厚德载物"的人格精神、"自强不息"的进取精神、"革故鼎新"的变革精神、"克勤克俭"的艰苦奋斗精神。[2] 许多干部以焦裕禄同志为镜子，"检查自己的思想、工作和作风，有力地促进了社会主义、共产主义道德风尚的形成，对推动社会主义建设事业起了重要作用"[3]。

第三，宣传学习铁人精神。王进喜于1923年10月8日出生在甘肃省玉门市一个贫苦农民家庭。他是中国工人阶级的杰出代表，生前是大庆油田1205钻井队队长，大庆石油钻井指挥部副指挥。1960年，王进喜响应号召，从甘肃玉门油田带领1205钻井队队员，从西北转战东北，加入声势浩大、艰苦卓绝的石油大会战中。面对艰苦条件，利用简单的人力，短时间内打出了大庆会战的第一口油井，创造了当时的最快纪录。在打第二口井时，发生

① 张耀灿.中国共产党思想政治教育史论[M].北京：高等教育出版社，2006：247.
② 何香久.焦裕禄传[M].郑州：河南文艺出版社，2014：5.
③ 张耀灿.中国共产党思想政治教育史论[M].北京：高等教育出版社，2006：247.

了井喷，为了制服井喷，王进喜顾不上腿伤，跳进齐腰深的泥浆池中用身体搅拌泥浆。王进喜和1205队工人们的英雄行为深深地感动了附近的乡亲们，被乡亲们亲切地称呼为"铁人"，从此"王铁人"的名号被叫响。当时的大庆会战工委敏锐地抓住这个典型，决定树立王进喜为大庆会战的第一个标兵，发出了"学习铁人王进喜，人人做铁人，为大会战立功"的号召，一时间，学铁人做铁人的热潮在油田蓬勃地开展起来，在全国人民尤其是在工业战线上进行了浩大的"工业学大庆"的号召，以王进喜为代表的铁人精神逐渐形成、发展和升华。在油田开发建设过程中，铁人精神是鼓舞石油工人战胜困难、勇往直前、不断取得新胜利的巨大精神力量，也是中华人民共和国成立之后，鼓舞人们不断超越自我、战胜困难的主要精神支柱，展现了20世纪60年代工人阶级的精神风貌。

"铁人精神"和"大庆精神"展示了中国工人阶级勇于战胜一切困难的精神。首先，展现了强烈的爱国主义精神。铁人精神带给石油战线，乃至其他战线最重要的精神力量是"为祖国分忧、为民族争气"的爱国精神。在大庆会战初期，面对生活、生产中难以想象的艰难困苦，王进喜认为国家缺油是最大的困难，将个人全部工作动力建立在国家的需要之上，将个人利益与国家利益结合在一起，爆发出巨大的能量。其次，爱岗敬业精神。王进喜团队用落后设备建成了20世纪60年代高水平的钻井，而为了做好此项工作，王进喜利用大量的点滴时间和精力，及时充分地收集、比较和研究了众多钻井队生产实践的丰富材料，总结出经验和规律，创造性地用于自己钻井队的生产实践。铁人王进喜秉承严肃认真、一丝不苟的工作作风。他说"对油田要负责一辈子""干工作要经得起子孙万代的检查"。在钻井过程中，他曾多次根据井下声音判断钻头使用情况，杜绝事故。工人们都说他是"钻机的医生、井下的压力表、泥浆的体温计"[①]。对工作精益求精，他倡导"三老四严"(对革命事业要当老实人、说老实话、办老实事；对革命工作要严格的要求、严密的组织、严谨的态度、严明的纪律)的作风。[②] 再次，发扬艰苦奋斗精神。20世纪60年代的中国，由于自然灾害和"左"倾思想的冒进，国家经济条件进一步恶化，不要说先进的生产设备，就连基本的生活条件也难以保障，面对缺衣少吃的艰苦境况，铁人王进喜提出了"有条件要上，没有条件创造条件也要上"的口号。流传至今的"人拉肩扛、端水打井、带伤跳泥浆池压井喷"[③] 三个经典故事彰显了铁人不怕牺牲的工作精神，这种敢教日月换新天的艰苦奋斗精神，为中华人民共和国工业的发展奠定了基础，也为其他行业树立了榜样和标杆。最后，铁人精神蕴含着无私奉献精神。当时铁人王进喜工作的目的是解决国家石油短缺的问题，工作的动力来自国家需要，为了实现国家的富强，王铁人展现出公而忘私的奉献精神，这中间没有掺杂任何个人私利，不为博取功名，也不计较利益得失，只是默默付出、无私奉献。

通过学习宣传雷锋精神、焦裕禄精神、铁人精神，为当时的社会主义建设提供了强大的精神动力。在这一时期，还有王杰、"南京路上好八连"、学习解放军等各种学习活动。[④] 这些学习活动影响了一代又一代的社会主义新人，在我国社会主义建设中发挥了重要作用。

① 中共大庆委员会政治部. 铁人王进喜[M]. 北京：人民美术出版社，1974：15-19.
② 张耀灿. 中国共产党思想政治教育史论[M]. 北京：高等教育出版社，2006：246.
③ 中共大庆委员会政治部. 铁人王进喜[M]. 北京：人民美术出版社，1974：8-14.
④ 张耀灿. 中国共产党思想政治教育史论[M]. 北京：高等教育出版社，2006：246.

2) 榜样教育的重要作用

在十年全面建设社会主义时期，榜样教育发挥了巨大的作用，具体来说，体现在以下几个方面。

第一，榜样教育的引领和鼓舞作用。雷锋、焦裕禄、王进喜等榜样人物是根植于中国土壤的伟大的共产主义战士，"他们的精神是社会主义的时代精神的集中体现，都拥有坚定不移的共产主义理想信念；具有自强不息，艰苦奋斗的革命意志，秉持团结友爱，助人为乐的道德修养；胸怀识大体、顾大局，自觉遵纪守法的纪律观念；拥有自觉追求进步，刻苦钻研的学习态度；为社会主义建设事业添砖加瓦的艰苦创业，勤奋实干的人生哲学"[①]。这种时代精神不仅贯穿于十年的社会主义建设时期，而且在整个社会主义历史时期都发挥着恒久而巨大的示范作用。正是这种精神的号召与鼓舞，人民群众以高昂的斗志、坚如磐石的信念，战胜了艰苦的条件，取得了一个又一个胜利。

第二，榜样教育是社会主义精神文明建设的重要内容。雷锋、焦裕禄、王进喜等榜样人物以自己的实际行动展现了社会主义建设时期党员干部的崇高形象，他们的事迹虽然平凡，但平凡中蕴含着伟大的人生哲理。他们虽然过的是清贫的物质生活，但留下大量宝贵的精神财富，将人类的精神文明推向一个新的高度。这些榜样人物身上，无疑都体现着"无产阶级的、马克思主义的世界观和人生观，社会主义、共产主义的理想道德和信念，同时，与社会主义公有制相适应的主人翁意识和集体主义思想，同社会主义政治制度相适应的权利义务观念和组织纪律观念，为人民服务的献身精神和共产主义的劳动态度，以及社会主义的爱国主义和国际主义，榜样教育这些精神价值成为在实践中继承和发扬人类精神文明的优秀成果"[②]。

第三，榜样教育是培养社会主义建设者和接班人的有效途径。因为榜样的事迹是真实的、可模仿的，杜绝了虚假与杜撰，通过具体实在的方式来宣传先进人物和先进思想，从而启发激励教育对象的自觉性，不断提高思想觉悟和认识能力。榜样的力量是无穷的，榜样的先进事迹和模范行为，易于学习、易于理解、易于模仿、易于转换，能够起到正面引导和指向作用，有效地调动和发挥人们的积极性和创造性，激发人们的革命热情，鼓舞人们的斗志。认真总结榜样教育经验，深入研究榜样教育作用，依然是我们今天培育高职学生职业精神的主要方式。

2. 改革开放之后：改革创新思想政治教育

"文化大革命"十年，不仅对国民经济造成了极大危害，也对大学生的思想造成了极大的混乱，优秀的传统文化被割裂，中华人民共和国成立之初树立的先进集体和榜样不同程度地受到了干扰。改革开放以后，拨乱反正任务艰巨，而资产阶级自由化思潮又甚嚣尘上，20 世纪 80 年代末，大学生们思想混乱进一步加剧，为此，国家接连推出一系列举措，对大学生的思想起到了较大的稳定作用，对思想政治教育工作也进行了创新，为经济社会发展提供了巨大的精神支撑。

1) 加强学校思想政治教育

第一，明确学校的思想政治教育内容。1980 年 4 月 19 日，教育部、团中央联合发布《关

---

① 张耀灿. 中国共产党思想政治教育史论[M]. 北京：高等教育出版社，2006：247.
② 张耀灿. 中国共产党思想政治教育史论[M]. 北京：高等教育出版社，2006：247.

于加强高等学校学生思想政治工作的意见》(以下简称《意见》)。但此时"文化大革命"刚刚结束，各学校党组织软弱涣散，并未将《意见》很好地落实执行。1987 年 5 月 29 日中共中央正式颁发《关于改进和加强高等学校思想政治工作的决定》(以下简称《决定》)，对学校思想政治教育内容、形式和方法等八个方面提出了要求，明确了学校思想品德和政治理论课程开设内容。《决议》指出，要加强马克思主义基本理论教育，发挥高校德育核心和灵魂的作用。1985 年 8 月，中共中央下发了《关于改革学校思想品德和政治理论课教学的通知》(以下简称《通知》)，对从小学阶段直到大学研究生阶段的思想品德和政治理论课的主要内容和要求都做了说明。根据《通知》要求，各高校对政治理论课的课程、结构和教学内容进行了重大改革，重申了青年一代在社会主义现代化建设和改革中所承担的历史责任和历史使命，确定了高校思想政治课程的基本框架。

1994 年 8 月 31 日，中共中央通过了《关于进一步加强和改进学校德育工作的若干意见》。在新的时代、新的要求下，对过去德育工作的经验教训进行了改革和总结，为新时期高校德育工作提供了有力的支持和有效的组织保证。1995 年 5 月，教育部颁布了《中国普通高等学校德育大纲》；2001 年，教育部印发了《关于加强高等学校思想政治教育进网络工作的若干意见》，同年 3 月，教育部又印发了《关于加强普通高等学校大学生心理健康教育的工作意见》。这一切的目的都是要引导大学生勤于学习、善于创造、甘于奉献，成为有理想、有道德、有文化的社会主义新人，树立正确的世界观、人生观和价值观。

第二，积极引导学生参加社会实践活动。在推进学校思想政治教育课程的同时，这一阶段还加大了学生社会实践的力度。1983 年，共青团中央、全国学联发起大学生"社会实践周活动"；1986 年暑假，团中央、全国学联又组织了"社会实践建设营活动"，使社会实践活动的内容和形式更加丰富多彩；1987 年 6 月，国家教委、共青团中央发出了《关于广泛组织高等学校学生参加社会实践活动的意见》，全国共计 100 多万名大中专学生参加了"百县扶贫、学习社会"的社会实践活动，让学生直观地了解祖国的发展变化，激发起爱国热情，凝聚统一力量。

第三，加强对学生的管理。1982 年 2 月，教育部颁发了《高等学校学生守则》，对大学生的行为进行了进一步的规范，对于宣传党的教育方针、加强思想政治教育、树立共产主义道德风尚和养成文明行为习惯发挥了重要作用。

2)　推动社会主义精神文明建设

1986 年 9 月 28 日，党的十二届六中全会通过了《关于社会主义精神文明建设指导方针的决议》，明确了"精神文明建设的战略地位、根本任务和重大方针，引导全党全国人民逐步加深对精神文明建设的认识，以此来推动经济和社会的发展"[①]。但是，对"两个文明一起抓"的方针，在执行过程中出现操作性不强、认识性不足的问题。为此，1996 年 10 月 10 日，中共十四届六中全会审议并通过了《中共中央关于加强社会主义精神文明建设若干重要问题的决议》(以下简称《决议》)，《决议》提出了"建立与发展市场经济相适应的社会主义思想道德，指出我国社会主义精神文明建设必须以马列主义、毛泽东思想、邓小平建设有中国特色社会主义理论为指导，坚持党的基本路线和基本方针，加强思想道德建设，发展教育科学文化，以科学的理论武装人、以正确的舆论引导人、以高尚的精神塑造人、

[①] 教育部思想政治工作司. 加强和改进大学生思想政治教育重要文献选编(1978—2014)[M]. 北京：知识产权出版社，2015：54.

以优秀的作品鼓舞人，培育一批有道德、有文化、有纪律的社会主义公民，提高全民族的思想道德素质和科学文化素质，团结和动员各族人民，把我国建设成富强、民主、文明的社会主义现代化国家①。《决议》提出了思想道德建设的基本任务是"坚持爱国主义、集体主义、社会主义教育，加强社会公德、职业道德、家庭美德建设，引导人们树立建设有中国特色社会主义共同理想的正确的世界观、人生观、价值观，在思想建设方面强调以邓小平理论为指导，以信念教育、爱国主义教育、艰苦奋斗教育为内容；在道德建设方面强调，以为人民服务为核心，以集体主义为原则，以'五爱'为基本要求，开展社会公德、职业道德和家庭美德教育"②。

《决议》还特别指出要"以服务人民、奉献社会为宗旨，开展创建文明行业活动。各行各业特别是与群众生活关系密切的'窗口行业'，要根据自身特点，对职工普遍进行职业责任、职业道德、职业纪律的教育，加强岗位培训，规范行业行为，树立行业新风"③。

在社会主义精神文明建设的过程中，各条战线的先进事迹不断涌现，1997年7月，中央精神文明建设指导委员会部署的"讲文明，树新风"活动在全国蓬勃发展，一场群众性的创建精神文明活动在各行各业开展，有力地推动了职业精神的发展。

3) 学习贯彻《公民道德建设实施纲要》

2001年9月20日，党的十三届四中全会通过《公民道德建设实施纲要》(以下简称《纲要》)，《纲要》提倡要在全社会大力倡导"爱国守法、明礼诚信、团结友善、勤俭自强、敬业奉献的基本道德规范，努力提高公民道德素质，促进人的全面发展，培养一代又一代有理想、有道德、有文化、有纪律的社会主义公民"④。在全社会"大力宣传和弘扬解放思想、实事求是，与时俱进、勇于创新，知难而进、一往无前，艰苦奋斗、务求实效，淡泊名利、无私奉献的时代精神"⑤。《纲要》指出，公民道德建设的主要内容是"以为人民服务为核心，以集体主义为原则，以爱祖国、爱人民、爱劳动、爱科学、爱社会主义为基本要求，以社会公德、职业道德、家庭美德、个人品德为着力点"⑥，并且明确职业道德"是所有从业人员在职业活动中应该遵循的行为准则，涵盖了从业人员与服务对象、职业与职工、职业与职业之间的关系。随着现代社会分工的发展和专业化程度的提升，市场竞争日趋激烈，整个社会对从业人员职业观念、职业态度、职业技能、职业纪律和职业作风的要求越来越高。要大力倡导以爱岗敬业、诚实守信、办事公道、服务群众、奉献社会为主要内容的职业道德，鼓励人们在工作中做一个好建设者。要把道德特别是职业道德作为岗前

① 教育部思想政治工作司. 加强和改进大学生思想政治教育重要文献选编(1978—2014)[M]. 北京：知识产权出版社，2015：55.
② 教育部思想政治工作司. 加强和改进大学生思想政治教育重要文献选编(1978—2014)[M]. 北京：知识产权出版社，2015：56.
③ 教育部思想政治工作司. 加强和改进大学生思想政治教育重要文献选编(1978—2014)[M]. 北京：知识产权出版社，2015：56.
④ 教育部思想政治工作司. 加强和改进大学生思想政治教育重要文献选编(1978—2014)[M]. 北京：知识产权出版社，2015：225.
⑤ 教育部思想政治工作司. 加强和改进大学生思想政治教育重要文献选编(1978—2014)[M]. 北京：知识产权出版社，2015：225.
⑥ 教育部思想政治工作司. 加强和改进大学生思想政治教育重要文献选编(1978—2014)[M]. 北京：知识产权出版社，2015：225.

和岗位培训的重要内容，帮助从业人员熟悉和了解与本职工作相关的道德规范，培养敬业精神。要把遵守职业道德的情况作为考核、奖惩的重要指标，促使从业人员养成良好的职业习惯，树立行业新风"[①]。公民道德建设可以概括为 20 字规范——爱国、守法、明礼、诚信、团结、友善、勤俭、自强、敬业、奉献，简明扼要地概述了对国家、社会、他人和事业的态度。

这一历史阶段，人们的思想不再像解放初那样单纯，社会主义市场经济的发展，西方敌对势力的不断渗透，我国思想领域的建设也需要不断地拨乱反正，在不断创新中曲折前进，高职学生职业精神的培养，需要对这一段特殊的历史认真反思、不断总结，从扬弃中获得积极的思想资源。

3. 新时代开启：推广全员践行的价值理念

党的十八大以后，国内国际形势发生了巨大变化，一方面我国成为世界第二大经济体；另一方面思想领域的斗争进一步复杂多样，为此凝聚思想共识，推动全员践行的价值理念成为思想建设的主要内容。

1) 培育践行社会主义核心价值观

2012 年 11 月，党的十八大报告明确提出"三个倡导"，即"倡导富强、民主、文明、和谐，倡导自由、平等、公正、法治，倡导爱国、敬业、诚信、友善，积极培育社会主义核心价值观"，这是对社会主义核心价值观的最新概括。

2017 年 10 月 18 日，习近平在党的十九大报告中指出："要培育和践行社会主义核心价值观。要以培养担当民族复兴大任的时代新人为着眼点，强化教育引导、实践养成、制度保障，发挥社会主义核心价值观对国民教育、精神文明创建、精神文化产品创作生产传播的引领作用，把社会主义核心价值观融入社会发展的各个方面，转化为人们的情感认同和行为习惯。坚持全民行动、干部带头，从家庭做起，从娃娃抓起。深入挖掘中华优秀传统文化蕴含的思想观念、人文精神、道德规范，结合时代要求继承创新，让中华文化展现出永久魅力和时代风采。"[②]

2018 年 3 月 11 日，第十三届全国人民代表大会第一次会议通过了《中华人民共和国宪法修正案》，社会主义核心价值观被写进宪法条款。

如何正确把握社会主义核心价值观的内涵？习近平在 2014 年 5 月 4 日与北京大学师生座谈时指出："我们提出的社会主义核心价值观，把涉及国家、社会、公民的价值要求融为一体，既体现了社会主义本质要求，继承了中华优秀传统文化，也吸收了世界文明有益成果，体现了时代精神。"[③] 社会主义核心价值观包括国家、社会、个人三个层面，国家层面倡导富强、民主、文明、和谐；社会层面倡导自由、平等、公正、法治；个人层面倡导爱国、敬业、诚信、友善。

第一，国家层面的核心价值观确立了个体奋斗目标。自从 1840 年鸦片战争以后，中国

---

① 教育部思想政治工作司. 加强和改进大学生思想政治教育重要文献选编(1978—2014)[M]. 北京：知识产权出版社，2015：226.

② 习近平. 决胜全面建成小康社会 夺取新时代中国特色社会主义伟大胜利——在中国共产党第十九次全国代表大会上的报告[N]. 人民日报，2017-10-19(3).

③ 习近平. 习近平谈治国理政(第一卷)[M]. 北京：外文出版社，2014：169.

沦为半殖民地半封建社会，有志之士便开始探索国家实现独立富强的道路。在此期间，虽然指导思想、领导力量、联盟基础在不断更替变化，但追求国家富强的意志没有改变。1949年中华人民共和国成立，中国人民从此站立起来了，中国开启了由站起来向富起来、强起来的转变历程，在中华人民共和国成立之初颁布的《中国人民政治协商会议共同纲领》，提出要为中国"独立、民主、和平统一和富强而奋斗"。1956年中国共产党第八次代表大会对如何实现国家富强做了详细规划，做出了建设伟大社会主义国家的承诺。经过曲折探索，1987年中国共产党第十三次代表大会把"富强、民主、文明"写进社会主义初级阶段的总路线，提出"为把我国建设成为富强、民主、文明的社会主义现代化国家而奋斗"。此后，中国迎来了经济连续20多年的快速发展，随着我国经济的快速发展，伴随改革的各类社会矛盾开始呈现，人与自然、人与社会的协同发展日益受到重视。中国共产党第十七次代表大会又将"和谐"写入党的总路线，至此，国家的奋斗目标最终确定为"富强、民主、文明、和谐"。

社会主义核心价值观的形成，回应了人们对国家富强的期盼，把我国建成社会主义现代化强国是每一位中华儿女梦寐以求的价值目标。经过几十年的奋斗，中国共产党列出了强国时间表，分阶段逐步推进：从2020年到2035年，基本实现社会主义现代化；从2035年到2050年，建成社会主义现代化强国。党的十九大报告明确指出，把我国建成富强、民主、文明、和谐、美丽的社会主义现代化强国，说明当前我们构建的社会主义核心价值观与我国今后一段时期的目标任务是完全契合的。只有建成社会主义现代化强国，才能解决我国社会的主要矛盾，才能破解"人民日益增长的美好生活需要和不平衡、不充分发展之间"的矛盾，实现上述目标，除加快发展、建成强国之外别无他法。

国家的强大需要每一个个体努力推动，个人奋斗是实现国家富强目标的前提，国家富强是个人幸福的保障。历史不断告诉我们，没有强大的国家，没有现代文明体制，民族必遭欺凌，国家的奋斗目标为我们个人努力指明了方向。今天的高职学生，要把个人的价值目标和国家的发展目标统一起来，练就过硬本领，培育高尚职业精神，实现个人价值目标与国家目标相契合。

第二，社会层面的核心价值观为个体行为提供了规制。社会层面的核心价值观表现为：自由、平等、公正、法治。社会层面的价值规范主要由经济基础决定，一方面经过多年发展，中国特色社会主义"不仅创造了巨大的物质财富，而且创造了丰富的精神财富，为人的全面发展奠定了良好的基础"[①]。中国特色社会主义发展到今天，人民群众的需要在不断地发生变化，社会也在不断回应这些特殊的需要，"在新时代，人民大众已经不再关心吃什么，用什么，穿什么的问题，转而关注吃什么好、穿什么舒服、用什么放心的问题"[②]。充分体现了人民群众对新时代中国特色社会主义的价值期待，"在对物质生活提出更高要求的同时，进而对民主法治、公平正义、环境等方面的要求日益增长，社会主义核心价值观充分反映人民群众对美好生活的向往"[③]。另一方面，因为经济基础决定上层建筑，社会主义市场经济衍生出的平等协商体现着社会的公平，彰显着社会正义，逐步成熟的社会主义市场经济，将为社会领域带来全新变化。市场主体需要自由、平等的主体身份，市场运

① 韩东云. 深化与发展——社会主义核心价值观的历史演进与新时代内涵[J]. 河南社会科学，2019(2)：17.
② 韩东云. 深化与发展——社会主义核心价值观的历史演进与新时代内涵[J]. 河南社会科学，2019(2)：17.
③ 韩东云. 深化与发展——社会主义核心价值观的历史演进与新时代内涵[J]. 河南社会科学，2019(2)：17.

行需要公正、法治的环境。作为未来市场参与者的高职学生，一定要培育适应市场经济的自由、竞争、规范、法律等意识。所以，社会层面的价值规范是培养高职学生职业精神的根本要求。

第三，个体层面的核心价值观为个体指明了奋斗路径。"爱国、敬业、诚信、友善"是古代仁爱诚信等思想在新时代的升华和体现，社会主义作为一项全新的事业，不论是国家的奋斗目标也好，还是社会的治理路径也罢，要将其转换为现实，需要一代代年轻人去努力奋斗。2014 年 5 月 4 日，习近平在与北京大学师生座谈时指出："我为什么要对青年讲讲社会主义核心价值观这个问题？是因为青年的价值取向决定了未来整个社会的价值取向，而青年又处在价值观形成和确立的时期，抓好这一时期的价值观养成十分重要。"[①]

爱国是要把国家利益放在首位，坚持国家利益高于个人利益，铭记无国则无家的思想，自觉实现对国家的情感认同。爱国主义也是一个历史范畴，今天的爱国就是要坚定地走中国特色社会主义道路，为实现中华民族的伟大复兴而努力奋斗。新时期的爱国包括三个层次，一是坚持党的领导，走中国特色社会主义道路。二是爱国，不是钟爱夜郎自大、闭关锁国的"那个国"，而是要爱适合中国国情、具有中国特色的、心系民族命运、情牵人民福祉的，高度文明高度民主的社会主义现代化强国。三是爱国主义要与世界胸怀相联通。习近平指出："弘扬爱国主义精神，必须坚持立足民族又面向世界。"[②]所以要以包容开放的心态，吸收世界先进文明，利用人类一切文明成果，加快我国社会主义现代化建设。我们今天的高职学生要选择理性的爱国方式，将爱国热情化为自己不断学习的动力。

敬业是实现民富国强的根本路径，"敬业的第一层含义是热爱自己的职业，只有对某项职业热爱，才能在职业中获得快乐。敬业的第二层含义是敬重，敬重是对职业保持兴趣，又超越兴趣，将职业变成一种执着和坚守，以一种庄严的态度、神圣的使命感去从事自己的职业，正如新教伦理所言的将工作视作天职。敬业的第三层含义是责任，这是敬业的最高境界"[③]。兴趣固然是做好工作的前提，但中国特色社会主义的建设，需要各行各业的努力奉献，每一个行业并不都是光鲜体面的岗位、优雅舒适的环境，相当数量的岗位条件依然艰苦、收入待遇不高，没有一定的责任感，这些岗位可能无人问津，社会主义核心价值观倡导的社会目标、国家目标则无从实现。

诚信思想是中国传统文化的核心思想之一，倡导每个人要恪守诺言，不欺诈、不虚伪，维系社会秩序。今天的诚信思想不仅是古代诚信思想的升华，也是市场经济衍生的必然要求，既是对个体修身的基本要求，又是经济、法律等众多领域处理相互关系的基本准则。建设和谐社会，要从个体的道德建设入手，将感恩、真诚、宽容等品质落实到生活的小处、细处，方能营造出互相信任、互帮互助的社会氛围。人是社会关系的产物，在处理社会关系中，自己采取什么样的态度，则会换来什么样的收获，"待人真诚，则会换得他人真心；与人为善，则自己也会变得快乐；以美的心灵感触世界，则未来都会充满希望"[④]。

友善是中国特色社会主义道路的重要组成部分，从传统文化来看，我国很早就有"己所不欲，勿施于人"的处理人际关系的准则，在 1955 年万隆会议上，周恩来总理提出"和

① 习近平. 习近平谈治国理政(第一卷)[M]. 北京：外文出版社，2014：172.

② 魏晔玲. 论爱国——社会主义核心价值观系列谈(九)[J]. 前线，2016(3)：41.

③ 夏文斌，徐瑞. 论敬业[J]. 前线，2016(4)：39.

④ 金蕾蕾. 论诚信[J]. 前线，2016(5)：31.

平共处五项基本原则"来处理国际关系，其核心是与邻为善；在今天的"一带一路"倡议下，我们提出打造人类命运共同体，友善依然是我们处理人际关系的准则，也是处理国际关系的公认法则。另外，友善被确立为社会主义核心价值观是时代的呼唤，我们目前正处在改革的攻坚期，由于改革带来的利益调整，加剧了社会关系变革，市场经济带来的个体利益诉求扩大，"但利益诉求表达机制、权益保障机制、矛盾调解机制尚未有效形成，各种社会矛盾积聚，增大了社会管控的风险和难点。同时城镇化速度加快和虚拟空间的急剧扩散，传统的熟人社会向生人社会过渡，加剧了人们之间的冷漠、不信任感，因此人们渴求和呼唤与人为善的润滑剂出现，修补社会裂痕，重整社会合力"①。友善的价值观对于初入职场的学生来说，会为其形成良好团队意识、培养团队合作精神提供理论指导。

"爱国、敬业、诚信、友善"是新时期社会主义公民基本的道德规范和要求，是公民道德和价值理念在新形势下的新体现。作为公民应该恪守的基本道德准则，被许多领域用来评价公民的基本道德行为。这些准则也是高职学生职业精神素养的直接源泉，高职学生作为社会公民，爱国是其根本出发点，敬业是爱国行动的具体体现，诚信和友善是处理人际关系、维护社会和谐稳定的基本准则，爱国不是空洞的口号，要体现在和谐的邻里关系中，反映在就就业业做好本职工作上。对于高职学生职业精神培育而言，社会主义核心价值观的三个层面为其提供了相互支撑、互为前提的理论指导。国家目标的实现引领着社会凝聚力的形成，为高职学生提供良好的工作学习环境，促使他们自觉接受社会的主流价值观，为其职业精神的培育提供有利的外部环境。同理，高职学生良好的职业精神会促成社会共识的达成，对国家政治经济社会的发展将起到助推作用，为我国现代文明体制的构建提供应有的力量。

2) 学习宣传新时代工匠精神

2016年3月5日，李克强总理在《政府工作报告》中首次提到工匠精神，报告指出要"鼓励企业开展个性化定制、柔性化生产，培育精益求精的工匠精神"②。2017年10月，党的十九大报告中再次提出要"建设知识型、技能型、创新型劳动者大军，弘扬劳模精神和工匠精神，营造劳动光荣的社会风尚和精益求精的敬业风气"③。2019年9月23日，习近平在第45届世界技能大赛的指示中说："劳动者素质对一个国家、一个民族发展至关重要。技术工人队伍是支撑中国制造、中国创造的重要基础，对推动经济高质量发展具有重要作用。要健全技能人才培养、使用、评价、激励制度，大力发展技工教育，大规模开展职业技能培训，加快培养大批高素质劳动者和技术技能人才。要在全社会弘扬精益求精的工匠精神，激励广大青年走技能成才、技能报国之路。"④ 在国家层面大力宣传弘扬工匠精神的同时，《大国工匠》纪录片、大国工匠进校园系列活动也相继推出。

但是工匠精神不是一朝一夕产生的，在中国古代，纵观几千年文明发展史，先民们从最初追求实用精致的器物开始，在历史上留下了大量手工业精品，这些特定的工艺经过家庭传承和师徒传授，不但留下了精粹的技艺，也流传下来崇尚技艺、精益求精、追求完美

① 黄明理. 友善之为社会主义核心价值观论析[J]. 广西大学学报(哲学社会科学版)，2015(9).
② 李克强. 政府工作报告[EB/OL]. [2016-12-15]. http://www.gov.cn/xinwen/2016-12/15/content_5148609.htm.
③ 习近平. 习近平谈治国理政(第三卷)[M]. 北京：外文出版社，2020：24.
④ 习近平. 弘扬精益求精的工匠精神[EB/OL]. [2019-09-23]. https://www.chinanews.com/gn/2019/09-23/8963457.shtml.

的道德，中国古代的手工艺品，丝绸、瓷器、陶器等多个领域工匠们均有涉足，创造了都江堰、赵州桥、京杭大运河、长城、故宫等人间精品，浑天仪、圆周率、麻沸散等技术结晶。李约瑟在中国科技史中以翔实的史料，全面论述了中国古代的科技文化成就，揭示了技术背后的工匠精神。

新时代的工匠精神是顺应世界经济形势的变局而产生的。这主要有以下几方面的原因：一是中国作为制造业大国。传统产品通常以量取胜，低价竞争，目前由制造业大国向制造业强国转变，则需以质取胜，提升产品品质，需要生产者的精益求精、一丝不苟的工作作风，制造者的匠心将成为制胜的关键。二是产业结构转型升级的需要。传统产业主要提供刚性的需求减弱，个性化定制、柔性化生产日益增多，需要生产者从特色上取胜，要彰显工匠精神。三是劳动者竞争力的核心体现。"中国制造业转型升级过程中，不同行业产值规模快速变动的特点，以及结构变动的多元性，造就了技术技能型人才需求的一系列显著波动。一方面，在转型升级过程中产值规模变动的特殊性导致技术技能型人才的需求结构出现剧烈波动，我国制造业在转型升级过程中，企业对技术技能型人才需求的增加是结构性的，并表现出较大幅度的波动。对尖端技术人才、基础性技术人才需求大幅度增加，对低端技术人才和劳动力需求增幅大幅下降。"[1]而企业最欢迎的依然是"刻苦敬业、有一定创新能力，且具有较强适应能力和合作精神的技术技能型人才"[2]。

工匠精神主要包括以下几个层面的内容：一是精益求精的作风。中国古代工匠精神一直以来都围绕传统造物的"技、艺、道"进行，《庄子》中阐述"技近乎道，道在技中，道技合一，技是道的基础，道是技的升华，优秀的产品首先体现为技，其次渗透于道，传承重点虽是技的传承，而彰显的重点是道"[3]"技是造物匠人在劳作中的方式、方法以及原则等形成的，技是体征，有别于机械生产的产品，通过匠人之技艺制作的产品不但独一无二，而且承载着浓烈的情感，传达着手工特有的温度"[4]。直至今日，工匠们看似重复的劳作背后隐藏着专注于技艺、追求极致的品质，工匠们对职业执着、对其敬畏推崇、对技术不断创新突破。正如金媛善所言："对待品质应该有超乎寻常的追求，甚至近于神经质般的艺术上的追求，对每一件产品，哪怕再细微，都应该力求尽善尽美。对每一件经手的作品，都应该负起所有的责任。"[5]美国思想家汉娜·阿伦特把劳作分为两类，"劳动之兽与创造之人"，创作者将自己的感情经历融入作品中，使作品有了自己的灵魂思想。[6]《庄子》中记载的"庖丁解牛"的故事就是工匠精神的体现，"始臣之解牛之时，所见无非牛者，三年之后，未尝见全牛也，方今之时，臣不以目视而以神遇之"[7]。新时代工匠精神呈现给

① 《德国职业教育双元制中国本土化创新研究》编写组. 德国职业教育双元制中国本土化创新研究[M]. 北京：人民出版社，2017：87.
② 《德国职业教育双元制中国本土化创新研究》编写组. 德国职业教育双元制中国本土化创新研究[M]. 北京：人民出版社，2017：87.
③ 段卫斌. 结构与重塑——工匠精神在设计教育中的价值认知与实践研究[D]. 北京：中国美术学院，2018：36.
④ 段卫斌. 结构与重塑——工匠精神在设计教育中的价值认知与实践研究[D]. 北京：中国美术学院，2018：36.
⑤ 金媛善，陈丽萍. 拼布与修行[M]. 中华手工，2016(4)：48-49.
⑥ [美]汉娜，阿伦特. 极权主义的起源[M]. 林骧华，译. 北京：三联书店，2008.
⑦ [战国]庄周. 庄子 [M]. 贾太宏，编. 北京：西苑出版社，2015.

我们的依然是精益求精的工作作风。比如，自 2015 年"五一"开始，央视新闻推出记录性节目《大国工匠》，该节目分为八集，分别讲述八个不同身份不同职业的中国工人。

二是勇于创新的精神。如果说古代的工匠精神主要目的是秉承家族手艺的传承，时至今日，工匠精神不但要求体现技艺传承，更要勇于探索、勇于创新，今天我国制造的众多工程，不仅是简单的制造，更多的是突破常规的创造，是攻克无数难点，打通许多盲点之后才有今天的成就。举世无双的青藏铁路、三峡工程、中国高铁等，每项工程背后都蕴含着无数的创新，如果单纯秉持传统，原封不动地传承，就不可能有今天伟大工程的出现，也不可能有今天中国制造的奇迹。因此，新时代的工匠精神既有传承古代优秀传统文化的义务，更要勇于探索适合于今天、契合于时代的新产品、新工程、新创举，创新无止境，创新是一个民族不竭的动力。

三是质量至上的理念。弘扬新时代工匠精神，还有一种更现实的意义，提升中国产品的质量，打造制造业强国的地位。实事求是来看，中国产品质量差异较大，在航天等领域中国产品的质量数一数二，但在关乎民生领域的许多产品质量并不乐观，日用品、农产品整体质量并不高，制作粗糙、农药残留的报道频繁出现，中国产品质量整体处在一种不平衡状态，高端产品存在，低端产品也有市场。新时代工匠精神秉持的精益求精态度、勇于创新的精神，最根本的目的是打造独一无二的匠品，因此，质量至上是核心，没有质量至上的理念就不可能产生精益求精的态度，也不可能有勇于创新的精神。

3）落实高校"立德树人"根本任务

2012 年 11 月，党的十八大提出"教育是民族振兴和社会进步的基石，要坚持教育优先发展，全面贯彻党的教育方针，坚持教育为社会主义现代化建设服务、为人民服务，把立德树人作为教育的根本任务，培养德智体美全面发展的社会主义建设者和接班人"[①]。十八大以后，党在促进高校立德树人这一根本任务上做出了科学步骤，并取得了可喜的成绩。2012 年推进党的十八大精神"三进"工作，对于大学生树立正确的人生观、价值观和提高思想道德素质有着重要的意义。2014 年召开的第二十三次全国高校党的建设工作会议指出，要坚持立德树人，把培育和践行社会主义核心价值观融入教书育人的全过程。2015 年教育部印发《高等学校思想政治理论课建设标准》，2016 年召开全国高校思想政治工作会议，强调了新时期高校立德树人工作的重要性，指明了必须不断提高学生的思想政治道德等水平，使学生成为德才兼备、全面发展的人才。2017 年先后出台和修订了《普通高等学校马克思主义学院建设标准》《普通高等学校学生党建工作标准》《普通高等学校辅导员队伍建设规定》。2017 年 10 月，党的十九大报告指出："要全面贯彻党的教育方针，落实立德树人根本任务，发展素质教育，推进教育公平，培养德智体美全面发展的社会主义建设者和接班人。"[②] 2018 年 5 月，习近平在北京大学师生座谈会的讲话中指出，"当前我国高等教育办学规模和年毕业生人数居世界的首位，但规模扩张并不意味着质量和效益增长，走内涵式发展道路，是我国高等教育发展的必由之路，人无德不立，育人的根本在于记得要把立德树人的成效作为检验学校一切工作的根本标准，真正做到以文化人、以德育人，

① 胡锦涛. 坚定不移沿着中国特色社会主义道路前进　为全面建成小康社会而奋斗——在中国共产党第十八次全国代表大会上的报告[N]. 人民日报，2012-12-09(3).
② 习近平. 习近平谈治国理政(第三卷)[M]. 北京：外文出版社，2020：36.

不断提高学生思想水平政治觉悟、道德品质、文化素养，做到明大德、守公德、严私德"①。2018 年 9 月 10 日，全国教育大会在北京召开，习近平指出，"要努力构建德智体美劳全面培养的教育体系，形成更高水平的人才培养体系，坚持立德树人，加强学校思想政治工作，要把立德树人融入思想道德教育、文化知识教育、社会实践教育各环节"②。2019 年 1 月召开的全国教育工作会议指出，"要全面贯彻党的教育方针，加快推进教育现代化，办好人民满意的教育，落实和推进立德树人工作"③。习近平在 2019 年 3 月 18 日主持召开的学校思想政治理论课教师座谈会上强调："加快推进教育现代化，建设教育强国，办好人民满意的教育，努力培养担当民族复兴大任的时代新人，培养德智体美劳全面发展的社会主义建设者和接班人。"④

落实"立德树人"的根本任务，把高校将学生的思想道德教育放在显著位置，"德"要切实落实到"为谁培养人，怎样培养人，培养什么人"的问题上，高职院校推进学生职业精神培育也是落实高校"立德树人"的主要举措。

4）宣传弘扬抗疫精神

2020 年年初，一场新型冠状病毒肺炎肆虐全球，由于人类对其认知极少，从开始爆发就凸显了其极高的传染性，短时间内我国 31 省区都出现确诊病例，尤其湖北省武汉市成为这次疫情的重灾区。在笔者书写这段文字时，中国的疫情已得到控制，而全球范围内疫情蔓延事态仍在加剧，这次疫情带来的影响之深远，我国采取的措施之坚决，人们爆发的精神之感人，都值得铭记史册。尽管疫情尚未完全结束，但对其所蕴含的精神非常有必要记录在此，也促使包括高职学生在内的每个人去深思。笔者认为这次抗疫行动，至少为我们彰显了以下几个层面的精神：第一，众志成城、万众一心的团结精神。疫情开始，国家从组织医疗队伍、新建收治医院、调配保障物资，屡次创造中国速度，体现了全国人民团结拼搏的精神，这种集体力量彰显了社会主义制度的优势所在。第二，广大医务人员发扬了医者仁心、无私奉献的精神，他们竭尽全力与病魔较量，与时间赛跑，一些医务人员甚至献出了宝贵的生命，诠释了医生的高尚职业精神。第三，一方有难、八方支援的志愿精神。疫情发生突然、发展迅猛，各类救治物资开始之时异常紧缺，但是全国人民、华人华侨、国际社会迅速行动，短时间内改变了被动局面，防护物资和日常生活保障物资迅速到位，为打胜这场战"疫"提供了坚强的后勤保障，这种互帮互助的伟大志愿精神，是对践行人类命运共同体的最好注解。第四，响应号召、严守规矩的自律精神。本次疫情，国家采取了最坚决、最彻底、最严格的管控措施，2020 年 1 月 23 日，武汉这座千万级人口的城市宣布"封城"，在新中国历史上尚属首次，全国各地也相应地采取了严格的封控措施，但不论"封城"还是"控村"，全国人民积极响应党和国家的号召，自觉遵守相关规定，成功地实现了十四亿人的"禁足"，显示了高度的自律精神。事实表明，在疫情面前，没有局外人，我们各级各类人员都在立足本职岗位，用不同的方式无私奉献，为早日打赢这场战"疫"努力拼搏。

① 习近平. 在北京大学师生座谈会上的讲话[N]. 人民日报，2018-05-03(5).
② 习近平在全国教育大会上强调：坚持中国特色社会主义教育发展道路，培养德智体美劳全面发展的社会主义建设者和接班人[N]. 人民日报，2018-09-11(5).
③ 陈宝生. 在全国教育工作会议上的报告[N]. 中国教育报，2019-01-19(3).
④ 习近平. 习近平谈治国理政(第三卷)[M]. 北京：外文出版社，2020：328.

这场无情的灾害提醒人类要重新反思与自然的关系，改变不文明的生活方式，广大高职学生作为这一事件的见证者和亲历者，他们切身感受到祖国强大的荣耀，必定会激发起强烈的爱国热情；他们也见证了科技的力量，促使其练就扎实的本领；同时也感受到精神的力量，这些都会为高职学生构筑职业精神添加宝贵的精神元素。

二、国外相关思想资源

从西方文献可以看出，从古希腊、古罗马时期开始，人们一直在追寻如何为社会培养合格的人，不论是培养服务统治阶层的精英人士，还是治理社会的专业人员，抑或是对下层良民百姓的归顺训导，培养的内容一直未离开过精神范畴，道德说教、精神张扬是西方思想界永恒的话题，梳理这些关于精神方面的思想资源，将会对我国高职学生职业精神培育提供域外理论的启示。

(一)古希腊、古罗马时期相关代表人物思想

1. 普罗泰戈拉的"德行可教"思想

普罗泰戈拉(公元前 481—前 411)是古希腊智者派中最重要的代表人物。作为代表奴隶主民主派的思想家，他的学说流行，引起了当时贵族派思想家苏格拉底与柏拉图的反对，他的著作仅留下一些残篇，他的言语则作为反对派攻击的对象而保留一部分传至后代，我们也得以通过此窥得一些要义。他通过与苏格拉底辩论德行是否可教，证明德行不但重要，而且可以传授习得。他举例说："一个城邦要真正成为一个城邦，则必须具有为一切公民遵守的德行，这种品质不是木工、铁匠、陶人的技艺，而只是公正虔敬、成人之德，这种德行就是一切人学习与行为的条件，如有人缺此品质，则必受教训惩罚。以至改正而后止。"①他主张："人们对于其子弟从出生即施以教育与训诫，直至其死而后止，只要小孩能懂得语言，则由其母、其保姆、其父、其师予以教导，凡小孩儿说话做事，都循他们指示：此为公正，彼为不公正；此为光荣，彼为不光荣；此为神圣，彼为不神圣；做此事，不做此事。假如小孩顺从，则谓之善，如不从，则遭恫吓，很像使一块弯曲的木块变直一样，渐长大则送入学校，交予教师，并嘱托教师注意儿童的德行当更甚于注重儿童的读书与音乐。"② 从此由音乐、美术、体育、法律等诸多教师传授德行，"要想成为有教养的人，必须应用自然禀赋与实际，自幼即开始学习"③，所以普罗泰戈拉认为，德行非常重要，同时他认为德行可以传授与学习，这是西方重视道德教育比较早的记载。

2. 苏格拉底的"美德即知识"思想

苏格拉底(公元前 469—前 399)是古希腊代表奴隶主贵族的唯心主义哲学家。他因参加"三十人暴君政府"被人民推翻而被判处死刑，他的思想主要靠他的学生柏拉图和色诺芬的著作流传下来。他认为道德与知识是一致的，但他的知识是神秘的知识，这种知识，只

① 周辅成. 西方伦理学名著选辑[M]. 北京：商务印书馆，1964：27.
② 周辅成. 西方伦理学名著选辑[M]. 北京：商务印书馆，1964：27.
③ 周辅成. 西方伦理学名著选辑[M]. 北京：商务印书馆，1964：27.

有不朽的灵魂才能接近，"人只有在克制一切身体欲望与现实需求之后，才出现不朽的灵魂"①。因为苏格拉底与柏拉图的思想很难区分，所以一般从色诺芬的回忆录来了解苏格拉底的伦理学思想。在《论美德和丑恶》中，苏格拉底认为："如刚毅这样的品格天生是有差异的，但任何一种天生的倾向都可以由训练和锻炼而使之在刚毅方面有所长进。"②"品行是可以后天培养的。天生聪明的人跟天生笨拙的人一样，谁想在某一门技艺上成为一个值得赞美的人，谁都须学习和钻研这门技艺。"③ 苏格拉底赞扬好行为，因为可以由钻研和学习而成功获得。"好运气"只是碰上所需要的东西。"依他看，最好的最为神所宠爱的人，在农业上就是那些很好地完成自己的工作任务的人，在医务上就是那些很好地完成自己医疗任务的人，在国家机关的就是那些很好地完成自己公务的人，而那些什么事也做不好的人，他认为既无任何用处。"④ 苏格拉底认为："智慧要比物质财富更重要，有智慧的人的思想，却能使人更富有美德。"⑤ 他说，"人的美德不是特定技艺，我当然考虑过公正长于治国、齐家等具体的才能，不公正的人甚至于要当一个好公民也是不可能的。而虚伪、欺骗等行为都是不公正的。"⑥ 苏格拉底擅长运用辩论的方法去分析，对公正、诚实的品德在不同语境中要区别对待。苏格拉底认为："智慧就是一种知识，但并不是有智慧的人就能穷尽一切知识，每一个有智慧的人都只在他所知的事物上谓有智慧的。对于美、勇敢、善等都是相对的，都有一个目的的存在，凡是有用的东西之所以美，都是由于着眼于他对之为有用的那个目的。"⑦ 在这里，苏格拉底已经指出了品德的价值，这种价值彰显着客体对主体的有用性，道德不是抽象的，而是对主体有用的东西。

3. 亚里士多德的"实践智慧"思想

亚里士多德(公元前384—前322)是古希腊最著名的学者，在物理学、天文学、逻辑学、哲学等诸多方面都有建树，堪称西方文化的开拓者，其伦理学著作有《欧德米亚伦理学》《大伦理学》《政治学》，在《尼可马克伦理学》中他认为，"政治学是人类最大的善，因为它驾驭一切实用技术"⑧。亚里士多德的伦理学首先是为治国理政服务的，他认为国家利益至上，为城邦或民族行动的善要大于为个人私利为目的的善。亚里士多德认为有一种普遍的善，就是理念，其他德行的体现均是理念的具化，"如应用于本体的范畴为上帝的理性，应用于性质的范畴为德行，应用于数量的范畴为适中，应用于关系的为效用；应用于时间的为机会，应用于地点上为安居，所以善有本身之善，也有善之手段，人类的善就是心灵合于德行的行动。假如德行不止一种，那么人类的善就应该是合于最好的和最完全的德行和活动"⑨。为此，亚里士多德区分两种德行即理智的德行和道德的德行，理智的德

---

① 周辅成. 西方伦理学名著选辑[M]. 北京：商务印书馆，1964：46.
② 周辅成. 西方伦理学名著选辑[M]. 北京：商务印书馆，1964：50.
③ 周辅成. 西方伦理学名著选辑[M]. 北京：商务印书馆，1964：50.
④ 周辅成. 西方伦理学名著选辑[M]. 北京：商务印书馆，1964：52.
⑤ 周辅成. 西方伦理学名著选辑[M]. 北京：商务印书馆，1964：55.
⑥ 周辅成. 西方伦理学名著选辑[M]. 北京：商务印书馆，1964：55.
⑦ 周辅成. 西方伦理学名著选辑[M]. 北京：商务印书馆，1964：67.
⑧ 周辅成. 西方伦理学名著选辑[M]. 北京：商务印书馆，1964：67.
⑨ 周辅成. 西方伦理学名著选辑[M]. 北京：商务印书馆，1964：50.

行是训练而来，道德的德行是由习惯而来。亚里士多德否定"德行并非天性，但也不违反天性，自然给我们以获得德行的才能，这种才能是由习惯而完善的"①，所以亚里士多德重视道德的培育，"因为不同行为产生不同的性格，一个人自幼受的训练与他人如有不同，那么后来所形成的差别便会更大，甚至可以说是完全两样"②。亚里士多德指出，我们必须研究的德行在灵魂里可以看到三类东西——"情感、官能、习惯或品性，情感是嗜欲、愤怒、自信、嫉妒、喜悦、友情、憎恨、渴望，好胜心、怜悯心和一般伴随痛或快乐的各种感情。官能是我们借此调摄我们的情感变好或变坏的东西"③。亚里士多德认为，"德行既非情感又非能力，那就只有是习惯或品性了"④。对于什么是最好的德行，亚里士多德认为是"唯守中道"。德行凭选择而得，特点在于适度，亚里士多德认为，恐惧、快乐、荣誉等方面都必须遵守中道，任何东西都是相对的。在无法找到中道时，"两恶相交，取其小者"。在对意志的论述中，亚里士多德认为，一切德行的活动都涉及手段，因此价值选择非常重要，他说："我们能说'不'的地方，也能说'是'。""如果做高贵的事情在于我们，那么不做可耻的事情也在于我们；如果不做高贵的事情在于我们，那么做可耻的事情也在于我们。如果做或不做高贵的或鄙贱的事情都在于我们，并且像我们所说的，如果行善就是善人，做恶就是恶人，那么要做有价值或价值的人，都在于我们自身"⑤，这也正好印证了培育职业精神的价值所在。在理智的德性中，亚里士多德认为，"实践的智慧是人的特性"⑥，实践的智慧超越具体技艺，"实践的智慧是人类企求人类的善恶事情的一种合理的才能或习性，生产与生产本身以外，还另有目的，行为则不然，因为善行的本身即是目的"⑦。实践的智慧，其实就是一种精神，"乃是一种以人类善为目的而求实践的合理和正确的才能或习性"⑧。善与实践的结合可以理解为今天的职业精神与职业实践活动的结合，说明古人已开始关注这一问题。

(二)近代西方相关代表人物思想

1. 夸美纽斯的"道德教育"思想

夸美纽斯(1592—1670)是 17 世纪捷克的教育家。他在《大教学论》《母语学校》等著作中，对道德教育的价值有较多的论述。他认为道德教育比智力教育更重要，他说："我们已经讨论过了比较易于教授与学习科学和艺术的问题，它们的确只是对于更加重要的事情的一种准备而已……然则我们的真正工作是什么呢？是智慧的学习，它提高我们，使我们得到稳定，使我们的心灵变得高贵，我们把这种学习叫作道德，叫作虔信，有了它，我们就高出一切造物之上，就接近上帝本身。"⑨他认为，教育的目的就是 "人人必须达成

① 周辅成. 西方伦理学名著选辑[M]. 北京：商务印书馆，1964：91.
② 周辅成. 西方伦理学名著选辑[M]. 北京：商务印书馆，1964：292.
③ 周辅成. 西方伦理学名著选辑[M]. 北京：商务印书馆，1964：294.
④ 周辅成. 西方伦理学名著选辑[M]. 北京：商务印书馆，1964：295.
⑤ 周辅成. 西方伦理学名著选辑[M]. 北京：商务印书馆，1964：306.
⑥ 周辅成. 西方伦理学名著选辑[M]. 北京：商务印书馆，1964：315.
⑦ 周辅成. 西方伦理学名著选辑[M]. 北京：商务印书馆，1964：315.
⑧ 周辅成. 西方伦理学名著选辑[M]. 北京：商务印书馆，1964：316.
⑨ 项久雨. 思想政治教育价值论[M]. 北京：中国社会科学出版社，2003：46.

一个境地，使他们经过智慧、德行和虔敬地适当地滋润，可以有效益地从事现实的生活，并正当地准备未来的生活"①。他说正道的教育就是道德教育，"正如田地愈肥沃，蒺藜便愈茂盛一样，一个绝顶聪明的心理如果不去布下智慧与德行的种子，它便会充满着幻异的观念……它便会被无益的、稀奇的和有害的思想所困惑，会成为自己毁灭自己的原因"②。他确信，"凡是生而为人都有受教育的必要，因为他们既然是人，就不应当变成野兽，不应当变成死板的木头，并且由此可见，一个人愈是多受教导，他便愈能按着恰切的比例胜过别人。"③在《母育学校》里面夸美纽斯认为，"睿智、节制、勇敢和公正是基本的，最重要的德即良好的道德习惯，对于事物的精确判断是德行的基础，因此，睿智是道德生活的指导者，而且人需要有节制，需要把事情做到恰如其分，也就是符合理性、符合社会所要求的道德规范，如此才能体现道德教育的社会价值"④。夸美纽斯认为，有几个方面可以加强道德的教育，"一是正面的教育；二是榜样的示范；三是教诲与规则；四是儿童道德行为练习实践；五是择友，从环境中关注行为的养成。夸美纽斯还关注到劳动教育的重要性，要求儿童要诚实劳动，不做寄生虫"⑤。他不但认为道德教育在改造人和社会发展中的重要的积极作用，同时他也对这种教育抱有高度的信心。

2. 洛克的"绅士教育"思想

洛克(1632—1704)是英国唯物主义经验论哲学家。洛克因提出绅士教育而名声大振，其目的是为新型资产阶级培养合格代表。洛克认为："一个绅士必须具备理智、礼仪、智慧和勇敢这四个方面的道德品质，培养理智，就是要能够用理智去驾驭和支配自己，克制自己的欲望，顺从理性的指导。礼仪的培养指的是要让儿童学会礼貌、礼节和风度，懂得人情世故，学会待人接物，要文质彬彬，高雅友善。智慧的培养指的是一种本领的培养，它使人能干而有远见，善于处理具体事务，要把孩子培养成坦白、公正和聪慧的人。洛克认为，勇敢和坚韧，是绅士必备的美德，是一个真正有价值人的品性，为此，需要从小锻炼孩子的胆量，使之能忍受痛苦，克服怯懦、脆弱的本性，能够做到刚毅、果断、勇敢。"⑥

而被人们所熟知的则是洛克的"白板说"，洛克认为，知识和思想都是感觉，人类儿童的心理是一张白纸，我们怎么去描画就可得出什么样的结果，因此，培养儿童良好习惯的道德教育价值观特别重要，他认为，道德教育是绅士教育的灵活运用，理想的德行对于个人事业的成功具有极大的价值，所以洛克主张要做好榜样和示范，要充分练习好的行为，设法让儿童养成习惯。

3. 卢梭的"天性教育"思想

卢梭(1712—1778)是英国启蒙思想家和哲学家。卢梭在教育方面的论述最重要的代表作是《爱弥儿》，他主张自然的天性教育，为资本主义国家培养良好公民。他认为，"敢于

---

① 张焕庭. 西方资产阶级教育论著选[M]. 北京：人民教育出版社，1979：6.
② 张焕庭. 西方资产阶级教育论著选[M]. 北京：人民教育出版社，1979：6.
③ 张焕庭. 西方资产阶级教育论著选[M]. 北京：人民教育出版社，1979：5-6.
④ 项久雨. 思想政治教育价值论[M]. 北京：中国社会科学出版社，2003：47.
⑤ 吴式颖. 外国教育史教程[M]. 北京：人民教育出版社，2003：162.
⑥ 项久雨. 思想政治教育价值论[M]. 北京：中国社会科学出版社，2003：48.

为一国人民承担起建立制度的人，必须自己觉得有把握能够改变人的本性，必须能够把每个自身都是一个完整而孤立的整体的个人转变为一个更大的整体的一部分，并使他在一定的方式上从整体那里得到自己的生命与存在，能够改变人的体质并使之得到加强，能够以作为整体的、道德的生存来代替我们所有人从自然界中得到生理的、独立的存在。简而言之，必须抽去人类本身固有的力量，赋予他们本身之外的而且没有其他人帮助他们便无法运用的力量。这些自然的力量消灭得越多，他们所获得的力量就越大、越持久，制度也就越巩固、越完美"[1]。卢梭认为："善良情感的培养、正确判断和良好意志的形成都是道德教育的主要组成部分。善良情感的培养是心的教育，这种教育旨在让儿童在自然状态下观察人类社会道德曲折演进的情景，旨在让他们自己在一些善良范例的潜移默化的影响下接受熏陶，也就是说，善良情感的培养绝不是空洞的道德说教，而是真实事物耳濡目染。"[2]因此，卢梭认为，良好意志的形成，可以通过各种善良和坚韧的意志行为使受教育者理解，通过确立目标、采取行动、克服困难，然后锤炼意志，当然卢梭的自然主义教育观，其中也不乏消极的思想，但是他对品德的培育重视值得肯定，在培育品德的方式方法上也给我们以启示。

(三)现代西方相关代表人物思想

19世纪末20世纪初，欧美的经济与科技快速发展，社会形态呈现出多元化，对人才的需求不像以前那样只是为统治阶级培养治理国家的人才，而推动社会各方面发展的人才需求增大，因此道德教育围绕这些领域展开，特别是职业教育开始兴起，职业教育理念更新，为西方国家培养了更多的现代化发展的人才。

1. 凯兴斯泰纳的"公民教育"思想

凯兴斯泰纳(1854—1932)，德国教育家。他倡导的公民教育和劳作教育为德国的职业教育奠定了基础。19世纪末，为了充分发挥教育的政治与经济功能，在社会本位的改革大潮中，凯兴斯泰纳在借鉴前人成果的基础上，提出了以公民教育为最终目的，以劳作教育为主要途径的职业教育理论，作为德国职业教育的奠基人，凯兴斯泰纳一方面加强了其理论的制度化建设，另一方面积极推进职业教育的实践。

凯兴斯泰纳所处的时代正是德国从分裂到统一，并逐步走向共和国的过程，所以他的教育实践与理论渗透着对国家前途、民族命运的深切关怀，为充分发挥教育促进经济发展、缓和阶级矛盾的社会功能，他明确把培养有用的国家公民当作国家国民学校的教育目标，并且是国民教育的根本目标，在公民教育与职业教育的关系上，他认为，一个人如果在国家机构中不起作用或根本担当不了实现国家目标的任何工作，就不可能成为对国家有用的公民。因此，对个体而言"第一个要求是，他应该有能力而且愿意承担这个国家里的任何职务或者说有能力从事任何职业活动，并因此而直接或间接地促使国家目标的实现"[3]。因此，凯兴斯泰纳认为公民首先要能在集体中从事某项劳动，他不但指出了职业教育的重要

① 卢梭. 社会契约论[M]. 张友谊，译. 北京： 外文出版社，1998：35-36.
② 项久雨. 思想政治教育价值论[M]. 北京： 中国社会科学出版社，2003：50.
③ [德]凯兴斯泰纳. 凯兴斯泰纳教育论著选[M]. 郑惠卿，译. 北京：人民教育出版社，2003：15.

地位，也指明了职业教育肩负的使命——培养有用的国家公民，为此提高国民意识的教育是最重要的。凯兴斯泰纳教育思想的核心是公民教育，而公民教育中合格公民的职业要求又是第一位的。因此，使学生更好地进入职业社会承担国家所赋予的历史使命，对其进行公民权利与义务教育成为公民教育的首要内容。凯兴斯泰纳的公民教育内容包括集体观念的教育、权威感教育和民族情感教育等。他着重强调集体与实践的作用，特别是劳动实践，因为个性的养成离不开集体与实践，而个性的重要组成部分是观念和情感，如权威感的养成离不开集体的目标与抱负，民族感同样以集体为出发点。因此，他主张劳动和集体是进行性格教育的最好场所，在集体和劳动的基础上，凯兴斯泰纳提出了劳作教育概念，他不仅提供了解决知识传授或完善企业内理论训练的方法，而且期望将教育导向日常生活和工作世界。他坚信职业教育是教育人的大门，是公民教育的重要内容与实现基础，把职业教育的功能确定为培养有用的国家公民。"职业教育的目标不只停留在传授职业知识训练、职业技能上，还要养成现代国家公民应具有的集体观念、权威感和民族情感"[1]。这种国家公民核心就是具备良好的职业精神。

凯兴斯泰纳认为，培养合格的公民首要的方法是加强职业教育训练和培养公民的职业技能，这不仅要求学生在校期间从事各种手工劳动，学会使用各种工具，认识各种材料及性能，学会估价、测量各种物体，而且通过劳作可以锤炼意志，养成一丝不苟的作风和良好的道德品质。他把劳作学校作为承担上述任务的适合的机构，学校的任务就是培养有公民意识的、有才干的职业人才。而劳作学校是实施公民教育和职业教育的场所，他将职业教育道德化看成劳作学校的重要任务，让学生做共同的劳作作业，在获得基本劳动技能的同时，了解集体的目的，增强集体的观念，培养责任感和牺牲精神，并通过建立各种实习场所，培养学生手工劳动的技能和细心、认真的习惯，为继续接受职业教育打下良好基础。这种既包括实际训练又包括理论涵养，并使二者融会贯通的课程论与单纯重视人文学科的博雅教育的课程论相比，显然是一种进步，这是其劳作学校理论的核心。

为培养学生认真严谨的习惯，唤起真正的劳动热情，凯兴斯泰纳尤其重视手工劳动，他阐述了心智技能和动作技能的培养问题，他认为，这两种技能在专业课上结合得越紧密，国民学校的发展就越兴旺，心智技能的发展也就越自觉与稳定，只有当心理需要与劳力劳动领域产生的劳动方法一致时，劳作原则才得以发扬，也只有通过劳动，精神作用才能全部形成。凯兴斯泰纳批判了脱离生产劳动实践和实际生活的教育模式，他提出的职业与伦理、劳动与发展、个人与集体相统一的独特的劳作教育思想，"将必须以手工劳作为培养基础的劳作学校由教育理论上升为国家行动，影响了此后德国职业教育的演进"[2]。

凯兴斯泰纳的公民教育着眼于为民族、为国家培养有集体观念、有责任意识、有牺牲精神的公民，如何实现这一目标，他开出了"劳作教育"的良方，凯兴斯泰纳被公认为德国"职业教育之父"[3]，德国也正是在这些理念的引领下，培养了一代代工业巨匠，创造了一批举世公认的品牌，德国工人严谨的作风、精益求精的态度被世人一致称颂，也为我们培养高职学生职业精神带来了思考和启示。

---

① 贺国庆，朱文富. 外国职业教育通史[M]. 北京：人民教育出版社，2014：285-292.

② 贺国庆，朱文富. 外国职业教育通史[M]. 北京：人民教育出版社，2014：285-292.

③ 贺国庆，朱文富. 外国职业教育通史[M]. 北京：人民教育出版社，2014：286.

2. 杜威的教育思想

杜威(1859—1952)是美国实用主义哲学家和教育理论家。作为美国 20 世纪最伟大的教育家，其教育思想在全世界有着广泛影响。1919 年他应邀来华讲学，时间长达两年之久。他的教育思想，特别是职业教育思想、道德教育思想对当时的国内学者产生过重要影响。

1) 杜威的职业观

杜威认为"职业的实质是个人智力和道德的生长，职业是个体发展以及获得真正知识和进行智力训练的最有效的方法"[①]。他在"旧个人主义和新个人主义"一文中说道："每一种职业都会对从事这种职业的人的个性留下痕迹，并改变他们对人生的看法。"[②]在现实生活中，职业教育的范畴极其丰富，"既包括专业性的和事务性的职业，也包括任何一种艺术能力、特殊的科学能力，以至有效的公民品德的发展，更不必说机械劳动或从事有收益的工作了"[③]。因为经济发展、社会进步、生产力水平提高，常常会迫使人们转换职业来适应环境，所以一个人能力的提高、兴趣爱好的改变，也需要通过转换职业来满足自己的需要。杜威认为职业"是唯一能使个人的特异才能和他的社会服务取得平衡的事情，找出一个人适宜做的事业，并且获得实行的机会，这是幸福的关键……所谓适当的职业，不过是说一个人的能力倾向得到适当的应用，工作时能以最少的摩擦，得到最大的满足。对社会其他成员来说，这种适当的行动当然意味着他们得到这个人所提供的最好的服务"[④]。杜威认为"人在世上，俱当有职业，俾可从事为人类谋幸福及对于社会有所贡献，总求所做的事"[⑤]必能适于社会的需要才好。

2) 杜威的职业教育观

杜威认为狭义的职业教育使职业学校的学生学到一种知识、练成一种技能，可和社会生出一种更密切的关系，他认为这种狭义的职业教育显然不能满足民主社会的需要。他说道："有一种危险，把职业教育在理论和实践方面解释为工艺教育，作为获得将来专门职业的技术效率的手段。这样，教育将变成原封不动的永远延续社会现有工业秩序的工具，而不是改革这种工业秩序的手段。"[⑥] 而广义的职业教育，就是要把职业教育与文化修养联系起来。杜威指出："职业教育最重要的观念，就是职业教育并不是'营业教育'，不是做专门行业的教育，做专门行业的教育是机械的，用不着心思和高深的学问，只希望养成本行的专门技能就算了。但这不是职业教育，职业教育应该注重使人懂得实业工业所知的科学方法，一方应用肢体发展的本能，一方不能不注重知识，知道科学的所以然。否则对于行业没有兴趣，倘能知道科学的所以然则随时力求革新进步。"[⑦] 杜威指出职业教育两种弊端是不可不防的："第一，千万不要认定某种人天生是做某种事业的。有了这个观念，便在青年时代给了他很狭隘的行业训练，从而不能改业。这个结果很危险，在这变迁

---

① 王川. 西方近代职业教育史稿[M]. 广州：广东教育出版社，2011：360.

② [美]杜威. 旧个人主义和新个人主义[A]//杜威教育论著选[M]. 赵祥麟，王承绪，译. 上海：华东师范大学出版社，1981：292.

③ [美]杜威. 民主主义与教育[M]. 王承绪，译. 北京：人民教育出版社，2001：326.

④ [美]杜威. 民主主义与教育[M]. 王承绪，译. 北京：人民教育出版社，2001：327.

⑤ [美]杜威. 民主主义与教育[M]. 王承绪，译. 北京：人民教育出版社，2001：327.

⑥ [美]杜威. 民主主义与教育[M]. 王承绪，译. 北京：人民教育出版社，2001：334-335.

⑦ [美]杜威. 职业教育之精义[A]//袁刚，孙家祥，任丙强. 民治主义与现代社会·杜威在华讲演集[M]. 北京：北京大学出版社，2004：470.

的社会当中，往往把人才糟蹋了。补救的方法是给他们博大广阔面面俱到的教育，使他们的心思技能有格外广阔的根基，能于短时间里变成某行业的人才。第二，千万不要以现在的实业工业程度做标准，社会是常常变迁的，等到训练好了，外面早已变更，不适用了。学生偏向此种行业，很难改换，现在是工业变迁的时代，教育应该用将来的工业为标准。倘现在所教过时，不能适用，那便不改教。中国现在尤其如此，教育应该给学生基础的方法技术，使他的心思耳目都极灵敏，随时可以进步。这比狭义的训练要好得多。"[1]

杜威在其教育名著《民主主义与教育》中提出教育无目的论。杜威宣称"教育即生长，生活就是发展。不断发展，不断生长，就是生活。用教育的术语来说，就是教育的过程在它自身以外没有目的，它就是它自己的目的。教育过程是一个不断改组、不断改造和不断转换的过程"[2]。杜威反复强调，要使儿童形成习惯，能主动调整自己的活动，"因为生长是生活的特征，所以教育就是不断生长，在他自身之外没有别的目的"[3]。杜威提出职业教育的目的：一是对个人的谋生发展有直接帮助。为工人们提供一个补习知识的机会，还可以为那些未受过教育的童工提供学习的机会，或使他们轮流入学来补足他们知识上的缺陷。二是对工厂、企业和工人有直接作用，可以促进生产流程和工艺技术改进与发达，社会经济繁荣、工业发达希望圆满做到。三是对民主社会的政治、经济发展大有帮助，职业教育可以普及生产知识和技术的传播，发现发明革新内容。换言之，职业教育培养的人，应该是具有新人生观和新社会观的人，学习种种技能不是为了私利，要为社会公共利益服务。杜威强调了发展职业教育的社会目的，"职业教育不是为了个人设立，不是为了私人利益兴办，职业教育是有社会目的，所以公共利益而生的，是要免除种种经济上不改良之点和社会上困难而起的"[4]。职业教育的目的决定培养的人，不仅是单纯技能的传承者，更是推动社会的革新者，技能与首创精神要同时具备。

最有效果的教育绝非狭隘的职业教育。杜威从教育即生活的基本理论出发，谈到了广义职业教育的目的，打破社会上知识界和劳动界的界限，"让以后的社会上没有劳心劳力之分，职业教育应该顾及社会和国家，并增加个人的生产力，使他谋生容易，工资增加，若从社会国家方面着想，去提倡职业教育，增加社会一般人的生产力，增加一般人的生活程度，使全社会的人享受着幸福，大家能利用余暇享受快乐的生活，则职业教育岂不是当务之急"[5]。

关于发展职业教育，从教育内容上看，"要包括有关目前状况的历史背景的教学，包括科学的训练，给人以应付生产原料和生产机构的智慧和首创精神；包括学习经济学、公民和政治学，使未来的工人能接触当代的种种问题，以及所提出的有关改进社会的各种方法。"[6]杜威认为职业教育"崇尚的是自由而不是顺从，是创造精神而不是机械的技能，

① [美]杜威. 教育哲学(北京)[A]// 袁刚，孙家祥，任丙强. 民治主义与现代社会·杜威在华讲演集[M]. 北京：北京大学出版社，2004：470-471.
② [美]杜威. 民主主义与教育[M]. 王承绪，译. 北京：人民教育出版社，2001：58.
③ [美]杜威. 民主主义与教育[M]. 王承绪，译. 北京：人民教育出版社，2001：61-62.
④ [美]杜威. 普通教育与职业教育之关系[A]// 袁刚，孙家祥，任丙强. 民治主义与现代社会·杜威在华讲演集[M]. 北京：北京大学出版社，2004：470.
⑤ [美]杜威. 职业教育之精义[A]// 袁刚，孙家祥，任丙强. 民治主义与现代社会·杜威在华讲演集[M]. 北京：北京大学出版社，2004：587.
⑥ [美]杜威. 民主主义与教育[M]. 王承绪，译. 北京：人民教育出版社，2001：337.

是洞察力和理解力，而不是背诵书本和按照别人的意图完成任务的能力。"①

3) 杜威的道德教育

杜威的道德教育顺应了当时社会环境的变化，这从杜威论述职业教育思想中就可以看出。杜威所处的时代，美国社会加速转型，各类社会矛盾交织出现，杜威将这一切都认为是社会工业化的产物，因此职业教育需要大有作为，思想、理想、制度都要相应地调整变化，不能用传统的方式解决新的问题。所以呈现出道德危机，传统道德崩溃，再生道德尚未成熟，杜威的道德理论是为传统道德寻找替代品，为再生道德描绘蓝图。

杜威为应对科技变化，将科技方法应用到道德领域"第一，可以检验社会发展过程中所产生并保留下来的礼俗道德规范是否仍然适应社会发展的需要。第二，让人们用理智的方法去应对具体的道德情景，而不是机械地服从固定的道德法则。第三，将会铲除道德主观主义的根源。"②从具体社会经验中寻找道德，拒绝超自然的世界，这是杜威道德教育的出发点。道德行为源于经验，经验又体现在社会中，"道德和有关我们和别人的关系的一切行为同样广泛，行为的道德特性和社会的特性彼此相同"③。杜威主张个人与社会的一元论，个人与社会不可分离，社会是个人的社会，个人也是社会的个人。因此，道德在个人与社会中也是统一体。"道德是一种社会关系的综合，其意义只能在实际经验中才能得到确定。"④"基于经验的道德模式为社会所有人创设了一个共同的信仰或共同的道德良心，在杜威后来的生命中，这一道德良心就成了民主主义本身。"⑤民主主义作为道德的模板，为个人行为提供道德标准。

杜威为转型的美国社会找到了道德教育的方式，把道德的基础建立在经验与社会的基础之上，坚持个体与社会的和谐发展。在教育方法上，杜威坚持理智的教育方法和间接的道德教育，杜威主张道德观念来自行动，而不是停留在"关于道德的观念上"，他主张"行在知前"。这也是杜威反对普通教育与职业教育隔离的原因，普通教育灌输关于道德的概念，职业教育保持了"知行合一"，只有这样道德才真正呈现出来。

杜威认为道德教育的载体在社会生活、学校、课程等方面体现，所以他也提出要改变传统的课堂，修改传统的课程。

20世纪20年代初，杜威曾到访中国，在长达两年的时间内，广泛宣传了他的职业教育思想、道德教育思想，对中国的思想界，特别是教育界产生过重大影响，黄炎培等人的职业教育思想深受杜威教育思想的影响。

综上所述，分析西方代表人物的道德教育思想，可以看出道德的演化路径是从抽象走向具体，从上层统治阶级领域逐渐下沉到社会各个领域，而道德教育的目标都是为培养合格的社会公民，尽管对道德的理解不同时代有所不同，但道德教育从未缺失和中断过，我们今天开展的高职学生职业精神培育，也是为社会各行各业培养合格人才所需，从这个意义上看，我们的任务是对历史上各类道德教育的传承与发展，创新的只是内容和方法。

① [美]杜威. 民主主义与教育[M]. 王承绪，译. 北京：人民教育出版社，2001：337.
② 李志强. 科学精神再启蒙——杜威道德理论中的理智方法及其对道德教育的意义[J]. 学习与探索，2008(3)：42-43.
③ [美]杜威. 道德教育教育[M]. 王承绪，译. 杭州：浙江教育出版社，2003：211-212.
④ 饶舒琪，安然. 社会转型时期的道德危机与道德教育[M]. 外国教育研究，2012(7)：106.
⑤ 饶舒琪，安然. 社会转型时期的道德危机与道德教育[M]. 外国教育研究，2012(7)：7.

第二章　高职学生职业精神培育的价值意蕴

从高等职业教育的发展史可以看出，高等职业教育始终围绕经济社会发展的问题展开。不论是国外职业教育发展历程，还是改革开放四十多年来我国高等职业教育取得的成就，从中都可以发现高等职业教育与经济社会发展同频共振，与人的全面发展相融共生。而由高等职业教育衍生出的高职学生职业精神，集中体现了高等职业教育的核心价值，是高职学生参与职业经验体验的升华，是个体对自己和职业关系的理性把握。高职学生职业精神一方面规范并引领着高职学生的职业行为；另一方面也助力再现和更新社会整体精神面貌，从而为现代组织与社会文明秩序奠定基础。从其特殊性上看，高职学校因其在培养目标、服务面向以及雇主需求方面的特殊要求，培育高职学生职业精神有着更为现实的意义。

第一节　高职学生职业精神培育的重要性

高职学生职业精神是职业共同价值的体现，也是社会文明秩序和人类精神体系的主要组成部分。正确把握高职学生职业精神生成规律，便于促进职业精神培育与职业教育过程之间的融合，有利于在制度上将职业精神纳入人才培养内容，在价值取向上实现职业能力与职业精神的融合发展，这是提高人才培养质量、保障学生技术技能提升的关键环节。

一、有利于职业共同价值体认

首先，高职学生职业精神是对职业实践活动的经验体验升华，是对其蕴含的共同价值的确认，也是其职业归属和尊严的精神动力。"这种归属和尊严是职业共同体对一族共享的价值规范和一个共享的历史和身份认同的一定程度的承诺，这份基于共同精神意识的认同，是职业个体在共同体的观念活动中，不断生成对职业角色的领悟和理解，对自我决策行为的判断和感受，对职业关系的处理和把握。"[①] "人是社会的存在，所从事的任何职业活动都会结成一定的共同体，而共同体内部关系的维系需要共同的意识形态、价值观念和行为规范。"[②] 这种共同的价值和行为促使人们形成共同的规范和制度，让"人们在一个共同制度下共同善的追求中获得了相应的利益"[③]，然后这种共同的价值目标在新加入的成员中得以传播，最终凝聚价值共识，形成职业精神。早在原始社会时期，人们为了共同抵御外部自然力量，互帮互助，并且依据男女性别等生理现象进行基本分工，这是对共同价值的原始践行，随着生产发展，分工细化，规范程式开始相对固定。比如，我国古代学徒

① 薛栋. 职业精神与中国职业教育人才培养质量提升[J]. 现代教育管理，2017(5)：106.
② 薛栋. 职业精神与中国职业教育人才培养质量提升[J]. 现代教育管理，2017(5)：106.
③ 唐凯麟，龙兴海. 个体道德论[M]. 北京：中国青年出版社，1993：76.

制从拜师学艺、入户培养到学成出山，都有固定的模式，目的在于通过仪式化的东西来强化职业体验，将师傅的人格、行事风格等精神力量传播出去，这种体验更多的是关注精神层面的感受，对职业的敬畏，对师傅的归依，会代代传承下来。传统的学徒制历经兴衰发展，虽然承载的使命被现代学徒制所取代，但现代学徒制的目的依然是让个体经历现代企业的锤炼，体悟现代企业的创新与效率、责任与担当。现代化的生产组织中，人们也会将关注点放在技术的价值理性上，以用来遏制技术的工具理性。所以说，现代组织追求的不单是经济利益，还有社会责任感等价值层面的考量，这些价值规范会成为组织的核心竞争力。

其次，高职学生职业精神推动个体由现实自我向理想自我转变。职业活动的经验过程造就了个体在这一活动中的主观感受。职业精神是个体参与职业活动的价值范畴的深化，职业精神作为人类掌握现实世界的特殊方式，能反映自己的特殊对象，关照个体同社会整体的利益关系。职业精神基于现有的职业现状来展望和预测现实社会发展的未来，从而为人们指出现实世界价值关系中的方向提供了行为选择方面的知识。职业精神的认识功能直接依赖于职业的实践活动，其认识成果可以通过职业价值规范的标准判断，并且将这些认识内化为个体的内心信念，如果职业个体对某种价值关系和价值行为必然性认同，职业精神就成为推动个体完善的重要动力。这种自我完善是为实现自身全面发展所采取的自我认识、自我调节、自我教育、自我修养的步骤、方式、方法和过程，是促进个体"德、智、体、美、劳"全面发展，全面丰富和满足个体需要的过程。就个体与社会关系而言，个体直接参与社会实践活动，会克服陈旧狭隘的社会关系，形成尽可能全面丰富的物质关系，以用来完善和充实个体的发展。职业精神在完善自我方面还表现为激发人的道德情感、道德意志，推动个体把现实中的自我提升为理想中的自我。

最后，高职学生职业精神达成个体目标与社会目标的一致。职业精神生成的过程是个体在职业活动中去除工具性因素，努力呈现人在职业与世界中的本质力量，并将其本质力量对象化为价值目的意义上的德行主体。精神作为人的本质需要，是实现个体内在统一，完善自身与社会规定性之间的一种重要机制，个体的内在统一是通过外在的个体与社会的统一实现的。就个体而言，个体与社会的统一是个体不断社会化的过程。职业组织作为社会最基本的细胞，参与职业活动休验是实现人的社会化、丰富人的社会性的重要环节，职业精神作为职业组织体验的升华，表明个体对职业价值观的认同，依据职业价值观的要求，来自觉地约束自我、控制自我，沿着社会化的道路前进，实现各自同社会具体目标的历史统一，构成社会精神的特殊层面。

二、有助于社会文明秩序构建

首先，高职学生职业精神是解决个体精神、职业组织与社会文明基础的文化策略。[①] 从我国近30年的市场经济发展情况来看，在市场经济条件下，人们的独立意识、效率意识、时间观念、法律意识等方面整体得到加强，但是市场经济的价值取向是以利益为驱动的，不论是社会组织还是个人，只有提高效率才能获得更多的利益。目前我国市场经济尚处在初级阶段，市场经济自身的缺陷在一定程度上会放大，商品人格会蔓延。诸如教育及传媒领域的有偿服务、医疗领域的回馈交易、制造领域减料偷工时常见诸报端，上述现象表明

① 薛栋. 职业精神与中国职业教育人才培养质量提升[J]. 现代教育管理，2017(5)：106.

市场经济不会自动生成有序的价值规范，市场的良性运行需要把控驾驭生产的理性之人，此时构建生产者的职业精神非常有必要。

从劳动力的角度分析，现代社会组织培养的人与传统社会的人际关系不太一样。费孝通曾经将中国的乡村社会称为熟人社会，他认为在熟人社会中，大家相互之间会自觉地承担责任，因为这中间有互相的监督，任何的不负责任都会付出高昂的代价和成本，责任显得具体而直观。但随着市场经济的发展，个人本位逐渐让位于社会本位，熟人社会被生人社会取代，对于个体来说，现代社会的责任变得"抽象"。因为小农经济产生出来的家社会，计划经济产生出来的国社会，责任都比较具体。"而现代社会扩大了人的能动性、个体的主体性，极大地扩展了人的责任范围。"①责任变得抽象、宏观。在一个"抽象化"的社会负有"抽象"责任的人，只有经过学习过程，才能将"抽象"的责任转变为"具体"的责任，这种责任转换的过程往往由现代职业组织去承担，现代职业组织通过具体的规章制度去除责任的"抽象化"。因此，具体市场经济条件下的现代社会职业活动，承担着将职业参与人培养成为负责任的社会人的职责。对现代社会的人来说，各类职业活动承载的不仅是职业组织的发展责任，更主要的是社会责任。职业组织作为社会体系的主要组成部分，其内部从业者的职业精神是有效理解和处理个人与他人、个人与社会关系的前提，是构建社会文明的重要基础。

其次，高职学生职业精神是理性认识人与职业关系的尺度。"职业精神，显示了个体在职业世界中的生存状态，职业精神的根基是每一个个体对职业的认识，而不是某个或某些权威的人和组织发布的解释。"②在现代工业化的过程中，人与职业的关系可以分为工具型和价值型两个方面。工具型的核心是技术元素，个体利用技术获得生存和发展。而价值型则是一种文化体系，表明职业不仅仅是谋生的手段，而且已经变成一种个体的生活方式，形成了一种职业文化。立足当下，"立德树人"是我国高校的根本任务，"培养什么人"的问题聚焦到职业教育上，一方面要肩负传承职业知识和技能的重任，另一方面更为关键的是价值观的引领和个体职业精神的建构。"中国的职业教育需要站在真正关心人和社会发展的高度，要深刻地把握提升人才培养质量，进而建构职业精神的培育高地，加快中国职业教育人才培养的理论研究、探索职业精神的生成规律，形成基于职业规范的个体表达。"③这种聚焦人的精神的培养，历史上早有印证，中国古代工匠的实践活动，也非常重视道德世界的建构，追求理想人格传承，不是局限于知识与技能的传承；西方韦伯倡导的新教伦理，其目的也是培养虔诚的基督徒，"基督徒的本质是超越了劳动内涵的，他关注的重点在灵魂，是另一种方式的精神表达，劳动不过是一种修行的过程"④。

早期的职业活动讲究团结协作、倡导时间效率，目的是把工作做好，实现利益的最大化；今天的职业精神，是主体在参与职业生活过程中注重人的精神需求，关照人的生命意义。"从内部世界反观自身，理解人与职业之间的各种线索，形成了人所特有的自我认知升华后形成的高尚精神追求，实现职业教育追求自我的职业价值与社会理想的职业价值协

① 薛栋. 职业精神与中国职业教育人才培养质量提升[J]. 现代教育管理，2017(5)：106.
② 薛栋. 职业精神与中国职业教育人才培养质量提升[J]. 现代教育管理，2017(5)：106.
③ 薛栋. 职业精神与中国职业教育人才培养质量提升[J]. 现代教育管理，2017(5)：106.
④ 薛栋. 职业精神与中国职业教育人才培养质量提升[J]. 现代教育管理，2017(5)：106.

调发展。"① 在理性把握人与组织关系的基础上，重塑缺失的道德信仰，修复失范的社会秩序。

三、有益于社会精神体系完善

职业精神作为个体自我调控的方式和个体自我完善的力量，对个体内在精神世界、外在行为选择和整个个性发展都会产生影响，个体在改变自身的同时间接地促进了社会的进步。

首先，高职学生职业精神是社会精神的有机组成部分。个体在精神上的自我完善活动本身对社会进步产生了直接影响，因社会的整体精神面貌并不抽象，它可以具体化为个体所能接受的原则，内化并转化为具体情境下个体自我完善的道德。社会精神作为社会的共同利益，作为具有普遍性和社会价值的指令，只有变成为个体所掌握的可操作化的原则，才能获得生机，发挥价值规范的引导作用。正如，一个群体的精神面貌怎样，并不在于它有多少条规定和律令，而在于这个社会的精神在群体或个体中内化的程度，在于群体中每个个体将自身的精神追求与社会整体的价值规范相一致的程度，面对不同的价值观发生冲突时，以确定自己行为选择的价值取向和价值等级。因此，社会精神的再现必须通过个体的精神实践、个体职业精神活动过程。高职学生职业精神作为一种再现社会精神的方式，绝不是刻板地简单地复制社会精神的过程，而是对社会精神获得的现实生命力的确认。个体职业活动是推动社会精神更新的创造性活动。社会精神的更新，可以从量变和质变两方面考察，前者是在一定的社会精神总体不变的情况下，个人作为精神主体，根据社会现实利益关系的变化和社会生活的使用，在自己的职业活动中创造部分新的精神力量，从而发展和完善已有的社会精神；后者是指某种社会精神成为社会秩序前进的障碍时，作为精神主体的个体，可通过对社会基本矛盾的分析，把握社会经济关系、利益关系的发展趋势和抛弃陈旧过时的价值观念，推出符合社会发展要求的新精神。由此可见，人类精神的运行和发展，就是每个个体精神和社会精神的矛盾运动的过程。在这个过程中，社会精神不断内化为个体精神，个体精神又能动地再现和更新社会精神。这种辩证性表明，在社会主义精神文明建设中，既要从宏观上改善整个社会的精神风尚，以促进社会主义精神文明不断内化为社会成员的个体精神品质，也要从微观上注意提高社会成员的个体精神素质，促进社会整体精神风貌的优化，推动社会主义精神文化不断地发展和完善。

其次，高职学生职业精神彰显职业教育的公平价值。人是现代职业教育的主题和主体，是现代职业教育的逻辑起点和归属。服务经济社会发展是职业教育的直接目标，而促进人的全面发展是职业教育的最终目的和归宿。"以人为本"的实质是肯定职业教育与人类福利和自由的关系，着眼于将"人的全面发展"贯穿于职业教育发展全过程。坚持"以人为本"，促进人的全面发展，要关注人人接受教育的公平性，满足公民终身教育的需求，尤其要关注弱势群体的教育需要。"建立健全覆盖城乡全体劳动者，贯穿劳动者从学习到工作的各个阶段，适应劳动者多样化、差异化需求的职业培训体系。"②

职业教育的公平价值还体现在"人人皆可成才，人人尽展其才"的职业教育观上。2015

① 薛栋. 职业精神与中国职业教育人才培养质量提升[J]. 现代教育管理，2017(5)：106.
② 习近平. 加快发展职业教育　让每个人都有人生出彩机会[EB/OL]. [2014-06-24]. http://news.gmw.cn/2014-06/24/content_11699409.htm.

年 6 月，习近平在贵州省机械工业学校参观时说："学生时代是美好的，同学们在这里积蓄奋发力量，每一寸光阴都很宝贵。各行各业需要大批科技人才，也需要大批技能型人才，大家要对自己的前途充满信心。希望同学们立志追求人无我有、人有我优、技高一筹的境界，学到真本领，用勤劳和智慧创造美好人生。"①2019 年 8 月，习近平考察甘肃山丹培黎职业学校时说："职业教育大有可为，勉励大家认真学习技术。每个人的具体情况不同，但每个人只要通过自己的辛勤劳动为社会服务来提升自己的生活质量，努力实现自己的人生理想，这就是出彩，这就是幸福。"②

职业教育满足了人们终身学习的需要，尊重了个性化的差异，为人们成才成长、展现才华提供了舞台，为消弭个体先天的不足与短板做出了贡献，随着高校"百万扩招"的全面启动，高等职业教育的生源迎来新的变化，原来无法迈入大学门槛的人都有了人生出彩的机会，对于促进人的全面发展、实现对美好生活的追求搭建了平台，从而达到"人人皆可成才，人人尽展其才"的目的。

第二节　高职学生职业精神培育的必要性

一、理论诠释：经济发展重在人力资本

成功的案例总会引起人们的兴趣，第二次世界大战后，战败国德国、日本等国家用时不长，经济便走出低迷，跻身发达国家行列，虽然促成这些成就的因素有很多，但普遍认为职业教育的功劳不可否认。在分析影响区域经济增长的原因时，人力资本理论代表人物美国著名经济学家西奥多·舒尔茨(Theodore W. Schultz)和加里·贝克尔(Gary S. Becker)揭示了教育与经济的关系，为职业教育的发展寻找到了理论依据，他们认为"完整的资本概念应该包括物质资本和人力资本"，而人力资本就是"体现在劳动者身上的资本，也即对劳动者进行普通教育、职业培训、继续教育等支出(直接成本)和其在接受教育时放弃的工作收入(机会成本)等价值在劳动者身上的加总，它的表现形式就是蕴含于人自身中的各种生产知识、劳动技能和健康素质存量的综合"③。因此，人力资本理论认为，投入教育与物质建设一样重要，其作用原理就是减少限期消费，从而增加生产能力，未来将获得更多经济回报，这是因为人力资本的投入是动态投入，与一次性消费的物质投入不同，教育投资可以转换为"知识的存量，从而提高人口的智力、知识和技术水平"④。美国经济学家保罗·罗默(Paul Romer)和罗伯特·卢卡斯(Robert E. Lucas)，在新增长理论中也提出了类似的看法，他们把"知识和技术看作是经济增长的内生变量，认为拥有大量人力资本的国家会取得较快的经济增长速度，人力资本低下是欠发达国家经济增长缓慢的主要原因"⑤。职业教育巨

① 习近平考察贵州：贵州发展大数据确实有道理[EB/OL]. [2015-06-17]. http://www.xinhuanet.com/politics/2015-06/17/c_1115651477.htm
② 习近平总书记在甘考察回访记·张掖[EB/OL]. [2019-08-23]. http://gs.people.com.cn/GB/n2/2019/0823/c183283-33280229.html.
③ 刘育峰. 高职教育推动区域经济科学发展辩证思考[J]. 生产力研究，2009(24)：29.
④ 刘育峰. 高职教育推动区域经济科学发展辩证思考[J]. 生产力研究，2009(24)：29.
⑤ 刘育峰. 高职教育推动区域经济科学发展辩证思考[J]. 生产力研究，2009(24)：29.

大的价值可以理解为"劳动力不只是以数量来衡量，而以技能等质的侧面来把握才有意义，对于发展起决定作用的是具有良好素质的劳动力"①。

生产力的诸要素中，人是最活跃的因素。人力资本在经济发展中的作用，可以从职业教育推动制造业的快速发展中得到验证，"从历史发展脉络的轨迹来看，职业教育的功能始终是在政府的主导下发生变化，要么是发展生产，要么满足经济复苏，要么驱动经济，服务于市场经济，要么是在国家战略机遇调整期，帮扶弱势群体促进社会公平和实现社会的协调发展，满足在后工业和信息化时代，服务于制造业和现代服务业，促进经济转型和产业升级"②。在过去几十年的发展历程中，我国职业教育经历了辉煌，也遭遇过低谷，但不可否认的是，职业教育在促进我国经济增长方面取得了巨大的成就，尤其在推动制造业发展方面做出了巨大贡献。我国丰富的人力资源使许多企业凭借低廉的劳动力成本，获取竞争优势，这是我国近些年经济保持快速增长的主要原因。职业教育为我国输送了大量的专业技能劳动力，成为不同领域、不同产业实体经济产业大军的主体力量，为我国制造业的发展做出了直接贡献。可以说，我国生产制造业的崛起，离不开职业教育培养的大量技术技能型人才支撑。目前职业教育已经成为发达国家引领世界经济的重要驱动力，成为教育综合改革的新亮点。我国经济分析数据表明，经济增长得益于职业教育和技能型人才的贡献，职业教育是促进社会经济发展的强大动力。同时，职业教育在"中国装备—装备中国""中国制造—中国创造""人力资源大国—人力资源强国"的历史性转变中，发挥着重要的基础保障作用。当前，职业教育为应对新型技术革命的挑战，在新常态下凸现职业教育新的发展模式和理念，将人才培养的目标与模式上从投资驱动转向创新驱动，努力培养对口技术性技能型人才，面对"云物大智"等技术迅猛发展，企业生产形式、人们生活方式、社会的发展模式都会发生变化，职业教育的专业结构、人才培养模式也在快速更新。职业教育人才的培养要强调以职业精神为主的综合职业能力的培养，职业教育不断增强培养能适应多个岗位、多个领域、多种生产方式的技术技能型人才的育人功能。

高等职业教育依据经济水平获得办学经费，遵照产业结构、经济情况确定发展规模，开设招生专业，制定人才培养目标。以我国职业教育发展比较好的浙江省为例，浙江省自然资源紧张，依靠资源投入大规模扩张的产业成长较慢，促使职业教育注重创新发展，产业的技术含量普遍出现高移，对劳动力综合素质的需求开始增高，"但从就业情况看，许多本科学生无法找到匹配岗位的现象较为普遍，相反，浙江许多高职院校学生的就业率一直保持在95%以上"③。浙江省的例子具有一定代表性，职业教育培养的技术技能型人才一定要依据区域经济发展，提高服务地方经济的能力。另一方面，经济多元化发展为人们选择教育增加了自由度，为用人单位选贤用才提供了可能性。真正实现"人们接受职业教育已不再是传统意义上的消费，而是一种可以获得较高预期经济收益的投资，促使人们更加主动地要求接受各种层次的高职教育"④。这要求职业教育必须办出自己的特色，培养的学生要有较强的综合素质，才能赢得更大的发展空间。

当今世界，科技发展与社会进步日新月异，诸多新型业态应时出现，在信息技术革命

---

① [日]金子元久. 经济发展过程与职业教育——问题点整理[J]. 全球教育展望，2002(7): 7.

② 李名梁. 回顾、反思与应对——职业教育功能探究[J]. 职教通讯，2015(34): 21.

③ 张锚民. 社会经济转型与职业教育发展取向[J]. 教育发展研究，2011(3): 34-37.

④ 刘育峰. 高职教育推动区域经济科学发展辩证思考[J]. 生产力研究，2009(24): 29.

迅速兴起的大环境下，新一轮科技革命和产业革命已蔚然成势，产业升级和生产要素转移步伐加快，对人类现有的产业结构和生产方式、生活方式将产生深远的影响，特别是随着人工智能在工业领域的普遍应用，世界各国均根据自己的实际发展水平，具有靶向性和针对性地提出了工业发展规划，通过政策调整、财政支持、税收优惠、法律保护等多种措施积极鼓励全新工业的发展。面对"工业4.0"引发的人才需求变化，发达国家纷纷把发展职业教育作为国家战略，作为应对危机、促进就业、迎接新技术革命挑战的重要举措。经过40多年的改革开放，我国已成为制造业大国，但多数制造业还处在产业链的中低端。要实现制造业强国的目标，要应对日趋激烈的国际竞争，就必须增强忧患意识，把握大势，加快发展现代职业教育，掌握发展的主动权。从国内看，当前我国经济发展进入新常态，发展速度放缓，转型升级加速，创新驱动发展战略深入实施，供给侧结构性改革持续推进。发展方式转变和产业转型升级将带来产业结构、就业岗位的深刻调整，特别是近年来我国服务业快速发展，文化创意、体育健身、家政和养老服务等需要大量的专业技能人才。这些都迫切需要我们加快发展现代职业教育，全面提升人力资源的整体素质，把"人口红利"变为"人才红利"，为可持续发展提供坚实的人才和智力支撑。

二、政策护航：职教政策促进经济发展

经济发展与职业教育相融共生，首先表现为经济发展水平影响教育资源的投入，决定教育的供给水平，同时经济的发展水平也决定着劳动资源的需求状况；反过来，劳动资源进一步影响教育需求，上述两方面都对教育的规模、结构、体制、内容等诸方面发生影响。但是"教育投资的多少，在社会总资源中占多大比重将对经济发展起到促进或抑制作用"[①]。

职业教育政策伴随经济发展而变化，以我国为例，改革开放40多年职业教育政策的演变，顺应和促进着经济发展。1978年，伴随着改革大幕的开启，我国地方经济建设和社会发展出现了前所未有的变局，经济快速发展的背后，动力来源于人力资源的变化。人的重要性开始显现，培养技术技能工人的高等职业教育也随之快速发展。1980年我国第一所高等职业院校——金陵职业大学创建[②]，这是改革开放以后第一所以"职业"二字命名的大学。1985年《中共中央关于教育体制改革的决定》提出"积极发展高等职业技术院校"。1991年，《国务院关于大力发展职业技术教育的决定》指出，"要积极推进现有职业大学的改革，努力办好一批培养技艺性强的高级操作人员的高等职业院校"。1994年，《国务院关于〈中国教育改革和发展纲要〉》提出，"通过改革现有的高等专科学校、职业大学和成人高校，举办灵活多样的高等职业班等途径，积极发展高等职业教育"。1996年，我国颁布了《职业教育法》，明确了高等职业教育的法律地位。这一时期的高等职业教育政策从总体来看比较苛刻，除文件中倡导的要发展职业教育以外，其他配套政策落实得并不到位，相反还做了一些看起来不利于发展的限制政策，但就是这样严格的条件，职业教育不仅没有出现自生自灭的现象，反而蓬勃发展，彰显了其强大的生命力，其秘诀就在于职业教育扎根中国大地，契合经济社会发展需求。

1999年，为了应对东南亚金融危机对我国的影响，高等教育推出扩招政策，扩招后的

---

① 王善迈. 教育投入与产出研究[M]. 石家庄：河北教育出版社，1999：101.
② 杨金土. 20世纪我国高职发展历程回顾[J]. 中国职业技术教育，2017(9)：5-17.

高等教育，从象牙塔中的精英教育迅速下沉到百姓中间的大众教育，首次扩招，高等职业教育就拿到了 10 万人的扩招计划。[1] 此后短短几年间，高等职业教育一路高歌猛进。截至 2017 年年底，全国高等职业院校增加到 1388 所，在校生达到 1100 万人。[2] 高等职业教育从规模上超额完成了历史任务，但与其他事物一样，过快的发展规模，势必会造成内涵的不匹配。2004 年教育部印发《关于以就业为导向，深化高等职业教育改革的若干意见》，从国家层面开始规范高等职业教育规模的过度扩张，提出"以服务为宗旨，以就业为导向，走产学研结合的道路"。这一阶段，"高职教育整体呈现一种快速发展的态势，逐步扭转了办学规模不足影响到经济社会发展对技能人才迫切需求的局面"[3]。

但是随着我国就业和经济发展出现新变化，职业教育的使命进一步明确，社会劳动就业需要加强技能培训，产业结构优化升级需要培养更多的高级技工。2005 年《国务院关于大力发展职业教育的决定》，提出了实施职业教育示范性院校建设计划，在此政策指引下，推出了 100 所示范性高等职业院校。2006 年的全国职业教育工作会议指出"大力发展职业教育既是当务之急，又是长远之计"。2014 年习近平对职业教育作出重要批示，强调要"努力建设中国特色的职教体系"。同年，《国务院关于加快发展现代职业教育的决定》与《现代职业教育体系建设规划(2014—2020 年)》印发，高等职业教育的"路线图"逐渐明晰。2019 年对职业教育而言是极不平凡的一年，年初国务院颁布了《国家职业教育改革实施方案》(简称"职教 20 条")，该方案坚持问题导向，针对长期以来"单纯的学历教育"或"简单的技能教学"两个倾向，提出了一系列破解职业教育发展体制机制难题的政策措施，被认为是职教改革的宏图大略。[4] 紧接着李克强在"两会"政府工作报告中提出高职院校扩招 100 万的决定，2019 年 3 月 27 日，李克强在考察海南经贸职业技术学院时提出："希望学校不光招收应届高中毕业生，还要通过完善考试招生办法，多招一些退伍军人、下岗职工和农民工。"[5] 因此，这次"扩招百万，给高职院校提出了一个实实在在的生源量化指标；而扩招对象，又给高职院校提出来一个明明白白的生源结构频谱"[6]。一系列职业教育政策的推出，不断地为经济发展提供智力支持和人才保障。

三、使命驱动：职业教育助力脱贫攻坚

无论我国建设小康社会，还是实现国家的现代化，人是其中最核心的要素，高素质的技术技能型人才至为关键。因此，让高职学生将自己的职业理想与国家的发展目标结合起来，共同为实现国家战略服务非常有必要。我国是一个农业人口占大多数、经济发展不平衡的大国，"三农"问题一直是制约经济现代化的重要因素。职业教育在我国"三农"问题的解决中扮演着重要的角色。据测算，我国最多只需要 1 亿的农村劳动力从事农业生产，而目前我国农村劳动力约为 5.5 亿人，有近三分之一的农村剩余劳动力无法消化，只能向城

[1] 陈友力. 改革开放四十年中国高等职业教育政策的变迁[J]. 教育学术月刊，2018(12)：14.
[2] 周建松，陈正江. 改革开放以来我国高等职业教育发展政策演进[J]. 教育学术月刊，2019(12)：4.
[3] 潘懋元. 朱乐平. 高等职业教育政策变迁逻辑：历史制度主义视角[J]. 教育研究，2019(3)：120.
[4] 姜大源. 论高职扩招职业教育带来的大变局与新占位[J]. 中国职业技术教育，2019(10)：5.
[5] 李克强在海南考察[N]. 人民日报，2019-03-28(2).
[6] 姜大源. 论高职扩招给职业教育带来的大变局与新占位[J]. 中国职业技术教育，2019(10)：5.

镇转移。^① 如何解决 3 亿人的就业问题？这成为中国经济现代化面临的巨大挑战。在 2015 年中央扶贫开发工作会议上，习近平指出，精准扶贫要解决好"谁来扶""扶持谁"和"怎么扶"的问题。针对"怎么扶"的问题，国家提出包括教育扶贫在内的"五个一批"工程。党的十九大明确提出，注重扶贫同扶志、扶智相结合。通过教育扶贫，增加扶贫对象的内生动力，阻断贫困的代际传递，从而从根本上消除贫困，教育扶贫成为脱贫攻坚和精准扶贫的治本之策。只有加强对农民的教育，提高农民的综合素质，使他们有一技之长，才能使他们脱离土地再就业，职业教育是最适合最贴近农民的教育形式。我国职业教育开设了大量的涉农专业，以便提高农民的专业技能，加速转换劳动力，这是打赢脱贫攻坚战、全面建成小康社会的重大决策。职业教育作为一种特殊的教育类型，其在精准扶贫方面具有更明显的优势。职业教育为生产、建设、管理、服务等一线生产岗位培养具备特定知识和技能的人才，职业教育直接面向就业岗位，专业设置紧贴市场，课程安排注重产教融合，教学过程紧贴生产过程，因此大力发展职业教育，可以满足产业转型升级与智能传承对人才的需求，也可以缓解就业压力，避免因失业引发的社会问题，从而发挥扶贫的基础性和根本性作用。新时代职业教育的使命在于紧紧围绕国家重大战略目标任务，立足经济社会改革发展，推进人力资本的深度开发，促进人的全面发展，为决胜全面建成小康社会、实现中华民族伟大复兴的中国梦、实现人民对美好生活的向往做出应有的贡献。

职业教育的精准扶贫立足于国家经济改革发展的实际和重大战略部署。新时代随着经济发展进入新常态，经济呈现出增速换挡、动能转化以及结构优化的局面。在这些产业大规模增速的背后，人力资源是关键因素。人力资源作为经济社会发展的第一要素，是高质量职业教育发展的结果，为大量符合经济产业发展需要的技术技能人才提供着支撑，职业教育的发展，进一步促进了生产力的解放和人才红利的释放，职业教育通过精准发力，深度开发人口资本，促进贫困地区融入国家发展战略，为经济结构产业转型升级提供人才需求。

职业教育在助力特定对象群体实现脱贫，提高致富能力，防范其重新返贫方面也发挥着重要作用。因为物质性扶贫是暂时的，在经济社会转型升级、技术变革的时代，对劳动者的理念、知识、技能技术都会提出更高的要求，如果已经实现脱贫的对象群体不能及时更新技能和知识，能力缺乏、就业不足，会导致重返贫困。职业教育作为实用性技能教育，其最大的作用在于能够保障个体带着一技之长进入劳动力市场，对于那些未完成学业、缺乏技能的劳动者进行培训提升，让其掌握就业与创业的本领，增加其"造血"功能，从根本上消除贫困。职业教育可以实现"脱贫一人，幸福一家"的目标，开展贯穿一生的实用技能培养和职业综合素养提升，通过扶智激发个体内生动力，实现更高层次和更大范围的个体创业，进而帮扶和带动贫困人口实现群体脱贫，从而提升人们追求美好生活的能力。

第三节　高职学生职业精神培育的特殊性

高等职业院校和高等职业教育的定位是就业教育。目前以甘肃省为例，每一市州至少有一所高职院校，正是这些高职院校的学生为当地经济发展和社会服务提供了人才基础，

---

① 《德国职业教育双元制中国本土化创新研究》编写组. 德国职业教育双元制中国本土化创新研究[M]. 北京：人民出版社，2017：108.

高职学生立足基层、面向一线，是生产、服务、管理、建设一线的主要生产者和劳动力，他们的职业精神直接决定着区域经济社会文明状况。当然，职业精神在任何群体都存在，本科生也需要职业精神，不过本科教育定位于基础研究，侧重于求真求善，本科学生不直接面对一线生产，因此，对其职业精神的要求与高职学生并不相同。目前我国区域经济发展过程中需要大量的技能型人才，他们扎根基层、热爱劳动、勇于创新、乐于奉献的品质，是区域经济发展的活力所在，与本科生职业的精神侧重点不同。就广度而言，高职学生覆盖于各行各业，是最基础的劳动者，我国缺口最大的正是高素质的技术技能型劳动者。所以，高职学生职业精神的好坏与区域经济社会发展息息相关。

一、培养目标的特殊性

要把握高职学生职业精神的特殊性，首先要了解它与普通本科学生培养目标的区别。高等职业教育与普通高等教育同属于高等教育的范畴，但却分属于不同的类型。两类职业精神的差异，体现在两类教育不同的培养目标上。《国务院关于加快发展现代职业教育的决定》指出，职业教育的培养目标是：坚持以立德树人为根本，以服务发展为宗旨，以促进就业为导向，适应技术进步和生产方式变革以及社会公共服务的需要，培养数以亿计的高素质劳动者和技术技能人才。《现代职业教育体系建设规划(2014—2020 年)》进一步指出职业教育要培养数以亿计的工程师、高级技工和高素质职业人才，传承技术技能，促进就业创业，为建设人力资源强国和创新型国家提供人才支撑。

关于普通本科教育的培养目标，我国《高等教育法》规定：高等教育必须使受教育者成为德智体全面发展的社会主义事业的接班人和建设者，高等教育的任务是培养具有创新精神和实践能力的高级专门人才。1998 年，教育部正式下发《关于深化教学改革 培养适应21 世纪需要的高质量人才的意见》，本科教育要"培养基础扎实、知识面宽、能力强、素质高的高级专门人才"。对于本科人才培养目标，郭明顺认为它是培养具有"鲜明道德意识，人格健全的社会人；持续学习发展能力的学习人；具有宽厚学术背景的技术人"[1]。当然，普通本科人才培养目标不是单 的维度，往往由学校层面的人才培养目标和专业层面的人才培养目标共同实现。学校层面的人才培养目标表述一般比较抽象，如香港理工大学界定的培养目标为"培养批判性思考者、有效沟通者、创新问题的解决者和有社会责任感的全球公民"[2]。专业人才培养目标一般是与科技发展和社会进步相联系的，《高等学校本科专业设置管理规定》指出，"高校设置和调整专业，应主动适应国家和区域经济社会发展需要，适应知识创新、科技进步以及学科发展需求，更好地满足人民群众接受高质量高等教育的需求"。总之，不论是专业教学目标还是大学人才培养总体目标，都希望培养的对象成为该专业领域具有一定的知识、能力、价值观和态度的复合型人才。

高职学生是一线的生产者、管理者、服务者，是未来各个领域的行家里手、技能标兵；是直接面对市场，让百姓感知发展成果的体现者，其职业精神是一种外显的精神，对提升国家人口综合素质有着特殊意义。而本科学生是某一领域的复合型人才，一般肩负着基础研究、科研攻关的重任，他们是幕后英雄，其职业精神是构成国家实力的内隐力量。高职

---

① 郭明顺. 大学理念视角下本科人才培养目标反思[J]. 高等教育研究，2008(12)：86-87.
② 张等菊，扈中平. 对层次教育目标的思考[J]. 教育科学，2001(4)：1-3.

学生与本科学生两者相互补充，但作用不能完全替代，在我们国家进入新时代，社会矛盾呈现发展不平衡不充分时，培育高职学生的职业精神显得格外重要和紧迫。

"职业教育作为一种教育类型，现已发展成为一种教育体系、一种教育系统，只要是系统，就有层次。"[①]因此，培养目标又可以细化为中等职业教育和高等职业教育两个层次，《现代职业教育体系建设规划(2014—2020年)》对中等职业教育的定位是："中等职业教育在现代职业教育体系中具有基础作用，为初高中毕业生开展基础性的知识、技术和技能教育，培养技能人才。"总体来说，高等职业教育紧密结合学生职业发展需求确定目标定位，在培养规格上突出应用导向，对学生理论知识的要求不是深厚、不是学术突破，而是基本够用，考察的是学生的应用能力，主要是学生动手操作和实践创新能力。

高等职业教育和中等职业教育是目前职业教育的基本层次。中等职业教育的培养目标是适应相对单一的职业工作岗位的要求，而高等职业教育主要满足相对综合的职业工作岗位要求。但现实中，由于对高等职业教育和中等职业教育的分类不是非常清晰，存在人才培养目标重复交叉的现象，因此，出现了教育资源的浪费和学生学习时间的重复。我国在职业教育类文件中有过一些区分，但不是很具体。从培养的深度来说，姜大源认为："中等职业教育主要培养经验层面的技能型人才，而高等职业教育应培养策略层面的技能型人才。可以说，中职教育类型主张生存权，高职教育类型主张发展权。"[②]

从职业精神的角度来看，中职学生的职业精神最重要的是本分敬业、辛勤劳动，成为一名熟练的劳动者。而高职学生的职业精神是具备敬业的同时，不能拘泥于习惯经验，而是要有创新思维和创新精神。因为伴随劳动分工的细化、职业分工的动态发展，特别是以信息技术为代表的高新技术的飞速发展，新型业态和新型经济体不断涌现。人的一生中围于某一固定职业的可能性变得越来越小，职业的变动要求从业者要具有发展的思维、创新的理念、适应环境的能力，这些高职学生要比中职学生更有发展空间。

二、服务面向的特殊性

高职学生是就读于高等职业院校学习理论与专业技术的学生群体。高职学校从专业设置、服务面向都紧密结合当地区域经济社会发展，学生的服务面向有其自身的特殊性。

第一，高职学生服务面向生产一线。高职院校坚持"理论够用，技术过硬"的培养目标，运用产学研相结合的教育模式，提升高职学生动手能力和职业行动能力，所以学生毕业后经过较短时间的岗位技能培训，完全可以胜任岗位需求。操作能力是高职学生的主要优势，而打通企业"最后一公里"操作瓶颈的技术人才是企业最缺乏的。近几年社会对高职毕业生的需求量不断增长，主要是高职学生有贴近生产、服务、管理一线岗位的优势。

第二，高职学生服务面向农村地区。2019年国家作出职业教育"百万扩招"的决策，而"百万生源"的组成主要是下岗工人、农民工、退伍复转军人，这些群体多数集中在农村地区，因此加大对农村和贫困地区职业教育支持力度，积极发展现代农业职业教育，建立公益性农民培养培训制度，大力培养新型职业农民，是职业教育今后的服务重点，农村地区将成为未来高职学生服务的主战场。

① 姜大源. 当代世界职业教育发展趋势研究[M]. 北京：电子工业出版社，2013：199.
② 姜大源. 当代世界职业教育发展趋势研究[M]. 北京：电子工业出版社，2013：199.

第三，高职学生服务面向民族地区。2014 年国务院颁布《关于加快发展现代职业教育的决定》中指出，加强民族地区职业教育，改善民族地区职业院校办学条件，建设一批民族文化传承创新示范专业点。民族地区自然条件相对艰苦、人力资源缺乏，需要大量的技术技能型人才去服务，对这些特殊地区和行业而言，劳动者的岗位认同、爱岗敬业、实践创新等精神异常重要。

国家大力发展职业教育，倡导高职学生职业精神培育，因为高职学生未来服务的重点地区，恰是制约中国社会实现平衡和发展的关键领域，这些领域对高精尖的人才需求的紧迫性并不高，更需要献身基层、扎实奉献、勇于创新的技术技能型人才。要改变我们国家目前发展不平衡和不充分的社会矛盾，培育高职学生的职业精神非常关键。

三、雇主需求的特殊性

(一)域外经验的启示

为全面了解我国高职学生职业精神的特殊性，明确企业未来的人才需求导向，笔者查阅了德国职业教育的相关文献，在此与职业教育发达的德国作一对比分析，为我国职业教育人才培养模式提供一些借鉴。德国职业教育的先进主要体现在德国制造业方面，因为实体经济的需求推动职业教育向前发展。今天"德国制造"品牌是先进制造业的代名词，但这一品牌在赢得口碑之前，德国制造业也有过痛苦的岁月。19 世纪 80 年代，德国产品曾大量仿制英国制造的产品，以机床设备为代表的山寨版产品，品质低劣，英国人为了保护本国的消费者权益，强行让德国人在产品上贴上"德国制造"的标签，以此来区分德国制造和英国制造的产品。为了改变这一局面，德国人励精图治，用近 20 年的时间实现了机床制造质量的整体提升。1893 年，在芝加哥举行的世界博览会上赢得了好的名声，一改昔日机床的形象，并以优质和高精度形象为德国制造重新赢得了声誉。[①] 今天的德国制造业呈现出众多优势，其中最突出的是对员工素质的要求，主要体现在以下三个方面。

一是对创新型人才的需求。德国是技术创新的源头，有一组数据可以说明创新的力量："从 1851 年到 1900 年，德国重大发明 202 项，1877 年至 1890 年每年专利随后达到 1000 多项，1906 年之后为 13000 项，1975 年至 1980 年，仅机床业专利就达到了 1 万多项。2011 年德国申请发明专利共 58997 项，实用新型专利 15486 项，外观设计专利 52585 项。"[②] 创新已然成为一种理念和刻在德国人民心中的精神品质。

二是对守正型人才的需求。德国制造有着严格的标准，制定标准、执行标准是德国制造业良好声誉的保障。比如，"1893 年成立了德国电气电子和信息工程协会(VDE)，穆特西乌斯在 1907 年发起成立的标准化和批量化设计组织——德意志制造联盟以后，德国 1917 年成立了标准化协会(DIN)，1971 年成立了联邦德国产品标志协会(DGWK)，1949 年成立了德国机械制造标准委员会(NAM)，2006 年制定了标准创新计划(INS)等"[③]。严格的标准保

---

① 巫云仙. "德国制造"模式：特点、成因和发展趋势[J]. 政治经济学评论，2013(7)：145.

② German Patent and Trade Mark Office, *Statistics at a Glance*. Jully2011，http://presse.dpma.de/presse-service/englisch/patente mark en undco/datenzahlenfakten/statistiken/aufeinenblick/index. html.

③ 巫云仙. "德国制造"模式：特点、成因和发展趋势[J]. 政治经济学评论，2013(7)：145.

证了质量，也造就了德国工人严谨的工作作风。

三是对学习型人才的需求。被人们称道的德国"双元制"模式，学生不只是被动接受简单技能，而要掌握技能背后的理论、操作技能的历史、当前的形态以及未来的发展趋势，以及关于责任、就业、成本核算、服务意识、环境保护等方面的常识。德国"双元制"教育更注重公民的素质培养以及学生个人的发展，通过职业教育发展公民的个人素质，赫尔巴特提出"不存在无教学的教育概念，正如在相反方面，我不承认有任何无教育的教学"。[①]"在教学中一定要加入道德的教育，职业教育作为一种学会教育，终身教育，学习能力提升是其中重要的规划，只有在完全或者相似的具体环境中，才能有效地培养学生的管理素质和公民素质，职业教育是培养公民素质的重要手段。"[②]

(二)国内雇主的引领

为了准确了解目前国内企业的用人标准，尤其是接受高职学生较多的一些生产、服务、管理和建设一线的企业，笔者专门采访了国内有代表性的几家企业，通过访谈，了解到国内高职就业最普遍的岗位要求，集中体现在以下几个方面。

一是企业最喜欢爱岗敬业的员工。(受访企业 A：爱岗敬业的人是企业最欢迎的，换句话说，就是踏踏实实地干工作，尤其是刚步入工作岗位的大学生，一定要多干少说。经过十多年的教育，刚刚走出校门，虽然知道维护自己的合法权益、有很强的法律保护意识，但也不好把握这个度，一定要多干少说，干错了没人说你，反而帮助、指导你的人压力很大。千万不要担心做错，因为你刚刚走上工作岗位，上司不会安排责任很大的工作给你，不要怕，勇敢地干，权当锻炼，不要对岗位挑三拣四，不同的岗位坚持下去一定会有收获，因为岗位能够存在就表明了岗位有价值。)

二是企业最欢迎勇于实践、敢于创新的员工。(受访企业 B：这部分学生头脑灵活，接受新生事物速度快，其实现代企业对于固执、坚守原则的孩子已经不太欢迎了。理论知识和专业已经不是企业关注的重点，在信息化、科技化飞速发展的今天，课堂上的知识远远跟不上企业发展的步伐，尤其是计算机专业、机电一体化专业、机械类的教材，比企业实际使用的产品落后好几年，在学校只能学到基础知识和发展的历程，不能为企业所用，还需要实践与理论相结合。任何事物没有一成不变的，任何人也不会永远不变，随着信息化的飞速发展，很多事情和产品在快速更替。对于企业发生的任何变化和调整都要快速适应，社会是现实的，没有机会和岗位等着你的原则和固化思维的转变。)

三是企业最青睐拥有社会责任感的员工。(访谈企业 C：眼睛看得见的地方是视线，看不到的地方是视野，格局就是视野和心胸，格局决定结果，态度决定高度。刚刚入职的孩子们，对社会既充满了好奇又充满了怀疑，怀疑老师的话、怀疑企业、怀疑自己，遇到任何事情，尤其是和利益有关的问题，看得很重。因为眼前利益，会丧失许多发展提高的机会。所以年轻人要有理想，从小处说，首先要与企业的发展目标契合一致；其次要瞄准国家的发展方向，只有将个人利益与企业利益、与国家利益结合在一起，才有更大的发展潜力。)

---

① [德]赫尔巴特. 普通教育学[A]//教育学讲授纲要[M]. 李其龙，译. 杭州：浙江教育出版社，2002：13.

② 转引自：Linda Clarke, Christopher Winch. A European Skills framework?-but what are skills? Anglo- Saxen Versus German concepts[J]. *Journal of Education and Work* 2006, 19(3).

　　今天的高职学生是未来各行各业的技术骨干，肩负着中国制造的历史使命，在高职学生中弘扬爱岗敬业品质，让他们以高度的责任感和使命感，积极献身于自己所从事的事业。高职学生需要强化一丝不苟、追求完美的品质，需要恪守原则，坚定纪律意识，要对秩序怀有虔敬和服从，重视规矩，服从权威，善于制定标准，严格执行标准。通过职业教育培养学生的职业能力，提升学生的职业精神，为企业输送合格的人才。

　　高职学生是我国未来劳动力的重要组成部分，大量有知识、有品德的劳动力将是我国跨越"中等收入国家陷阱"、持续走向稳定繁荣的重要支撑，培育高职学生职业精神，立足点在人的全面发展，服务贡献在社会经济发展，而最终功效将内隐于国家繁荣和民族复兴之中。

第三章　高职学生职业精神结构

结构是指部分构成整体的方法，一般来说，事物的结构就是事物作为一个整体的诸因素的构成。关于职业精神的结构尚未有统一的界定。[①] 综述各类文献，本研究根据皮亚杰的认知发展阶段理论和科尔伯格的道德认知发展理论将职业精神的基本内涵界定为六个方面，分别是职业认同、职业态度、职业意志、职业责任、职业良心、职业理想，并立足于这六个方面来论证高职学生职业精神的具体结构。本研究选取的这六个维度遵循了观念认知形成规律，也依据了他律到自律再到自由状态的精神价值生成规律，从而构成职业精神自身内在的逻辑关系，下面将内在逻辑从职业精神的观念形态和职业精神的价值形态两个层面进行分析。

第一节　职业精神的一般结构

一、观念形态

职业精神的观念形态依照精神的认知规律形成，包括认知过程、情感过程和意志过程。职业精神的认知过程是职业主体在职业实践活动中通过感性的直观、直觉的体悟、理性思维等形式，了解和掌握职业活动的原则规范要求，形成自己对职业的初始认识。情感阶段是职业主体在特定的职业活动实践中，在职业认同的基础上，通过一定的情感方式形成稳定的善恶情绪过程，表现出职业主体对一定精神价值形成热情或冷漠、偏爱或厌恶的情绪过程，衍生出自己明确的职业态度。第三阶段是在认知力量和情感力量的作用下，逐渐形成追求一定精神价值所必需的意志力量，形成职业意志。通过认知、情感和行为，为职业精神勾勒出了一个基本精神观念图谱，职业精神的观念形态主要解决职业精神"是什么"的问题，对于职业主体来说，对职业活动产生初步认识，并为之愿意付诸行动。在这三个过程中，认知是基础，行为是结果，情感是中间动力。三个过程形成相应的精神认知力量、精神情感力量和精神意志力量，三个方面有机地构成了职业精神的观念系统，职业精神的观念系统促使职业主体在参与职业活动的过程中，不仅头脑清醒、目标明确，而且富有热情和激情，从而产生坚持不懈、百折不挠、一往无前的勇气和力量。

(一)职业认同

汉语中的认同有两层含义："第一，和自己有共同之处而感到亲切。第二，承认，认

---

① 从现有文献来看，目前对于职业精神、职业道德等基本概念界定并不清晰。例如王伟等人将职业理想的八个方面作为职业精神的基本构成要素，而高雅珍等人将同样的八个维度作为职业道德的基本构成要素。还有其他一些文献摘取了其中部分作为职业精神的维度，但总体呈现出的共性是零散的堆积，没有对这些要素进行逻辑的排序，在实践中对职业精神的培育造成了困惑。

可，同意。"① 认同一词的英文名为 identity，作名词，意为本身、身份、一致性、相同性。

在西方语境中，认同的含义比较广泛。在哲学语境中认同是对"我是谁"问题的基本看法，卢梭最早界定其内涵并提出"相互契约的共同体"理论，之后，英国哲学家霍布斯提出了人的自我持存，当代哲学家霍耐特在其《为承认而斗争》中提出价值共同体理论②。

心理学语境上的认同："指个人与他人、群体或模范人物在感情上、心理上趋同的过程。"③ 弗洛伊德认为"identification"为"自居所用"。心理学家米勒指出："认同的本质不但是心理的，它也包含群体的概念，是一项以自我的延伸，是将自我视为一个群体的一部分。"④

社会学语境的认同：涂尔干认为"认同是一种集体意识，是社会成员具有的信仰和感情的总和，构成了他们自身明确的生活体系，我们可以称之为集体意识或共同意识"⑤，指群体中的成员在认知与评价上产生了一致的看法及其感情。

不同语境反映出学者们对认同的一些共性观点：认同并不是静止僵化的，它是一种不断变化着的现象，是一种正在进行着的过程。认同往往与自我概念密切相关，是一个人在特定情境中与环境互动的产物，其结构是多维的，有主要层面的认同，亦有次要层面的认同。正如米史勒所言"我们的自我就像多种声音的合奏，而不是男高音和女高音的独奏"。⑥ 认知层面的认同不仅是主体了解和判断对象的依据，而且是主体对这种对象所形成情绪倾向的前提，也是其行为定向的基础，所以说认知认同不仅在认知阶段发挥作用，在情感和意志方面同样不可缺失。认知认同阶段要求个体将自己的知识进行归纳整合，据此形成自己的判断，进而影响情感认同和意志认同。认同也是"行动者对认同对象与自身的意义和价值的诠释和建构过程，本质上是精神的和文化的"⑦。综合上述观点：笔者认为认同就是个体成员与群体对某一事物或现象达成一致看法和形成相同感情的过程。

关于职业认同的概念，梳理文献发现，学者们的意见基本一致。"Holland 认为的职业认同是指个体对自己的职业兴趣、天赋和目标等方面认识的稳定和清晰程度，职业认同是个体认识自我和职业环境后的一种结果。Meijers 认为职业认同是将自己的兴趣、能力和价值观与可接受的职业目标连在一起。Fugate 认为个体选择用未来想从事的职业或现在正在从事的职业来回答'我是谁'的问题。"⑧

国内相关文献中关于职业认同的观点也基本一致。安秋玲认为："职业认同是个体在知晓职业特性的基础上积极并稳定地投入本职工作，获得工作过程中的积极情感体验，建立起职业发展需求与自我发展目标的一致性，从而使自己所从事的职业成为自我身份定位

① 梁丽萍. 中国人的宗教心理[M]. 北京：社会科学文献出版社，2004：105.
② [德]阿克塞尔·霍耐特. 为承认而斗争[M]. 上海：上海世纪出版集团，2005：8.
③ 车文博. 弗洛伊德主义原著选辑[M]. 沈阳：辽宁人民出版社，1998：67.
④ 梁丽萍. 中国人的宗教心理[M]. 北京：社会科学文献出版社，2004：105.
⑤ [法]埃米尔·涂尔干. 现代性与自我认同[M]. 北京：三联书店，1998：273.
⑥ Mishler , E. G. *Storylines: Craft Artists, Narratives of Identity*[M]. Cambridge, MA: Harvard university press, 1999.
⑦ 李友梅，肖瑛，黄晓春. 社会认同：一种结构视野的分析[M]. 上海：上海人民出版社，2007.
⑧ 高艳，乔志宏，宋慧婷. 职业认同研究现状与展望[J]. 北京师范大学学报(社会科学版)，2011(4)：47.

的主要部分。"① 张燕等认为："职业认同是个体对某一职业的积极态度和强烈的投入感，体现为个体维持该职业的愿望和对该职业的喜欢程度。"② 蒋晓虹认为："职业认同是发自内心地接受自己所从事的职业，认识它有价值、有意义，对之充满信心和情感，自觉地把职业规范内化到自己行为中，使自己所承担的职业角色与社会发展对该职业的期望达成一致，并从中找到乐趣的一种过程和一种状态。"③ 李素华认为："职业认同指的是一个人认为工作不仅是谋生的手段，还是一个人价值实现的需要，在工作中表现出爱岗敬业的精神。个体将职业要求内化为自我的一部分，形成职业角色，自觉自主地按职业要求行动，并能从中获得积极的体验。"④ 张丽萍认为："职业认同指个体在从事某项职业的活动中，将职业要求和自我中原有的其他部分进行统整，使个体内化的职业角色和自我的其他部分之间取得协调一致性。"⑤ 这些论点都在某些方面涉及了职业认同的一些主要特征，但概括得并不全面。结合上面观点，笔者尝试对职业认同概念作一界定：职业认同是个体在与职业环境的不断互动中逐渐认识到自己的基本特征、在职业活动中的位置和角色，并力争自己在职业世界中将要扮演的角色与社会发展对该职业的期望达成一致，是个体在职业世界中的定位阶段。

(二)职业态度

"态度"(attitude)一词进入英语语言世界是 18 世纪，最早来自拉丁语"aptus"，意思是适合性"adatdness"或适当性"fitness"。后来演变成为意大利语的"attitudine"，由意大利语再转变为法语的"attitude"。西方学者一直在关注态度到底受到哪些因素的影响。Allport(1935)认为："态度是渴望、仇恨、爱，以及激情和偏见……态度概念可能是当代美国社会心理学中最有特色最不可缺少的概念，在实验和理论研究文献中没有哪个词比它出现得更频繁了。"⑥ Allport 由此推导出态度的定义是从行为进行推论的一种状态。但是态度一直没有公认的定义，研究者们更多地用评价来探究态度。Eagly 和 Chiken(1992)认为态度是"通过用一定程度地赞许或不赞许对一个特定实体的评价来表达的一种心理倾向"⑦。Greenwald(1989)认为态度"是与一个心理客体相连的情感"⑧。Kruglanski(1989)认为态度"是一种特定类型的知识，特别是那些评价性或情感性内容的知识"。⑨ Triandis(1991)认

① 安秋玲. 社会工作者职业认同的影响因素[J]. 华东理工大学学报(社科版)，2010(2)：39.
② 张燕，等. 免费师范生的教师职业认同与学习动机及学业成就的关系研究[J]. 心理发展与教育，2011(6)：633.
③ 蒋晓虹. 教师职业认同程度和教师职业发展[J]. 东北师大学报(哲学社会科学版)，2012(1)：231.
④ 李素华. 对认同概念的理论述评[J]. 兰州学刊，2005(4)：201-203.
⑤ 张丽萍. 教师职业认同的内涵与结构[J]. 湖南师范大学教育科学学报，2012(5)：105.
⑥ Allport, G.W. (1935). Attitude. In C., Murchison(Ed.), *A handbook of social psychology*(Vol. 2，pp. 798-844). Worcester, MA: Clark University Press.
⑦ Eagly, A. H, & Chaiken, S. (1992). *The psychology of attitudes*. San Diego, CA: Harcourt Brace Janovich.
⑧ Greenwald, A.G. (1989). Why attitudes are important: Defining attitude and attitude theory 20 years later. In A. R. Pratkanis, S. J. Breckler, & A. G . Greenwald(Eds), *Attitude structure and function*(429-440). Hillsdale, NJ: Lawrence Erlbaum.
⑨ Kruglanski, A. W. (1989). *Lay epistemics and human knowledge: Cognitive and motivational bases*. New York: Plenum Press.

为态度是"个人的一种状态，这种状态预示这个人会对一个问题、个体或者观点作出一种赞许性的或者不赞许性的反应"[①]。1967 年奈瑟尔出版的《认知心理学》指出，人的认知要经历一个过程，此过程以感觉的输入为基础，感官系统将外界的刺激性物理能量信息输入到神经和认知系统，在输入过程中将外界信息内化为神经系统能理解的神经事件的模式。[②]这些定义从不同的层面指出影响态度的几个元素：评价、情感、认知、行为等。

受国外心理学概念的影响，国内多数学者认为态度是主体对客体的一种关系的反映，不仅表现在主体对客体的关系上，也表现在主体对客体的心理倾向乃至行为倾向上。态度"就是由心理倾向和行为倾向所构成的对于客体的一种认知程度和价值评价"[③]。态度认知的模式是客观事实的刺激—主观内心信念—个体直觉—消化理解的过程。有了对客体的认知，主体会作出自己的情感反应，这种情感反应就是主体接触到外界事物时的感性反应。"情感反应包括主体的真实体验、生理唤醒和外部表现。真实体验是指主体在社会关系中对各种事物的真实感受、亲身经历。生理唤醒情感与生理反应之间的关系，不同的情感生理反应并不相同，如紧张时心跳加速、高兴时全身放松等。而情感的外部表现则通过肢体或语言来进行表达。"[④]

综合上述观点，笔者将态度定义为主体对事物认识基础上产生的认知和情感反应，并由此形成的一种特定的心理倾向。

查阅现有的文献发现，职业态度似乎作为一种常识概念来看待，傅薇认为"职业态度是从事职业的人们对于具体的职业在认同、选择、坚持等方面的强烈主观倾向，作为一种内在稳定心理结构"。金岳霖认为态度"就是按照自己的信念生活"。这里笔者尝试对职业态度作一界定，职业态度就是职业主体在职业生涯中，对职业中的特定对象(如职业岗位、合作者、职业规范、相关职业制度等某一对象)所持有的评价和行为倾向，是具有内在结构的相对稳定的心理倾向。职业态度是在多种因素综合作用下形成的，价值观念、受教育程度、技术水平、劳动能力、兴趣爱好等主观因素加上生产资料所有制形式以及社会分配方式等客观因素都会对职业态度造成影响。

(三)职业意志

在古代汉语中，"意"与"志"分开使用的情形较多。其中"意"有意志、意向、愿望、意见、本意等多种含义。例如《论语·子罕》记载："子绝四：毋意、毋必、毋固、毋我。"这里的"意"是主观任意的意思。《孟子·万章上》记载："故说诗者，不以文害辞，不以辞害志，以意逆(迎)志，是为得之。"领会诗不能简单地依靠表面文字曲解意思，要自己心领意会作者的意志。《墨子·经下》记载："意未可知，说在可用，过仵。"《墨子·大取》记载："智(知)与意异。"《墨子·经说上》强调："意、规、员，三也俱，可以为法。"墨子的这几种提法，旨在说明真知与意会的东西是不可同日而语的，强调实践的重要性，相对于儒家学说，墨家学说关注技艺、注重实践。进入魏晋玄学时代，"意"

① Triandis, H. C. (1991). Attitude and attitude change In *Encyclopaedia of Human Biology*(Vol. 1, 485-496). San Diego, CA: Academic Press.
② U. Neisser. *Cognitive psychology*[M]. New York: Appleton-Century-Crofts, 1967: 279.
③ 左亚文. 论理论对实践的三种态度[J]. 湖北社会科学, 2013(6): 16.
④ 谢文凤. 论道德态度[D]. 长沙：中南大学, 2014: 5.

的概念进一步被阐释，走进了晦涩的哲学范畴。南宋朱熹认为："意者，心之所发也。"（《四书章句集注》）从此，开启了心学的历程。心学大师王阳明认为"心之所发便是意，意之所在便是物"（《传习录》），这就是著名的"心外无物"思想。

与意相对应的"志"，在中国古代哲学史上是一个常用的词。古人对"志"的论述很多，大多属于道德范畴，一般指意志、志气、志向、立志。"志"是儒家思想中很重要的概念。《论语•里仁》记载："苟志于仁矣，无恶也。""博学而笃志"（《论语•阳货》）。孔子将志认为是人们安身立命的重要根据。"三军可夺帅也，匹夫不可夺志也。"[①] 失志，人将不人，失帅，军依然是军。老子也重视"志"："知人者智，自知者明。胜人者有力，自胜者强。知足者富，强行者有志。"不过，与老子的无为思想相对应，老子主张要"虚其心，实其腹，弱其志，强其骨"（《道德经》），墨子则主张"志不强者，智不达；言不信者，行不果"，并主张"合其志功而观焉"（《墨子•鲁问》），对人的评价采取动机与效果相结合的标准来看待。孟子认为："夫志，气之帅也；气，体之充也。夫志，至焉；气，次焉。故曰：'持其志，无暴其气。'""志壹则动气，气壹则动志也。"（《孟子•公孙丑上》）诸葛亮说："夫志当存高远，慕先贤，绝情欲，弃凝滞，使庶几之志，揭然有所存，恻然有所感；忍屈伸，去细碎，广咨问，除嫌吝，虽有淹留，何损于美趣，何患于不济。若志不强毅，意不慷慨，徒碌碌滞于俗，默默束于情，永窜伏于凡庸，不免于下流矣!"[②] 诸葛亮的这篇《诫外甥书》，告诫年轻人，不光要有崇高的理想、远大的志向，还必须要有实现理想志向的具体可行的措施和战胜困难排除干扰的毅力，不然理想就可能会成为一种空想，甚至在不知不觉中将自己沦为平庸下流。作为心学的创始人，王阳明对志气有诸多论述，王阳明在浙江余姚的家规中提到："夫志，气之帅也，人之命也，木之根也，水之源也。源不濬则流息，根不植则木枯，命不续则人死，志不立则气昏。是以君子之学，无时无处而不以立志为事。"[③] 又说："志不立，天下无可成之事。"[④]"志不立，如无舵之舟，无衔之马，漂荡奔逸，终亦何所底乎。"[⑤] 无论做人，还是为学，只有树立远大志向，才能激发内心的动力，促进人的发展。王夫之说："人之所以异于禽兽者，唯志而已。不守其志，不充其量，则人何以异于禽兽哉？"[⑥] 有无志气在古人看来成了人与动物区别的主要标志。

综上所述，古代汉语中的"意""志""意志"基本含义多指志气、志向、意志、决心。古人将意志与德行，与理想人格、自身修养结合起来，用于判断人们的行为和思想的善恶对错，强调意志在人生中的激励作用以及人的意志品格的修炼，延续到今天，意志依然是道德建设的主要范畴。

西方语境中的"意志"，在英语中用"will、volition、purpose"表示，will表示意志、意向、决心，volition表示意志、意志力，purpose引申为目的、意图、意志。[⑦]

---

① 杨伯峻. 论语译注[M]. 北京：中华书局，2006：108.

② 诸葛亮集[M]. 北京：中华书局，1960：28.

③ 彭立荣. 儒文化社会学[M]. 北京：人民出版社，2003：232.

④ 陈清春. 七情之理——王阳明道德哲学的现象学诠释[M]. 北京：人民出版社，2016：227.

⑤ 陈清春. 七情之理——王阳明道德哲学的现象学诠释[M]. 北京：人民出版社，2016：227.

⑥ 侯外庐. 中国思想通史(第五卷)[M]. 北京：人民出版社，2011：44.

⑦ 张明仓. 实践意志论[M]. 南宁：广西人民出版社，2002：199.

西方语境中的"意志"含义较多。早在古希腊时期，亚里士多德就明确提出人的意志有能力选择和决定自己的行为，人必须对自己的行为负道德责任；康德则把"意志自由""灵魂不死"和"上帝存在"共同作为实践理性的三条公设；黑格尔也强调，自由是意志的根本规定，他把人的道德伦理看作是自由意志的体现；叔本华等唯意志论主张自由意志是完全自决的、第一性的东西，是整个世界的基础。从总体来说，在西方自由意志论者看来，大都强调了人的意志的自主性、自愿性和自由选择性。[①] 另外一种观点是虚无主义的观点，代表人物有斯宾诺莎、霍尔巴特等人，他们认为意志是对事物的一种机械的消极的反应，他们只承认必然性，并把这种必然性仅仅归结为机械的必然性，完全否定了人的意志的能动作用。[②] 而行为主义代表华生将"人的意志、意识、本能、情感等一切行为视为对内和外在刺激的反应，导出了'刺激—反应'这样的行为模式"[③]。

马克思主义以实践的观点为基础，遵循实践的思维方式从意志与实践、主体与客体、意志与对象、理性与非理性等多重矛盾中把握意志的本质规定性。从实践的观点来看，意志的作用绝不是孤立的，它总是要通过具体的主体活动体现出来。因而，它的作用必然或只能通过人的具体活动体现出来，意志总是渗透在人掌握世界的诸多方式中，意志对人的活动具有激发、定向、选择和调控的作用，而诸如此类的作用总是要通过实践才能最终完全实现。按照实践的思维方式，人的实践与意志之间的关系包括两个方面，一方面实践是意志的基础，实践具有客观现实性、自觉能动性和社会历史性；另一方面，意志对于实践具有不可或缺的定向和调控作用，没有意志的实践只能是抽象的实践。[④]

综合前面的观点，所谓的意志"就是人在社会实践的基础上，自觉地确定目的，并进而根据目的，积极地激活和调节自己的力量与活动以掌握一定对象，实现预定目的的精神力量，它是人对自己的需要、欲望、要求等的一种集中和凝聚，是人的主体势和主体性的重要的内在根据"[⑤]。笔者认为在实践的基础上理解意志才能准确把握意志的内蕴。因为人们坚持重视意志的原因，其目的是想将意志转变为强大的实践动力，用于改造世界，而不是单纯地解释世界。

职业意志作为意志的特殊方面，是指人们在职业实践活动的基础上，自觉地确定自己的职业规划，并且根据自己的职业规划，集聚自己的力量，认真地参与职业活动以及熟悉职业对象，实现职业规划目的的精神力量，它是人们对自己的职业需要、职业欲望、职业要求的一种集中和凝聚，也是人发挥主观能动性的重要内在根据。

从这一概念可以看出，职业意志包括以下几个层面的内容：第一，职业意志是在职业实践活动的基础上，参加职业实践活动方能展示其价值，职业意志是在职业认知和职业情感基础上产生的，如果没有对职业活动的理性认识，没有对职业活动的热爱，没有对职业活动明确的倾向和态度，就不可能形成职业意志，所以积极参与职业活动，才能形成职业认知，进一步产生明确的职业情感倾向，最终形成职业意志。第二，在职业活动的基础上，自觉地确定自己的职业规划，是职业意志发挥力量的前提，如果没有明确的职业规划，职

① 张明仓. 实践意志论[M]. 南宁：广西人民出版社，2002：201.

② 张明仓. 实践意志论[M]. 南宁：广西人民出版社，2002：202.

③ 张明仓. 实践意志论[M]. 南宁：广西人民出版社，2002：203.

④ 张明仓. 实践意志论[M]. 南宁：广西人民出版社，2002：208-210.

⑤ 张明仓. 实践意志论[M]. 南宁：广西人民出版社，2002：208-210.

业意志只能是发散的，无法聚焦，也无法实施有价值的实践活动。第三，职业意志反映的是自己的一种职业需要、职业欲望和职业要求。这些需要、欲望和要求汇聚成明确的职业活动和职业规划，在这一条件下，集聚自己的力量去指导实践活动，并在实践中检验自己的力量。第四，职业意志最本质的是实践，如果参与职业实践活动较少，没有付诸有效的行动，就会出现职业意志不坚定，现实中频繁地跳槽和职业倦怠的事例就是印证。因此，从本质上来说，职业意志就是一种实践的过程，只有在实践的过程中才能体现意志的正确性，才能实现意志的方向性。

当然，有了知识观念和情感观念以后，是否会产生职业精神，还取决于意志观念。意志观念是向着预定的目标不断前进的一种执着心理，以及在此过程中所表现出来的意志品质和道德情操，能帮助主体克服困难，促使主体实现一定的价值需求。意志也发挥着思维与行为之间的桥梁作用。恩格斯说："就单个人来说，他的行动的一切动力都一定要通过他的大脑，一定要转变为他的意志的东西，才能使他行动起来。"[①] 离开了实践，人的意志既不可能产生，也不可能发挥作用。实践性是意志动力最重要的机制和特点。通过意志，我们控制和调节自己的言行，抑制假恶丑、弘扬真善美。意志的强制性越高，它对人各种活动的激发引导力和约束力就越大。在选择和确定了目标后，自觉地拥有意志，将会控制自己的情绪，集中自己的注意力，克服外界环境的干扰，全神贯注地为实现某一目标而努力奋斗。

二、价值形态

职业精神的价值形态是职业精神的观念形态升华，职业精神的价值层面主要反映职业精神应该"是什么"。职业精神的价值形态从承担职业使命开始，对职业主体来讲，首先是从接受社会责任开始，遵守外在的规范制约，这一阶段虽然意识到了社会责任，但这种责任并没有被职业主体所内化，更没有内化成为职业主体的意志和信念，职业主体对自己所遵守的规则、所肩负的使命，在认知心理上只能作为一种他律状态而存在。

随着职业主体实践活动的不断发展和深化，职业主体对社会责任的把握和认识能力也会不断增强和发展，当职业主体认识到按照外在要求去行动的必要性和重要性，就会逐渐内化外在责任，从内心深处形成一种履行社会义务的精神，形成一种深刻的责任，这种无须外力强制，而出于问心无愧的自觉要求呈现为主体的自律状态，是外在的他律向内在的自律转换的结果。他律接受职业责任的约束，自律接受职业良心的守护，职业主体的良心会驱使对自己的行为进行自我制约、自我规范、自我监督和自我调节。

他律阶段的职业责任与自律阶段的职业良心相结合，其共同的目的是实现主体的价值目标，使职业主体达到自由的精神境界，这种境界会抑制主体内心功利的考虑，放弃思考外在规范的迫使，形成一种心理习惯，这种自由的精神境界就是职业主体追逐的核心价值目标，职业主体明确了价值目标，就会为这一目标持续奋斗。

职业精神的价值形态表现为两个层面：第一，受外在制度和规范约束的职业精神，一般通过职业责任来呈现。第二，对外在制度认同后，职业主体自愿履行职业责任，自觉遵守职业规范，将外在约束转换为内心信念，反映在价值形态上就是职业良心。不论遵从外

---

① 谢文凤. 论道德态度[D]. 长沙：中南大学，2014：5.

在规范制度，还是听命内心召唤，职业主体对职业精神的期望是要实现"应如何"的问题，是"主体按照自己的需要和客体的属性、规律观念地改造客体，产生对活动结果的预测、预见和想象，提出活动所应达到的价值目标"①，职业精神体现在主体的最终价值形态上就是职业理想，从而实现外在制度与内心信念的完美结合，经过从他律到自律，最终实现自由境界。

(一)职业责任

在《辞海》中，"责"具有以下几种含义：第一是责任、职责；第二是责问、责备；第三是责罚；第四是索取、责求。② "任"的用法，除了任用、职位、信任等以外，在中国古代主要有两种含义，第一是责任、职责；第二是担当、承担。③ 把责任合起来作为一个完整的词来看，在《汉语大词典》中，责任的含义"一是使人担当起某种职务和职责。二是分内应做的事。三是做不好分内应做的事应该承担的损失"④。

在英语中，表达责任的词有 Responsibility、Obligation、Duty，据韦氏词典介绍，Responsibility 的含义是：①the quality or state of being responsibility. A:moral，legal or mental accountability. B:reliability，trustworthiness. ②something for responsible burden。一是指一种尽责的品质或状态。A.道德上、法律上、心理上有责。B.可靠的、可信赖的。二是指对某事有责任、担负。⑤

纵观中国思想史，责任主要呈现为两个意思。"一是表示臣民对君主、帝王对'天'的主动尽职和效忠；二是表示个人应对自身选择的行为和产生不良后果和过失负责。"⑥

在西方思想史上，苏格拉底把责任看作是"善良公民"对国家和人民服务所应具备的本领和才能。伊壁鸠鲁指出："我们的行为是自由的。这种自由就形成了使我们承受褒贬的责任。"⑦康德指出："责任就是由于尊重规律而产生的行为必要性。"⑧"每一个在道德上有价值的人，都要有所承担，没有承担、不负任何责任的东西，不是人而是物件。"⑨

综上所述，责任可以从以下三个维度来理解。

第一，责任是维系相关主体之间利益关系的纽带。马克思说："人们自觉和不自觉地，归根到底总是从他们阶级地位所依据的实际关系中——从他们进行生产和交换的经济关系中，吸取自己的道德观念。"⑩这种社会关系以多种方式对人们的利益产生影响。由于在生产关系中，人们扮演着不同的角色，从而产生不同的社会关系，这些社会关系会衍生出不同的利益关系，为了保障各自利益的实现，需要明确相互之间的责任，划分权利和义务的界限。

① 袁贵仁. 价值观的理论与实践[M]. 北京：北京师范大学出版社，2013：14.

② 辞海[M]. 上海：上海辞书出版社，1999：3466.

③ 谢军. 责任论[M]. 上海：上海人民出版社，2007：24.

④ 中国社会科学院语言研究所词典编辑室. 现代汉语词典[M]. 北京：商务印书馆，2002.

⑤ 谢军. 责任论[M]. 上海：上海人民出版社，2007：24.

⑥ 谢军. 责任论[M]. 上海：上海人民出版社，2007：24.

⑦ 章海山. 西方伦理思想史[M]. 沈阳：辽宁人民出版社，2002：16.

⑧ [德]康德. 道德形而上学原理[M]. 苗力田，译. 上海：上海人民出版社，2002：16.

⑨ [德]康德. 道德形而上学原理[M]. 苗力田，译. 上海：上海人民出版社，2002：7.

⑩ 马克思，恩格斯. 马克思恩格斯选集(第三卷)[M]. 北京：人民出版社，1995：434.

第二，责任意味着主体所拥有的责任意识和责任能力。"责任意识是在社会中形成的，没有责任意识的人在道德关系中只能表现为自然人，而不具备社会人的资格。"① 法律层面通常以年龄和生理情况决定个体的责任能力，而道德层面则认为"只有理性的存在者有能力依照概念而行动，也就是按原则而行动，这就是说有一个意志"②。所以说，主体的意志自由是产生责任的根据，意志自由意味着主体能独立的对事物作出价值判断，并依据其价值付诸行动。反过来说，能够对事物作出独立价值判断的人就是具有责任意识和责任能力的人。

第三，责任蕴含了实践精神的内在要求。责任不能仅仅停留于意识层面，而是渗透在实践之中的见之于物的活动，责任属于价值形态的精神要素，它要求主体按照社会所提供的规范原则行事，责任蕴含着认真履行职责，自觉地实现道德理想和道德目标。

何为职业责任？现代意义上的职业是在社会分工的基础上产生的，每一项职业都是社会产业结构中不可或缺的环节，担负着特定的职责和使命，从而形成特定的职业责任。既然是责任，其内在要求是必须履行，不能单纯靠自觉自愿，要靠强制力来实施，靠制度来保障。所以职业责任的履行与行业准则、行业制度的建设密切相关，不过外部强制力只是保障责任履行的必要手段，在外部高压下的责任履行往往是一种被动的行为。

对于职业主体而言，只有认识到自己肩负的职责使命，将这种职业责任感内化为自己的精神力量，强化自己的职业责任意识，才会发自内心地去践行自己所担负的重任。另外，职业主体履行职业责任并不是口号，单凭一腔热血无济于事，加强技能的训练，熟悉岗位职责，提高自己履行职责的能力非常重要。有了意识和能力还需要积极投身于社会实践活动中，意识和能力才可能成为改造现实世界的力量。因此，责任意识、责任能力、实践精神共同构筑起职业责任的内涵。

西塞罗认为："任何一种生活，无论是公共的还是私人的，事业的还是家庭的，所作所为只关系到个人的还是牵涉到他人的，都不可能没有道德责任。"③ 叔本华也说："道德起源于对责任的认识，道德的责任是没有假期的，它无时不有，无处不在，责任永远和社会角色联系在一起，个人扮演的角色越多，所承担的责任就越大。"④ 所以说，责任是普遍存在的，责任涉及我们每一个人的生活。"责任产生于对道德规律的敬重，他在行为方面要求在客观上契合于法则，在行为准则方面，从主观上敬重法则，从而排除了一切好恶动机。"⑤ 德行的力量就是把责任的承担转变为现实的力量，职业主体在履行好责任的同时会进一步强化自己的社会角色，反过来通过坚持自己的职守、履行社会角色而更加忠于自己的职业。

职业责任感倒逼个体综合素质的提升。责任感也并不是个体自发产生的，它来源于实践，为保障社会有序运行，群体对个体必然提出决策权力和角色义务的要求，这就是个体的责任规定。这种责任规定内化为个体的意识，就会呈现出责任感，离开这种责任感，其他道德原则和道德规范就会流于形式，成为空洞的说教。但是责任感又必须回到实践中去，

① 谢军. 责任论[M]. 上海：上海人民出版社，2007：113.
② [德]康德. 道德形而上学基础[M]. 唐钺，译. 北京：商务印书馆 1959：27.
③ 谢军. 责任论[M]. 上海：上海人民出版社，2007：113 .
④ 谢军. 责任论[M]. 上海：上海人民出版社，2007：116.
⑤ [德]康德. 实践理性批判[M]. 关文运，译. 北京：商务印书馆，1961：83.

才能达到改造世界的目的。职业责任感是个体责任意识外化为职业行为的关键环节，直接体现责任的社会价值，服务于职业活动。

(二)职业良心

在中国哲学上，"良心"学说一直占据主要地位，良心一词最早出现在《孟子·告子上》，孟子说："虽存乎人者，岂无仁义之心哉？其所以放其良心者，亦犹斧斤之于木也，旦旦而伐之，可以为美乎？"这句话翻译过来就是：在某些人身上，难道没有仁义之心吗？他之所以丧失他的善良之心，也正像斧子之于树木一般，每天去砍伐它，它能够茂盛吗？[①]良心需要经营和维护。孟子认为，良心就是善良之心。这种善良之心如何产生，他说："乃若其情，则可以为善矣，乃所谓善也。若夫为不善，非才之罪也。恻隐之心，人皆有之；羞恶之心，人皆有之；恭敬之心，人皆有之；是非之心，人皆有之。恻隐之心，仁也；羞恶之心，义也；恭敬之心，礼也；是非之心，智也。仁义礼智，非由外铄我也，我固有之也，弗思耳矣。"[②]善良之心是每个人都具有的，与个人资质没有关系，仁义礼智也不是外人给予我的，是我本来就有的。为了弘扬这种先天的良心说，朱熹时代开始讲"天理良心""存天理，灭人欲"。王阳明作为心学的集大成者，提出"致良知以格物"，在良心层面实现"知行合一"，将道德修养和躬身实践结合起来。

在西方语言中，"良心是 conscience(英语)、conscience morale(法语)、Gewissen(德语)、conscientia(拉丁语)。其前缀 con-、Ge-都是共同一起的意思；而后半部分词干-science、-wissen、-scientia 都是知、知识的意思，合起来就是共识、共同知晓之意，引申为道德评价和道德价值意识"[③]。洛克认为："所谓良心并不是别的，只是自己对于自己行为的德行或堕落所抱的一种意见或判断。"[④]良心等于善良意识、义务意识、内心法则。良心究竟为何物？何怀宏梳理了西方几位哲学家的解释："①弗卢(A.Flew)编《哲学辞典》：良心是一种对道德上有义务履行的行为(或不正当的行为)必须坚定地履行(或防止)的执着信念。②弗罗洛夫(Frolov)编《哲学辞典》：良心是一种表达最高形式的道德自我控制能力的伦理学概念。③安吉尔斯(Angeles)编《哲学辞典》：良心是一种(a)一个人应当做和不应做什么和(或)(b)什么是道德上正确、正当、善、可允许或相反的感觉、感情和意识。④鲍德温(Baldwin)编《哲学与心理学百科全书》：良心是对表现于品格或行为中的道德价值或无价值的意识，并包括按照道德去行动的个人义务意识和行为中的功罪意识。⑤美国《韦伯斯特大辞典》：良心即个人对正当与否的感知，是个人对自己行为、意图或品格的道德上好坏与否的认识，连同一种要正当地行动或做一个正当的人的责任感，这种责任感在做了坏事时常常能引起自己有罪或悔恨的感情。"[⑤]

纵观中西方关于良心的论述，可以归纳出如下几个特征：一是良心的直觉性。"所不虑而知者"，不需要进行理性判断，对事物可以凭直觉作出决定，指导自己去行动。二是良心的自律性。良心让自己不必时刻接受外界的指令，不需要各种制度及其外界的监督，而发自内心的自律，也就是通常所说的慎独。三是良心的道义性。良心让人们时常思考道

---

① 杨伯俊. 孟子译注[M]. 北京：中华书局，2010：244.

② 杨伯俊. 孟子译注[M]. 北京：中华书局，2010：240.

③ 王海明. 论良心[J]. 齐鲁学刊，2002(4)：113.

④ [英]洛克. 人类理解论[M]. 关文运，译. 北京：商务印书馆，1954.

⑤ 何怀宏. 良心论[M]. 上海：生活·读书·新知三联书店，1994：38.

义，在义利关系中作出取舍，职业良心促使从业者坚守道义，远离不义之财。①

从中西方的良心观点中均可以看出，良心是一种道德价值，是道德价值的一种内化。其根源是个人的道德需要，确切地说，"良心源于自己做一个好人的道德需要"②。良心虽是一种主观感受，但从形成机理上看，它是由外部影响的反复施予形成的。马克思认为"良心是由人的全部生活方式来决定的"③，而"人的本质在现实性上，它是一切社会关系的总和"④。在人与人的对外关系中，各种习俗、社会规范逐渐在个体的心里沉淀下来，影响、引导良心的形成，所以从形成机制上看，"作为心理积淀的良心是社会基本规范的内化，是凝结在个体形态中的社会规范"⑤。"良心就是一种他律的内化，是他律内化了的个体形态"⑥，是社会基本规范呈现的个体化形态，也是社会价值观念的个性化呈现。罗国杰认为良心是"人们对他人和社会履行义务的道德责任感和自我评价能力，是个人意识中各种道德心理因素的有机结合"⑦。

综合学界对良心概念的界定，笔者认为职业良心具有下面几层含义：一是从业者对自己应尽的职业义务和职业责任的主观认同，是自我意识在职业道德方面的表现。二是各种职业规范内化积淀下来的道德判断力和自制力，职业良心是职业道德的最高体现。三是从业者内心的道德法庭，规范审视着人们的职业行为。所以职业良心是在履行职业义务的过程中，人们内心所形成的职业道德责任感和对自己职业道德行为的自我评价、自我调节能力，是围绕职业活动产生的各种道德心理因素的有机结合。

职业良心并不是先天产生的，它是职业规范中道德实践的产物。体现在良心中的社会价值也不是具体规章制度的反映，而是一种"道德自律"，是存在于内心的自我道德信念和要求。社会对职业主体的一系列道德要求只有经过自我思想意识，把客体的道德律令转变为主体的道德律令，才能形成职业良心。因而，职业良心的形成，在很大程度上取决于职业劳动者的自我体验、自我教育、自我锻炼、自我修养。职业良心实质上是职业道德规范的内化。

社会舆论、外在规章制度虽然也能使从业者产生一定的畏惧，从而达到约束的目的，但这往往是屈从于表面的压力，而职业良心调控从业者的基础存在于从业者的内心，它帮助从业者仔细体会职业规范的内涵，将职业活动中的诚信观念、对义务的敬重，以及在职业活动中对弱者的恻隐或同情，这些道德情感组成自我意识，加速人们自愿遵循职业规范要求。将外在规范的约束化为内心的主动，因此，职业良心形成后，各种外在的职业规范将成为多余，人们会按照社会道德的要求做事。

(三)职业理想

关于理想的概念，《辞海》的解释是"理想是同奋斗目标相联系的，有实现可能性的

---

① 韩东屏. 论道德教育的使命与良心的生成[J]. 武汉科技大学学报，2015(5)： 482.
② 陈新汉. 评价论视阈中的良心机制[J]. 上海大学学报，2010(1)： 29.
③ 陈新汉. 评价论视阈中的良心机制[J]. 上海大学学报，2010(1)： 29.
④ 马克思，恩格斯. 马克思恩格斯选集(第6卷)[M]. 北京：人民出版社，1961.
⑤ 陈新汉. 评价论视阈中的良心机制[J]. 上海大学学报，2010(1)： 33.
⑥ 陈新汉. 评价论视阈中的良心机制[J]. 上海大学学报，2010(1)： 34.
⑦ 罗国杰. 伦理学教程[M]. 北京：中国人民大学出版社，1985：22.

想象"①。目前各类文献中对理想的定义大同小异。彭定光认为："理想是一种目的，它是人们根据事物发展的必然趋势和人生存发展的需要，而通过超前性认识所确立的价值目标，是对事物未来应该怎样的价值设计。"②他将认识分为超前认识、追溯认识和及时认识，超前认识是把事物的发展趋势与人的前途命运和人的生存发展的需要联系起来加以认识的，为人的实践活动提供了价值理性，指明努力的方向。追溯认识和及时认识都是为了获得真理性认识，这种真理性认识尽可能排除人为的干扰，还原事物本来的样子。因此，追溯认识和及时认识不掺杂个体价值，超前认识融合有个体的价值诉求，理想属于一种超前认识。从功能上看，"理想是对现存事物的辩证否定，理想是超越现实的目标指向"③。张龑认为"理想是一种规范指引，是人们实践行动的理由"④，并将理想分为实践中的抽象理想和理论上的抽象理想。实践中的理想为现实提供了一个方向和批判的维度，理论上的理想为思考带来一番新的别有洞天的功效。理想是人生追求的奋斗目标，人生追求是一种对未来的期盼和希望，它与现实有着普遍的关联性，任何一种期盼和希望，都是人们依据在实践中形成并认同的一定价值尺度对现实的"自我"或"社会"进行深刻理性批判的产物，都是人们基于对现实的不满而产生的，是对未来的"新自我"或"新社会"的憧憬和设想。⑤

马克思认为理想是认识活动的逻辑归宿，是实践活动的逻辑起点，是外部世界在人的头脑中的反映，感觉、思想、动机、意志均来源于外部世界。

理想包含着两方面的范畴，一方面是经过分析和综合的真理性认识，并能够直接用来指导实践；另一方面，它还包含了主体的愿望、利益、要求等目的性因素，直接体现了主体的目的性，包含了价值因素。

冯契超越了传统定义中只描述客观现实性的理想图景，他认为"理想是客观现实的反映、概括，又是人格的体现"⑥。理想"还必须体现合乎人性的要求，特别是社会进步力量的需求"。冯契认为理想不但是对现实可能性的反映，而且是对现实真实性的反映。理想不仅要对现实物质世界勾勒出美好蓝图，更要体现出理想的人格，这样的理想就是人的本质力量对象化，是推动人们从事实践活动的动力，理想是真善美的统一、知情意的统一。理想的"真"主要表现在理想化为现实的过程，是主体观念与客观现实达成一致的过程，主体观念在客观现实中得到证实，证明主体思维的客观真理性，并将这种"真"融入自觉人格中。自觉人格就是真诚不虚伪，人的价值的实现表现为言行一致、表里如一的人格，用中国传统哲学的话来说，"这样的人格不仅知道，而且有德，即有真实的德行，实现了人的理想，这样的人格是真诚自由的个性，而绝不是伪君子伪道学"⑦。理想的"善"表现为理想价值性，为我之物体现的是主体的意向和目的，为我之物实现了人的意象，体现了

① 辞海[M]. 上海：辞书出版社，1979：2776.
② 彭定光. 理想——审视现实的尺度[J]. 求索，2002(1)：81.
③ 彭定光. 理想——审视现实的尺度[J]. 求索，2002(1)：82.
④ 张龑. 论理想作为一种规范——兼评邓正来之"中国法律的理想图景"[J]. 河北法学，2007(9)：169.
⑤ 吴潜涛. 正确理解理想信念的科学含义[J]. 教学与研究，2011(4)：5.
⑥ 冯契. 智慧的探索[M]. 上海：华东师范大学出版社，1997：81.
⑦ 冯契. 人的自由和真善美[M]. 上海：华东师范大学出版社，1996：170.

人的目的，因而具有善的价值。[①] 理想的"美"，指人在实现理想的过程中，不断地认识自在之物，把握其规律，摆脱外力的限制。人实现了自由劳动，"劳动产品成了直观自己本质的力量，成了欣赏的对象，审美的对象的本质力量的对象化，成了美的对象"[②]。冯契从性与天道两方面谈理想，克服了单纯从现实中转化为为我之物的局限，实现了对人道的超越与把控，构建起理想人格的过程。

梳理对"理想"作出定义的文献，可以看出大家界定的"理想"包含以下几方面内容：一是理想是对客观现实可能性的反映，与现实有着紧密的联系，不能脱离现实谈理想。二是理想具有价值因素，理想中渗透着主体价值元素，理想是主体按照自己的需求解决客观世界"应该这样"的问题，而不单纯描述客观世界的实然状态。三是从认识论角度讲，理想是一种超前认识，主体依据客观规律作出合理的预期，是在观念上创造符合自己价值目标的未来世界的过程。四是从功能上看，理想作为一种观念的东西，它反映了人对客观现实的不满足和改变世界的一种主体性需要，理想不满足于现实，它要不断扬弃现实，追求对客观现实的满足，所以理想就是对现实的辩证否定。

笔者认为，理想是在正确认识客观现实的基础上，依据主体价值的需求，通过不断实践活动力求达到的一种价值目标。它既包括主体不满足客观物质世界，构建观念中的美好物质愿景，也包括主体对自身精神层面扬弃后意欲锤炼的完美人格。

何为职业理想？王伟认为"职业理想是人们对自己未来职业的选择和向往，以及在职业活动中所追求的事业成就和奋斗目标"[③]。笔者认为职业理想是理想的一种特殊形态，它是理想在人们职业生活中的具体表现。职业理想是人们依据现有社会发展实际，根据主体价值需求，为自己设定的职业奋斗目标。

职业理想可以从三个维度来理解：第一，价值维度。价值维度是个体的价值诉求，因为理想中渗透个体的价值因素，反映着个体的利益与诉求。职业理想中的价值是指人们设定职业目标时不能脱离人类自身的利益与需求。什么样的职业理想才是高尚伟大的理想？马克思在《青年在选择职业时的考虑》一文中写道："在选择职业时，我们应该遵循的主要指针是人类的幸福和我们自身的完美……人类的天性本来就是这样的；人们只有为同时代的人的完美、为他们的幸福而工作，才能使自己达到完美。""如果我们选择了最能为人类福利而劳动的职业，那么，重担就不能把我们压倒。因为这是为大家而献身，那时我们所感到的就不是可怜的、有限的、自私的乐趣。我们的幸福将属于千百万人，我们的事业将默默地，但是永恒发挥作用地存在下去，而面对我们的骨灰，高尚的人们将洒下热泪。"[④] 马克思的职业理想是为人类谋福利，他把一生都献给了无产阶级的解放事业。按照马斯洛的需求理论，人的需求是有层次的，低层次需求满足以后才有高层次需求。因此，职业理想的选择也是一个逐渐演变的过程，开始选择职业时可能只为满足主体的低层次需求，每满足一个目标，个体的价值需求便会随之提升，基本生活满足之后，便开始寻找自我价值的实现，最高层次价值的实现，便是自我价值的实现，往往以个体对社会和他人所做的贡献衡量其价值的大小。因此，职业理想没有高低贵贱之分，只要遵循为他人付出的

① 王向清. 论冯契的理想学说[J]. 中国哲学史，2006(4)：94.

② 王向清. 论冯契的理想学说[J]. 中国哲学史，2006(4)：95.

③ 王伟. 论职业精神[N]. 光明日报，2008-06-30(5).

④ [德]马克思，恩格斯. 马克思恩格斯全集(第40卷)[M]. 北京：人民出版社，1982：4-7.

价值，将自己的需求与社会的需求结合起来，这种理想就会成为推动自己奉献的动力，也成为职业精神的核心要素。

第二，历史维度。理想是对客观现实的反映，确立理想不能脱离客观规律，否则理想就变成了空想。因此，职业理想的确定要从社会历史发展的维度去认识自己从事的职业，科学判断社会演进的规律，了解社会发展的进程。个体只有据此设定自己的职业理想，这种职业理想才因合乎实际而具有实现的可能，立足现实、超越现实，从社会的整体利益出发，从事社会需要的各种职业，在工作中努力做好本职工作，全心全意为人民服务，为现代化建设服务。

第三，奋斗精神。奋斗精神包括敢于担当的奉献精神、脚踏实地的实干精神、只争朝夕的拼搏精神和久久为功的奉献精神。[①] 时代赋予青年的责任就是将个人理想融入社会发展的共同理想，习近平说广大青年要"勇做走在时代前列的奋进者、开拓者、奉献者，以执着的信念、优良的品德、丰富的知识、过硬的本领，同全国各族人民一道，担负起历史重任"[②]。职业理想要实现，实干精神更是不能少，"伟大梦想，不是等得来、喊得来的，而是拼出来、干出来的"[③]。要在干中学、学中干、要坚持知行合一，"学到的东西，不能停留在书本上，不能只装在脑袋里，而应落实到行动上，每一项事业，不论大小，都是靠脚踏实地，一点一滴干出来的"[④]。职业理想的实现昭示着个体必须扎实拼搏，因为任何理想的实现都需要艰苦的努力，而我们现在所处的时代更是一个"船到中流浪更急，人到半山路更陡的时候，是一个愈进愈难、愈进愈险而又不进则退、非进不可的时候"[⑤]。当然奋斗离不开坚持，离不开持之以恒的坚韧精神，"关键是要迈稳步子，夯实根基，久久为功。心浮气躁，朝三暮四，学一门丢一门，干一行弃一行，无论为学还是创业，都是最忌讳的"[⑥]。实干兴邦，空谈误国。职业理想要变成现实，必须努力奋斗。对于个人来说，职业理想的实现也不是一蹴而就，只有积极投身于社会实践活动之中，否则，职业理想只能是一种空想。

第二节　高职学生职业精神的具体结构

矛盾的普遍性寓于特殊性之中，并通过特殊性表现出来，没有特殊性就没有普遍性，特殊性也离不开普遍性，二者相互依存、互相转化。职业精神与高职学生职业精神相互之间的关系正是矛盾的普遍性与特殊性的关系，职业精神的生成规律、结构体系同样适用于高职学生职业精神，但高职学生有其自身的特殊性，其职业精神亦有不同于其他群体的特殊性。因此，本研究在界定高职学生职业精神的结构时，遵循普遍性与特殊性相结合的原则，按照目前高职学生肩负的特殊使命，立足于高职学生职业精神生成的规律，借鉴中西

① 侯玉环. 论新时代青年学生奋斗精神培育研究[J]. 思想理论教育导刊，2019(6)：53-57.
② 习近平. 习近平谈治国理政[M]. 北京：外文出版社，2014：167.
③ 习近平. 在庆祝改革开放 40 周年大会上的讲话[M]. 北京：人民出版社，2018：42.
④ 习近平. 在北京大学师生座谈会上的讲话[M]. 北京：人民出版社，2018：13.
⑤ 习近平. 在庆祝改革开放 40 周年大会上的讲话[M]. 北京：人民出版社，2018：42.
⑥ 习近平. 习近平谈治国理政[M]. 北京：外文出版社，2014：174.

方思想资源，依据高职院校的人才培养目标，结合高职学生的实际情况，对高职学生职业精神结构进行论述。

一、观念形态

高职学生职业精神的观念形态依照职业精神的认知规律形成，有认知、情感和行为三个过程。在这三个过程中，认知是基础，行为是结果，情感是中间动力。这三个过程代表着职业精神认知力量、情感力量和意志力量，这三种精神力量在高职学生职业精神中体现为高职学生的岗位认同、爱岗敬业和自愿专注。高职学生职业精神的观念形态是建立在对高职学生职业精神的事实判断的基础上，要回答高职学生职业精神"是什么"的问题。

(一)岗位认同

基于职业认同的概念，结合高职学生的特点，高职学生对职业认同核心体现在岗位认同上，主要指高职学生在参与职业教育活动中不断加深对职业教育、职业岗位的认识，对自己将要在职业生涯中扮演的角色作出清晰定位，并努力实现自己的行为与角色的相互匹配，从而热爱职业教育、乐享职业教育带来的价值，认同自己未来要从事的职业岗位并为之去努力奋斗、愿意享受该岗位带给自己的价值。

高等职业教育肩负着培养面向生产、建设、服务和管理第一线需要的高技能人才的使命。高职学生的岗位认同体现在高职学生对将要从事的生产、建设、服务和管理一线岗位的认同。具体来说，岗位认同包括对岗位的身份认同、对岗位的能力认同、对岗位的待遇认同和对岗位的地位认同。

第一，需要满足是岗位认同的动力。需要是从事一切职业活动的动力。岗位身份认同是高职学生对自己要从事工作的具体岗位为其带来的价值、待遇、尊严等综合考虑的结果。高职学生的岗位身份认同，基于劳动光荣、技能宝贵的认知基础上，产生于对劳动的热爱、对技能的崇尚，这也是高职学生立足岗位、甘于平凡、乐于奉献的前提。

第二，能力匹配是岗位认同的关键。高职学生在学习过程中遵循融"教、学、做"为一体的教学方法，注重自己能力的提升。能力匹配是指高职学生的专业能力能完全胜任岗位工作；反过来，岗位工作又能继续提升高职学生的专业能力，发挥高职学生的专业特长，二者相互支撑。工作岗位强度的大小要与高职学生身体状况相匹配，笔者经常听到高职学生抱怨工作环境艰苦，劳动强度太大，自己身体吃不消，比如生产性岗位需要经常倒班，无法熬夜的学生感觉夜班很难胜任，这种情况反映出岗位与能力不匹配。

第三，待遇保障是岗位认同的核心。岗位认同是岗位信息不断被认知、理解、选择的过程。高职学生通过专业学习，比对整合各种信息，重构自己的价值观念。这一过程，待遇是高职学生关注的核心，不论是物质待遇还是精神待遇都至关重要。近几年一线技能岗位的待遇有所提升，但与其劳动强度、工作环境综合相比，待遇依然偏低。以甘肃省学前教育专业为例，学前教育每年的招生数量与学前教育机构的需求量相比较，二者基本匹配，但现实情况反映出，一方面是学前教育学生就业情况不乐观，另一方面是幼儿教育机构依然出现用工荒。究其原因，不在于培养的学生数量不足，而是学前教育机构待遇太低，造成学生在面对具体职业选择时，幼儿园不会成为其择业的首选，学生感觉就业不容易，教育机构又没有足够的吸引力，这其中待遇成为岗位认同的核心要素。

第四，职业地位是岗位认同的归宿。随着国家经济转型的发展，"中国制造2025"不断推进，新型服务业、新型农业和新型能源等领域的新岗位不断涌现，这些岗位彰显新型技术，成为高职学生青睐的岗位。另外随着国家乡村振兴战略的实施，小康社会的全面建成，原来被认为工作环境差、社会地位低的农村工作岗位逐渐得以提升。美丽乡村吸引诸多高职学生奉献青春。同时人们认知观念的改变，也会提升一些岗位的社会地位，例如大家熟知的殡葬业相关岗位，原来人们谈之色变，但近几年一些高职院校陆续开办殡葬服务专业，学生对这一岗位的认同度有所提高，得益于其岗位地位的提升。

高职学生的职业认同受到多种因素的影响，要从高职学生自身、职业岗位、社会环境等多方面综合分析，为了加深对职业岗位的认识，高职学生要对未来从事的工作有基本认识和把握，掌握专业理论知识、专业技能和从业的基本素质。明确知识获得的途径，有意识地通过学习获得这些知识，同时积极通过实习实训、志愿服务等途径接受锻炼，夯实基础。高职学生岗位认同阶段的主要内容有：第一，高职学生对未来所从事专业工作的认识。对工作的认识首先建立在专业学习的基础之上，要对专业的历史、专业的未来发展趋势、专业的基本理论有准确的把握，只有真正了解专业，才能知道自己所需要的基本知识和需要具备的职业品质。第二，高职学生对自我的认识。高职学生如果对自己没有清醒的认识，要么盲目自大、目空一切，要么妄自菲薄、自暴自弃、不求上进。不论哪一种情况，都会导致高职学生对自己定位的误判，也无法作出合理的职业规划。第三，高职学生对用人单位需求的认知。高职学生要实现人生的价值，为社会创造财富，参加工作是必经的环节，用人单位也为高职学生实现个人价值积极搭建平台。所以高职学生应了解用人单位对学生知识结构的需求，对学生性格能力的要求，知己知彼，方能不败。高职学生只有对用人单位有准确地认知，才能主动去调适自己，以适应未来职场的生存与发展。第四，高职学生对社会发展趋势的认知。目前全球化进程加快，在此大背景之下，中国正处在经济结构调整转型时期，社会呈现出诸多新情况、新问题，高职学生只有对这种大变革新时代有准确的把握，将自己主动融入社会环境中，才能作出合理的个人定位。

(二)爱岗敬业

"人们总是在自己的意识中构思着理想的生活模式，思索着需要的事物，向往着一定的愿景，并按照自己的意愿认识和改造世界，这种意愿就表现为情感的观念。"[①] 情感作为一种生理反应，在高职学生职业精神上表现为两个方面：一方面高职学生对自己要从事的职业表现出崇尚、信赖和偏好，用积极的心态、快乐的情绪来感染他人，表现出积极的态度；另一方面对某事物不喜欢，一般采取拒绝或排斥的态度。因此，职业情感在职业精神中通过职业态度体现出来。高职学生的职业态度就是高职学生对自己所从事的职业所表现出的喜爱或厌恶等相对稳定的心理倾向，高职学生职业态度的核心是爱岗敬业。

情感观念藏之于内心、见之于行为，当前高职学生首先是从情感上认同某一职业，才甘愿献身某一职业，这种情感的认同表现为情绪的倾向性和榜样的标准示范性，在职业精神的观念体系中具有十分重要的意义和价值。因为情感观念是在知识观念的基础上转化而

---

① 张晓锋. 新闻职业精神论[D]. 上海：复旦大学，2008.

成的，高职学生只有通过知识观念获得相关的知识，才能了解实践的对象、实践的内容、实践的水平，才能懂得什么是自己需要的，什么是应该追求的，才能形成特定的意象和职业实践情感。当高职学生获得快乐的感觉时会倾向于去做某事，当怀有痛苦的感觉时会避免去做某事，情感观念通过肯定性和否定性的态度，促使高职学生形成相对固定的心理倾向，高职学生爱岗敬业就是其情感观念的体现。

爱岗敬业指高职学生认识本职工作在社会经济活动中的地位和作用，认识本职工作的社会意义和道德价值，产生职业的荣誉感和自豪感，在职业活动中具有高度的劳动热情和创造性，以强烈的事业心、责任感从事工作。在具体的实践活动中，爱岗和敬业互为前提，相互支持、相辅相成。"爱岗"是"敬业"的基石，"敬业"是"爱岗"的升华。高职学生的爱岗敬业表现为以下三个层次。

第一层次为勤业，主要指勤于完成本职工作，履行好本职岗位。这一层次的敬业可能有外在的制度约束，但无论是心甘情愿，还是外在制度约束，都表现为在自己既得的工作岗位上认真负责、尽心尽力，完成本职工作。因此，做好本职工作是敬业的前提，也是敬业的必备条件。

第二层次为乐业，将自己的职业转化为兴趣。兴趣是最好的老师，兴趣也是最好的动力，兴趣会促使个体不断地钻研学习，才有可能在平凡岗位上作出不平凡的成绩。如果没有兴趣，容易产生职业倦怠，同时没有兴趣的工作可能会被其他工具性目的取代，工作的积极性和效率都会降低。

第三层次为敬业，敬业是对勤业和乐业的升华。每个工作岗位的存在，必然有人类社会存在和发展的需要。因此，爱岗敬业不仅是个人生存和发展的需要，也是社会存在和发展的需要，把职业作为事业，作为一种信仰来对待，是爱岗敬业精神的最高体现。

高职学生爱岗敬业要求高职学生为履行好本职活动，在一定程度和范围内要做到全面发展，努力增长知识、获取才干，打造成为多面手。但不能把忠于职守、爱岗敬业片面地理解为绝对地、终身地只能从事某个职业，而是选定一行就应爱一行。当然合理的人才流动不但实现劳动力、生产资源的最佳配置，也可以增强人们优胜劣汰的人才竞争意识，激励高职学生更加自觉地践行敬业精神，真正做到人尽其才，充分发挥积极性和创造性，用人单位与高职学生相互欣赏、彼此选择，反而会促使高职学生更加珍惜岗位，这与我们所强调的敬业精神的根本目的是一致的。

(三)自愿专注

冯契认为意志有双重的品格，"一是自愿选择来作出决定。二是专一，选择了以后在行动中一贯地坚持下去，表现为不畏困难，努力实现自己的道德责任"[①]。

关于自愿，中西方哲学的关注点并不相同。中国哲学史上，儒家注重道德行为，主张要有意志力来贯彻，但对意志的自愿品格缺少深入论述。董仲舒讲顺命，弱化人的主观能动性。程朱理学讲"复性"，主张"存天理、灭人欲"，这些理论总体上对个人主观意志的自愿原则论述不多。在中国经常讲以理服人，核心是让人形成自觉状态，至于是否有发自内心的自愿并不关注。以儒家教义为文化背景的道德观，导致遵守礼教往往自觉但并不

---

① 冯契. 人的自由与真善美[M]. 上海：华东师范大学出版社，1996：222.

自愿。

而西方许多思想家高度重视意志的自愿性，亚里士多德在《尼各马可伦理学》中对自愿性的论述通过对非自愿行为的论述加以反证。他认为非自愿行为是被迫的或出于无知的。由此可以得出，自愿行为表明行为者作出某行为的原因在行为者自身，行为者知道他在做什么，行为者对行为的对象、行为手段以及行动可能造成的结果都有准确把握的行为，是合乎理智的行为。① 既然是自愿行为，行为者则必须承担道德责任和法律责任，这中间还涉及行为的目的和能力范围，因此我们可以把自愿行为理解为自主且有认识的行为，更确切地说，是没有被强制并且行动的始因是了解了行为的具体环境的当事者自身中的行为，始因在内。如果始因是外在的，即行为者就如人被飓风裹挟或受他人胁迫那样对这初因完全无助，就是被迫行为。② 梅耶尔认为，自愿和不自愿行动之间的区别可以类比于自然运动和被迫的或外力造成的运动之间的区别。③

西方哲学中对自愿的论述主要从意志自由的角度去论述。自愿性往往作为主体意志自由活动的体现，它标志着"人以一种全面的方式占有自己的全面本质的程度"④。自愿体现为人在其自身存在和发展过程中的一种自主状态。黑格尔认为：意志是经过在自身中反思返回到普遍性的特殊性。他把从自我目的出发的自觉力量和对于必然性的认识作为他所谓的意志自由本质的两个相互联结的环节。萨特则认为：人是被判定为自由的，人能成为什么，人的本质将如何呈现，有赖于个人的意志。⑤所以在西方哲学中，自愿性是指自己决定自己的活动目的，做自己愿意做的事情，是人作为相对独立的主体必不可少的前提条件。

马克思从唯物主义的角度指出了人的意志活动的自愿性，在实际生活中，人总是要追求创造符合自己的发展需要和本性的理想世界，为此，人必须了解自身，进而真正按照人的本质和人的方式安排世界。反之，"如果人不按照人的样子来组织世界，这种社会联系就是以异化的形式出现"⑥。人只有按照内在本性来安排事情，自己决定自己的活动目的和活动的方式，才使得人的活动不仅具有目的性与方向性，而且具有主动性和积极性。⑦

为了准确理解高职学生自愿性的本质，可以从三个维度来理解：首先从主体—客体关系看自愿原则，自愿原则的前提是主体对客体的准确把握。对高职学生而言，自愿可视为是其意志自由的一种表达，是指他们的一种自由活动状态。高职学生按照自己的目的进行自主活动，比如，在教育类型、就读专业和就读院校的选择上要体现自主性，不能完全被外界因素干扰，但这种选择并不是无限制的，主体选择这种活动时必须正确地遵循和利用客观规律。"在直接碰到的、既定的、从过去承继下来的条件下创造自己的历史"⑧，从而满足自己的需要，实现自己的预期目的。所以说，自愿是主体合目的性与合规律性的统一，

① 余纪元. 亚里士多德伦理学[M]. 北京：中国人民大学出版社，2011：148.

② [古希腊]亚里士多德. 尼各马可伦理学[M]. 廖申白，译注. 北京： 商务印书馆，2003：58.

③ Sunsan Sauve Meyer. Aristotle on the voluntary, in the Blackwell Guide to Aristotle's Nicomchan Ethics Richard Kraut Blackwell, 2006: 145.

④ 张明仓. 实践意志论[M]. 南宁：广西人民出版社，2002：382.

⑤ [法]萨特. 存在主义是一种人道主义[M]. 上海：上海译文出版社，1988：8.

⑥ [德]马克思，恩格斯. 马克思恩格斯全集(第42卷)[M]. 北京：人民出版社，1979：24-25.

⑦ 张明仓. 实践意志论[M]. 南宁：广西人民出版社，2002：377.

⑧ [德]马克思，恩格斯. 马克思恩格斯选集(第1卷)[M]. 北京：人民出版社，1979：24-25.

它不仅是一种观念的自由，而且标志着主体对客体的认识与改造的广度和深度以及主体与周围世界的和谐程度，意味着超越了外部力量的盲目控制，并能按照自己的意志驾驭外部力量。

其次，从人与他人的主体—主体关系看，自愿标志着个体如何与他人选择处理关系，[①]对于高职学生而言，不论处理校内同学之间的关系，还是未来职场中处理同事之间的关系，把握利益共赢的理念非常重要。要打造团结协作的利益共同体，需要在不损害他人利益的条件下，决定自己的行动，从而合理地实现自己的愿望和目的。所以说，自愿作为意志自由的一种形式，是一种有限制的选择权利。每个人所能进行的选择是对别人没有害处的活动，它的界限是由法律规定的；反之，如果某人所应享有的社会地位、社会权利被否定或剥夺，从而不是按照自己的意志和愿望，而是被迫遵照别人的意志和愿望进行活动，最终实现的主要不是自己的利益而是别人的利益，自愿原则无从体现。

最后，从人与自身存在的关系来看，自愿标志着人以一种全面的方式占有自己的本质的程度。在主体—自身关系意义上，人们自己决定自己活动的目的，做自己愿意做的事情，也是承担道德责任，如果某种行为不是出于意志的自愿选择，而是出于外力的强迫，道德行为的善恶便无从谈起。所以意志有自愿选择的品格，这是道德责任的前提。一个人行善或作恶是出于个人自愿的选择，出于自主的决定，他对自己行为的后果就具有道德的责任。因为造成善或恶的后果，其原因在于行动者自主地选择规范不同，就在于规范本身包含意愿的成分。

关于专注性，冯契认为："人不但凭意志选择，而且还在行动中发挥意志的力量，始终一贯地贯彻下去，坚持下去，这就是专注。"[②]一般被认为是"个体的心理活动在一定时间内指向并集中于当时所从事的任务中的对象、活动上的状态，与分心相对，在专注状态下，人的心理高度集中在某一个对象上，而对其他对象、周围事物表现出极大的抗干扰，凝视倾听等通常是其明显的外部表现"[③]。专注性被看作是人专心注意的行为状态。专注性的另一层面含义就是坚定的意志力，能持之以恒地去完成一件事。

尽管中国古代不太关注对自愿的研究，但许多文献对专注度都有着墨，例如《列子》中有许多描述专注的故事，从多个角度阐发专注对于练就高超精妙技艺的重要性。如《列子·汤问篇》中"纪昌学射"的故事：[④]

甘蝇，古之善射者，彀弓而兽伏鸟下。弟子名飞卫，学射于甘蝇，而巧过其师。纪昌者，又学射于飞卫。飞卫曰："尔先学不瞬，而后可言射矣。"纪昌归，偃卧其妻之机下，以目承牵挺。二年之后，虽锥末倒眦，而不瞬也。以告飞卫。飞卫曰："未也，必学视而后可。视小如大，视微如著，而后告我。"昌以氂悬虱于牖，南面而望之。旬日之间，浸大也；三年之后，如车轮焉。以睹余物，皆丘山也。乃以燕角之弧、朔蓬之簳射之，贯虱之心，而悬不绝。以告飞卫。飞卫高蹈拊膺曰："汝得之矣！"

这一故事揭示了纪昌学习射箭能够成功的主要原因在于他的专注。他按照飞卫的教导，先训练"不瞬"，即不眨眼，为此用了两年时间，每日躺在他妻子织布机的踏板下面练习。

① 张明仓. 实践意志论[M]. 南宁：广西人民出版社，2002：374.

② 冯契. 人的自由与真善美[M]. 上海：华东师范大学出版社，1996：222.

③ 林崇德. 心理学大辞典[M]. 上海：上海教育出版社，2004：1747.

④ 杨伯峻. 列子集释[M]. 北京：中华书局，1979：182-183.

当他两年后能达到"不瞬"的状态，飞卫又教他"学视"，要练到"视小如大，视微如著"。纪昌为此又用了三年时间，每日"以氂悬虱于牖，南面而望之"，直到三年后望之如"车轮"，看其他东西，都像山丘一样。然后举箭而射，箭能贯穿"虱之心，而悬不绝"。纪昌在选定了学射箭的目标之后，能够心无旁骛、坚持不懈、持之以恒地练习，所以才能成为和飞卫一样的神箭手。因此，如果不能专注于自己所干的事情，心思受到外物的干扰，就会影响学习和实践的效果。

专注之中蕴含着坚守，也就是对自己所干事业抱着无比坚定的信心和决心。孔子曰："三军可夺帅也，匹夫不可夺志也。"[1]何晏《集解》引孔安国注释："三军虽众，人心不一，则其将帅可夺而取之。匹夫虽微，苟守其志，不可得而夺也。"[2]《墨子·修身第二》上也说："志不强者智不达。"这里论述的都是坚守本心的重要性以及坚守的终极状态。

如果不能专注于自己所学之事，浅尝辄止或者三心二意，则不能学到真正的技艺，更不用说达到炉火纯青的地步了。技艺可以精益求精，不能自满、自以为是，如果没有一种积极的追求，则不可能在自己的领域达到登峰造极的地步。古人的示例说明要精通一门技艺不是自己想象得那么容易，每一个成功的背后都是坚守和用功，需要勤学苦练、持之以恒，也就是坚持不懈地专注。正如《诗经·大雅》所言："靡不有初，鲜克有终。"[3]古往今来的历史实践也表明，能够坚守初心不改的人必能成就一番事业，但能做到善始善终的人却凤毛麟角。

因此，作为职业意志的主要品质，自愿专注对于培育高职学生的职业精神异常重要，是其职业精神的重要组成部分。

二、价值形态

高职学生职业精神的价值层面主要反映高职学生职业精神的应然状态。对于高职学生而言，随着职业实践活动的不断发展和深化，对外在职业责任的把握和认识能力会相应地增强和发展，当高职学生认识到必须按照外在规范去行动时，就会逐渐由他律阶段进入自律阶段，从内心深处产生一种强烈的责任意识，这种责任意识促使高职学生强化履行社会义务自觉性，完成纪律意识向守约意识的转化过程。高职学生不论遵从外在制度，还是听命内心召唤，最终目的都是按照自己的需要和客体的属性、规律客观地改造客体，产生对活动结果的预测、预见和想象，提出职业实践活动所应达到的价值目标，这种自由境界的价值目标呈现为追求精品意识。

(一)纪律意识

本研究将高职学生的职业责任聚焦到纪律意识，因为切实培养高职学生纪律意识，养成良好的纪律习惯，是奠定其良好责任意识的基础。

何谓纪律？春秋战国时期，《左传·桓公二年》中就记载："文物以纪之，声明以发之，以临照百官，百官于是乎戒惧而不敢易纪律。"其中"纪"是指丝的端绪，"律"是

---

① 程树德. 论语集释[M]. 北京：中华书局，1990：204.
② 程树德. 论语集释[M]. 北京：中华书局，1990：204.
③ 程俊英，蒋见元. 诗经注析[M]. 北京：中华书局，1991：368.

指乐器的节律。"范不一而归于一,乃律"。《尔雅》中说,"律者,所以范天下之不一而归于一,故曰均布也"。"纪"是纪纲、法度;"律"是规律、规矩。《现代汉语词典》中对纪律的解释是"政党、机关、部队、团体、企业等为了维护集体利益并保证工作的正常进行而制定的要求每个成员都遵守的规章和条文"①。从纪律的内涵来分析纪律,纪律指为维护集体利益并保证工作进行,而要求成员必须遵守的规章条文,有三种基本含义,"一是指惩罚。二是指通过施加外来的约束达到纠正行为目的的手段。三是指对自身行为起作用的内在约束力"。纪律是维护集体利益条件,是伴随着人类社会的产生和发展而不断变化的,纪律是以行为的限制,以服从为前提的要求,人们必须遵守,它具有强制性的特点。综上所述,纪律是国家和各种机构组织为了维持正常的运行秩序而制定的一系列相关规则、规范。无论是象征统治阶级权力和意志的政治纪律,还是反映社会生产各行各业的职业纪律,无论是维护社会正常秩序的规章制度,还是机关团体的各种公约章程,只要是按照一定的标准组织起来的集体,就必然有集体的规章制度,其内在成员就必须严格遵守,否则将受到相应的惩罚。纪律是部分组织的纪律,就组织本身来讲,它是随着社会转型不断发展变化的,因此纪律就具有恒定性和变动性。

综上所述,纪律意识与纪律相比较,纪律意识具有更多的内在规律性,高职学生纪律意识是指高职学生从纪律观念内在权威性出发,认识到纪律规范为自身所需,把实践纪律观念当作自我实现的条件,并能在行动中自觉践行,纪律意识要求的是一种道德素质。从概念目标上来说,纪律意识具有目标性,对个体行为方向和目标的要求有一定的约束作用。

高职学生纪律意识的价值表现在:一是可以协调个体与社会的关系,保证高职学生在社会转型期实现与社会环境的和谐内存,培养良好纪律意识,使高职学生更好地适应社会,促使高职学生个体的社会化和自主性发展。从纪律意识的内涵和培育的对象上看,纪律意识源自个体内心机制,取决于高职学生自身对道德教育的认知,是个体主动性的选择,是高职学生在应用道德上选择的过程。从纵向上看,纪律意识是随着社会转型而不断发展的基本意识,从横向上看,处在社会中的个体自觉养成纪律意识,能够有效地保证各行各业的有序运转。

二是能够及时调节自己的欲望,激发个体对自我行为约束的内在要求。纪律意识的目的是协调个人与个人、个人与社会之间关系的一种内在自我约束机制。人的本性是向上的,在物质的欲求不断增加的情况下,对自我的要求也逐步提高,而纪律意识会满足个体需要,把自我的要求和对物质的欲望限制在一定的范围内,保证个体在一定的范围内实现自我价值,得到快乐并获得社会存在感。

三是纪律意识是实现其他目标的基础。同时纪律意识还具有社会效应和个体效用,是实现社会和个体和谐发展的必然条件,是社会失范的调适力量。纪律是组织运行的保障,在一定的范围内是恒定的,只有在恒定的制度规范下,组织的运行才不会因为基本的变化而出现混乱。

综上所述,纪律意识具有更多的内在规律性,高职学生纪律意识就是高职学生从纪律观念内在权威性出发,把服从纪律规范当作自我实现的条件,并在行动中自觉践行,纪律要求的是一种道德素质,从概念目标上来说,纪律也具有目标性,是对个体行为方向和目标的要求,这是高职学生职业精神培育中要注意的。

---

① 中国社会科学院语言研究所词典编辑室. 现代汉语词典[M]. 北京:商务印书馆,2002:598.

(二)守约意识

高职学生的守约意识是高职学生对诚信、义务等道德观念的内化、对自我道德的评判和审视，而"说话算数，信守承诺"是对良心的最通俗的表达，也是对高职学生守约意识的简明概括。本书认为当前培育高职学生的守约意识由以下因素决定。

第一，守约意识实质在于对和谐秩序价值的追求，高职学生在职业生活中要具备规则意识，遵守以规则为基础的社会秩序。规则是社会活动的依据，高职学生的守约意识是维护雇佣双方良好和谐秩序，进而形成和谐社会秩序的保障。"契约产生于商品社会，是人们追求自由、诚信、公平等精神的产物，契约精神则是在社会长期发展中于人脑中形成的对秩序、规则、诚信、公平、法治等经验性规则的观念和认知，是一种主动自觉的反应。"[①]

第二，守约意识是在职业活动中倡导诚信行为的主要体现。因为"诚信是处己的立身之道。没有至少一定程度的诚信，个人就站立不起来，说出话来没人信你，连你自己也会感到怀疑、感到绝望，你自己成了前后不一、言行不符的人，而不是一个完整的人，更不要说谎言和不守承诺将对社会带来的危害以及他在道德上属于恶这样一种性质了"[②]。高职学生认真履行承诺是外在约束的内心转化，是高职学生内心自觉践行的理念，是高职学生立身的最基本要求，也是高职学生迈向职业生涯的第一张名片。通过笔者自己所从事单位学生的调查，目前高职学生随意毁约、不遵守承诺等不诚信现象时常出现，加强高职学生守约意识是对诚信道德的守护。

第三，守约意识也表现了对法律的尊重。契约精神与法治观念是相伴而生的，法律与道德历史上演进的一致性，缔造了现代社会法治观念与契约精神的相互涵养。从法律层面来讲，毕业生的守约意识本身包含着以法律思维方式解决问题的要求。在商品经济盛行的今天，法制观念和守约意识是国家和社会对高职学生的共同要求。高职学生的所作所为，既要合法又要合乎道德的评价，只有这样才能满足新时代对高素质人才的需求。

(三)精品意识

根据一般与特殊的关系，高职学生职业理想是职业理想的特殊表现，高职学生的职业理想可以界定为高职学生依据现有社会发展实际，根据自己的需求，为自己设定的职业奋斗目标。高职学生的职业理想首先要建立在国家的发展要求上，高职学生是国家为生产、建设、管理、服务一线培养的技术技能型人才，因此高职学生的职业理想应该与这些行业领域的发展相契合；其次，高职学生确立职业理想要符合自己的需求，根据自己的实际情况，从自己的专业能力、身体状况等综合因素考虑来确定；最后，职业理想需要奋斗，需要扎实拼搏，努力创新去实现。目前，国家最需要解决的是生产服务领域面临质量不高，服务意识不强，缺乏精品意识，缺少工匠精神。基于学校的培养目标、基于学生的职业追求，当前高职学生的职业理想主要聚焦在追逐大国工匠梦，秉持精益求精的作风，追求独一无二的精品，胸怀良好的职业操守。因此，精品意识是高职学生职业理想中最不可缺少的环节。

---

① 李响，朱自文，郭晓川. 高校毕业生就业法治观念和契约意识养成研究[J]. 西藏大学学报(社会科学版)，2018(1)：208.

② 何怀宏. 良心论[M]. 上海：生活·读书·新知三联书店，1994：138.

"精"在《现代汉语词典》中所有的释义都是褒义，其中主要的意思有："经过提炼或挑选的；提炼出来的精华；完美、最好等。""品"指"物品，等级、品级，种类，品质等"。"精品"从字面解释就是"经过提炼或挑选出来的精美物品"。这里探讨高职学生的精品意识，字面上可以理解为高职学生对美的追求。美的背后蕴含着高职学生的职业价值取向和行为表现，它是创造意识、品质意识和服务意识的集中体现，也与高职学生的世界观、人生观和价值观密切关联，高职学生对产品精雕细琢，对技能精益求精，是尊重劳动、崇尚技能、提升品格的过程。"高职学生精品意识的直接目标是打造本行业最优质的产品和其他同行无法匹敌的卓越产品，是人类对劳动生产纯粹而朴素的尊重。"①总体而言，精品是行动层面、结果层面和价值层面的完美统一。高职学生在打造产品的过程中蕴含着对"技"的追求和实践，对"道"感悟与体验，体现了高职学生不断追求完美品格的卓越精神。

行动层面的精品意识：精益求精的作风。要求高职学生在工作中要用心专一，聚精会神，丝毫不马虎，把心思全放在一件事情上。精品意识的实质是人精神世界的提升，而提升的途径就是扩大知识面，练就真本事，专心一件事。高职学生在工作中要心无杂念，对每一道工序、每一件产品以打造唯一的态度去对待，唯有如此，知行合一的职业理想才能有真正实现的可能，因此精品意识是对行动的磨炼，体现着实践的精神、创新的品格。今天在高职学生中倡导精益求精的作风，目的就是克服因循守旧、不思进取、马马虎虎的作风，并最终形成高职学生施展才华、砥砺品质、锐意进取的价值信仰。

结果层面的精品意识：独一无二的匠品。高职学生的精品意识需要"精品"作为载体，只要对质量精益求精，对制造一丝不苟，对完美孜孜追求，最终会呈现独一无二的匠品。在我国古代，诸多的精品不仅代表古代技术的辉煌，更体现了匠人对美的体悟和实践，通过对产品结构的品质追求，可以反观高职学生的职业道德情感，体现一种和谐有序、努力创新的意识。

价值层面的精品意识：良好的职业操守。精品意识通过技能的精益求精，最终达到对真善美的价值内化，精品意识本身体现着真善美的品行。从真的角度看，从国家和社会需要出发来确定理想、追求的精品为真，脱离国家需要、离开自身实际，都是违背真的本意的。从美的角度看，精的本意是美好。今天，人们追求个性产品、定制服务，产品和服务已不是简单的使用功能，还有艺术美的意蕴、美的成分体现其中。善是从价值取向上看，产品最终的用途是造福人类，富强国家。我们也看到个别大学生将自己的才华用来作为自己非法获取利益的工具，这些生产、服务并非以善的目的出发，即使包含一些科技含量，也不配"精品"称谓，所以在人类文明演进的历史中，精品不仅是物质文明的象征，更形成了独具一格的精神特质，丰富了人类真善美的精神文明。

当前，我国正处在从制造业大国向制造业强国迈进的关键时期，培育和弘扬高职学生严谨认真、精益求精、追求完美的精品意识，不但对建设制造强国有重要意义，而且通过践行精品意识，可以弘扬真善美，引导高职学生树立正确的人生观、价值观。

---

① 熊锋，周琳. 工匠精神的内涵和实践意义[J]. 中国高等教育，2019(5)：18.

第四章　高职学生职业精神个案考察

理论不能只停留在观念和假说阶段，理应包括对客观存在的具体分析，前述对职业精神理论来源的追述，只是揭示了思想上的可能性，而对高职学生职业精神的真实存在，要避免先入为主、自顾自的独家评判，应当站在当事人的角度，结合教育单位、用人单位实际情况做好综合分析，耐心倾听，认真梳理。本章将以调查数据和访谈形式呈现高职学生职业精神的现状、存在的问题，探寻问题背后的原因，为可能的解决路径奠定基础。

第一节　样本代表性评估

一、问卷编制过程

(一)问卷对象基本信息

根据研究需要，笔者主要选取了 G 省的高职院校，截至 2018 年 6 月，G 省共有高职院校 27 所，在选取样本的过程中兼顾了各类院校的情况，省会城市选取高职院校 5 所，分别是 LZ 职业技术学院、ZH 职业技术学院、WY 职业学院、JY 职业技术学院、SH 职业技术学院，地州市选择了 WW 职业学院和 CM 职业学院，占 G 省高职院校比例的 25%。所选高职院校中，WY 职业学院为民办高职院校，其余 6 所学校均为公办高职院校，根据以上学校在校生情况，共计发放问卷 1300 份，回收 1270 份，回收率为 97.69%，回收的问卷中有效问卷 1220 份，无效问卷 50 份，有效问卷为 96.06%，如表 4-1 所示。

表 4-1　问卷发放情况统计

序　号	学校名称	发　放　数	回　收　数	有效问卷数
1	LZ 职业技术学院	200	200	192
2	SH 职业技术学院	200	200	191
3	WW 职业学院	175	170	164
4	CM 职业学院	180	170	165
5	ZH 职业技术学院	200	200	193
6	JY 职业技术学院	180	170	162
7	WY 职业学院	165	160	153
		1300	1270	1220

(二)访谈对象基本信息

为了深入了解高职学生职业精神的现状，笔者选取了部分高校的教师和企业做了访谈，访谈按照无结构访谈进行。所谓无结构访谈指"事先没有设计问卷和固定的程序，只是提出了一个访谈的主题和范围，通过深入细致的访谈，获得了丰富的定性材料"[①]。笔者采访了 G 省高职学校的 20 位教师，这 20 名教师包括 4 名系主任，4 名辅导员，2 名校领导，10 名一线教师。选择了接受高职学生就业和顶岗实习比较多的 4 家企业(其中本地企业 2 家，外地企业 2 家)做了访谈，同时又选择了 46 名同学做了深度访谈。

二、调研对象情况

根据 SPSS23.0 软件的统计分析，调查对象就读的学校、就读专业、就读年级、性别、父母职业和生活地域等基本情况如下。

(一)调研对象自然属性

初次发放问卷时，男女性别比例基本持平，女生略高于男生，但最后回收问卷统计显示(见图 4-1)，女生比例与男生比例完全持平，纯属巧合，男女比例各占 50%。目前在工科专业就读的男生比例较大，在学前教育、会计等专业就读的女生比例较大，整体从高职院校的招生录取情况来看，男女生比例没有明显区别，样本反映情况较为真实。

女 50.00%　　男 50.00%

图 4-1　性别

(二)调研对象社会属性

调研对象的社会属性主要指大学生的群体特征，包括就读高校、就读专业、生源地域情况以及父母所从事的职业状况。

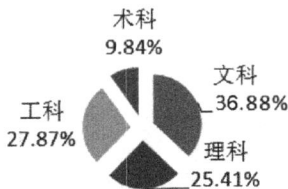

术科 9.84%　文科 36.88%　理科 25.41%　工科 27.87%

图 4-2　专业

调研对象的专业涵盖了文史类、理工类、艺术类等领域(见表 4-2)。因为高职院校专业设置基本不限制文理科类别，招生计划下达时文理科相差不大，而在高职院校招生的专业中多数没有严格限制文理科。实际招生中理科生选择文科专业的人数较多，而文科生选择理科的专业较少，另外理科与工科也没有进行严格区别。所以在样本选取的过程中，根据学校人数综合分析，文科人数较少，比例达到 36.88%；理工科比例合并计算，总计达到

① 风笑天. 社会学研究方法[M]. 北京：中国人民大学出版社，2001：1.

53.28%；高职院校招生艺术专业人数比例较低，艺术类为9.84%。综合高职院校在校人数实际情况，本次样本提取较为合理，比较准确地代表了各专业的实际情况。

在调研对象的年级结构(见表4-3)中，一年级抽取人数较少，主要是一年级入校时间短，对未来职业生涯的思考尚不成熟，样本如果太大，可能影响数据的真实性；其余两个年级抽取人数较多，主要基于以下因素的考虑，按照目前高等职业教育人才培养计划，从二年级开始学生已经有顶岗实习的经历，对就业单位或实习单位有了一定的体悟和思考，对自己未来的职业规划也有了较深的思考，高职学生对职业精神有了自己的观点，对问卷的作答更贴近实际。

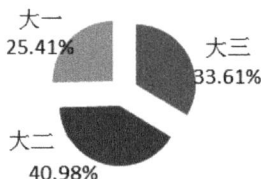

图4-3　年级

在样本选择的过程中，对调研对象的户籍(见表4-4)也做了考虑，因为城镇户籍的学生和农村户籍的学生在专业选择方面，对待未来的职业规划有一定差异。农村户籍的学生多数为家里的第一个大学生，为家里分忧解愁是多数学生的考虑，对自己的职业期望值相对较低；城镇学生家庭条件较好，对个性的发展要求多，因此对未来的职业期望值相对较高。而在有效问卷中，农村户籍的学生比例很高，共选取了890名同学，比例达到77.05%，这一人数的选取，主要考虑了各自代表的学生总人数，因为从G省高职招生总体情况来看，农村学生占据绝大多数，城镇学生就读高职的人数相对较少，为了反映高职学生职业精神的整体水平，把农村学生的样本放大，其结果会更为合理。可以看出农村学生父母基本以农(牧)民为主，[1] 父母的职业(见表4-5、表4-6)基本决定了学生的户籍性质。从问卷中看父母职业，父亲是非农的比例占到接近一半，但是从地域结构看，这部分人其实依然生活在农村，从笔者了解到的实际情况分析，样本的选取比较合理，能真实反映在校学生的情况。

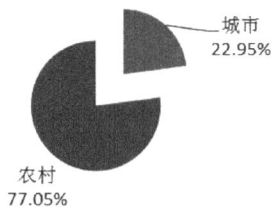

图4-4　户籍

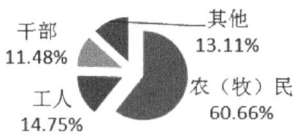

图4-5　母亲的职业

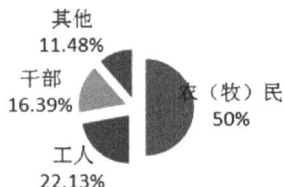

图4-6　父亲的职业

---

[1] 在样本的选取中，牧民占比较小，但在招生过程中发现也有一部分牧民家庭的孩子入读高职院校，大多牧民为少数民族，在甘肃的几所民族院校就读较多，考虑这些民族院校为本科院校，不在样本之列，所以在此将牧民与农民合并分析。

三、问卷题目设定

(一)问卷设计原则

1. 便于回答原则

为了做好问卷，本次设计始终从作答者的角度出发设计问题和答案，统筹考虑问题数量和难度。问卷从设计伊始，便紧紧围绕高职学生职业精神的主要维度出发，对问卷材料进行了多次补充筛选，以防遗漏关键问题，尽可能消除一些不必要的资料。为了方便回答者作答，本次问卷压缩了问题数量，精选了40道问题，同时取消了需要回答者经过难度较大的回忆和复杂计算的问题，以消除作答者的不便。本次问卷设计简单明了，能说明问题，而不产生歧义，杜绝了可能只涉及极少部分学生的个别问题出现，以保证数据呈现最大的代表性。

2. 消除障碍原则

由于问卷调查需要被调查者的密切合作，因此，在设计问卷和通过初测后，对可能出现的阻碍因素有了较为清楚的认识，通过问卷技术处理，在事后的调查中，调查者给予了友好的合作，在统计过程中未出现歧义答案。

第一，消除主观障碍。主要是被调查者心理上和思想上对问卷可能产生的各种不良反应所形成的障碍。比如，问卷内容太多，问卷中需要花很多时间去思考、回忆计算的问题，问卷中涉及个人隐私等敏感的问题都没有出现，消除了回答者的顾虑。在封面信中对问卷的要求、目的做了明确的交代，在问卷的语言风格上，本次问卷设计没有脱离被调查者学习、生活的范围，也未触及被调查者的文化等隐私背景，从后续问卷回收率看，收到了比较满意的效果。

第二，避免客观障碍。考虑到本次被调查者均为高职学生，且高职学生生源组成多样，为了了解他们存在的共性问题，问卷的语言设计极其简单，通俗易懂，避免了阅读上的障碍，也消除了记忆能力、计算能力所带来的限制。

(二)问卷设计准备

为了避免问卷设计的草率，在问卷设计前，笔者先邀请了LZ职业技术学院经济管理系、信息工程系、机械工程系、汽车工程系四个专业的48名学生，其中男生25名，女生23名，对这些学生分三次进行了访谈，对学生关注的职业精神方面的问题进行了归纳。然后又访谈了4家企业，其中外地企业2家，本地企业2家，上述企业均为每年接受大量高职学生就业实习的单位。同时对甘肃省5所高职院校的20位一线教师进行了访谈。通过与他们的交谈，梳理出了比较集中的问题，设计出了基本的问题方案和讨论较为集中的问题答案。

(三)问卷设计初稿

根据研究需要，笔者设计了《关于高职学生职业精神的调查问卷》，问卷由三部分组成，首先是封面信，即一封致被调查者的短信，向被调查者介绍和说明了本次调查的目的。即本次调查主要用于高职学生职业精神培育课题研究，其目的是在问卷基础上有针对性地改善高职学生职业精神培育的方式方法，提高高职学生职业精神培育的效果。在指导语中向被调查者声明本次问卷采取匿名形式，消除被调查者的思想顾虑，从而尽可能得到真实的答案。第二部分是被调查者的基本信息，包括年级、性别、就读专业、父母的职业、生源地情况等问题。第三部分了解高职学生职业精神的相关情况，设置了 32 个问题。这些问题均采用封闭式问题，提出问题的同时，给出了相应答案，要求回答者根据实际情况进行选择。最后围绕高职学生集中的答案设置了相应的 40 个问题，其中 8 道问题涉及学生基本信息，32 道问题围绕高职学生的岗位认同、爱岗敬业、自愿专注、纪律意识、守约意识、精品意识等方面展开，能较全面地反映高职学生的职业精神。为了避免封闭性问题约束学生对某些问题的回答，根据初次问卷反馈比较集中的问题，在学生访谈中，运用开放式问题，设计了访谈提纲，有效弥补了封闭性问题的不足。根据前期的工作，初次设计的问卷有 50 道题，问卷设计好以后，对问卷初稿进行了初测。本次初测抽取了 LZ 职业技术学院和 ZY 职业技术学院两所高职院校的 100 名同学作为小样本，用初测问卷对他们进行了调查。在调查过程中，发放 100 份问卷，最后回收 100 份，其中废卷 8 份，有效问卷 92 份。针对废卷中回答者作答情况，笔者认真分析了废卷产生的原因，对问题又进行了归类整理，形成 40 道问题的问卷。最后，按照高职学生职业精神的形成维度，排版印制问卷 1300 份，作为正式问卷。

(四)问卷的信度

本次问卷采用 Cronbach's Alpha 系数分析。[①] Cronbach's Alpha 系数又称克隆巴赫系数、内在信度系数、一致性系数，是目前最常用的信度系数。用于检测问卷的可信程度，适用于态度(满意度、爱好程度等)、意见式问卷(量表)的信度分析。计算公式为：$(k/k-1)*(1-\sum SI2)/ST2$。

k 为针对同一调查目标的问项数；$n(i \leqslant n)$ 为问项的备择答案数；SI2 为所有受访者第 I 问项的方差；ST2 为个案总结果(所有问项答案总和)的方差，信度系数表示信度的大小，信度系数越大，表示测量的可信程度越大，其问卷设计越好。

Cronbach's Alpha 系数在 0~1 之间，Cronbach's Alpha 系数大于 0.8 时，表示量表信度很好；Cronbach's Alpha 系数大于 0.7 时，表示量表信度一般；如果 Cronbach's Alpha 系数小于 0.6，表示量表信度较差。

1. 岗位认同信度检验

围绕高职学生岗位认同共设计了 6 道问题，结果该部分信度系数 Cronbach's Alpha = 0.705，符合问卷信度的合理范围(见表 4-2)。

表 4-2　可靠性统计(1)

克隆巴赫 Alpha	基于标准化项的克隆巴赫 Alpha	项　数
0.705	0.745	6

---

① 袁方. 社会研究方法教程[M]. 北京：北京大学出版社，1997：187.

2. 爱岗敬业信度检验

围绕高职学生爱岗敬业设计了 5 道问题，结果该部分信度系数 Cronbach's Alpha =0.72，符合问卷信度的合理范围(见表 4-3)。

表 4-3 可靠性统计(2)

克隆巴赫 Alpha	基于标准化项的克隆巴赫 Alpha	项 数
0.72	0.723	5

3. 自愿专注信度检验

围绕高职学生自愿专注共设计了 6 道问题，结果该部分信度系数 Cronbach's Alpha = 0.816，符合问卷信度的合理范围(见表 4-4)。

表 4-4 可靠性统计(3)

克隆巴赫 Alpha	基于标准化项的克隆巴赫 Alpha	项 数
0.816	0.877	6

4. 纪律意识信度检验

围绕高职学生纪律意识共设计了 5 道问题，结果该部分信度系数 Cronbach's Alpha = 0.712，符合问卷信度的合理范围(见表 4-5)。

表 4-5 可靠性统计(4)

克隆巴赫 Alpha	基于标准化项的克隆巴赫 Alpha	项 数
0.712	0.736	5

5. 守约意识信度检验

围绕高职学生守约意识共设计了 5 个问题，结果该部分信度系数 Cronbach's Alpha = 0.702，符合问卷信度的合理范围(见表 4-6)。

表 4-6 可靠性统计(5)

克隆巴赫 Alpha	基于标准化项的克隆巴赫 Alpha	项 数
0.702	0.726	5

6. 精品意识信度检验

围绕高职学生精品意识共设计了 5 个问题，结果该部分信度系数 Cronbach's Alpha = 0.787，符合问卷信度的合理范围(见表 4-7)。

表 4-7 可靠性统计(6)

克隆巴赫 Alpha	基于标准化项的克隆巴赫 Alpha	项 数
0.787	0.785	5

(五)问卷的效度

效度通常是指问卷的有效性和正确性，亦即问卷能够测量出其所欲测量特征的程度。效度是问卷调查研究中最重要的特征，问卷调查的目的就是要获得高效度的测量与结论，效度越高，表示该问卷测量的结果所能代表要测验的行为的真实度越高，越能够达到问卷测验目的，该问卷才正确有效。其包括两个方面的含义：一是问卷测验的目的；二是问卷对测量目标的测量精确度和真实性。效度是一个具有相对性、连续性、间接性的概念。

效度的分类有很多，问卷调查中通常用 KMO,[①] 也就是因子分析的效度。KMO(Kaiser-Meyer-Olkin)检验统计量在 0~1 之间，KMO≥0.8 时，非常适合因子分析；0.7≤KMO<0.8 时，比较适合因子分析；0.5≤KMO<0.7 时，尚可以接受因子分析；KMO<0.5 时，不适合因子分析。因此，笔者对可量化部分问卷的信度与效度进行了检验，结果显示问卷信度与效度水平较高。具体情况如下。

1. 岗位认同效度分析

围绕岗位认同的 6 个问题的 Kaiser-Meyer-Olkin 测量取样适当性为 0.563，Bartlett 的球形度检验近似卡方值为 624.905，显著性水平 $P = 0.000$，显著小于 0.05，表明数据适合做探索性因子分析，采用主成分分析和最大方差旋转，从这 6 个问题中抽取"岗位认同——专业认知""岗位认同——理想职业""岗位认同——对专业的熟悉程度"3 个因子，分别用 Y1、Y2 和 Y3 表示(见表 4-8、表 4-9)。从分析结果看，3 个因子的累计方差贡献率为66.31%，表明 3 个因子能较好地解释"岗位认同"。

表 4-8　KMO 和巴特利特检验

KMO 取样适切性量数		0.563
巴特利特球形度检验	近似卡方	624.905
	自由度	15
	显著性	0.000

表 4-9　岗位认同的探索性因子分析

问　题	因　子		
	Y1	Y2	Y3
您喜欢自己所学的专业吗	0.804	−0.015	0.1
您今后愿意从事与自己所学专业相关的职业吗	0.774	−0.173	0.015
您对技能型岗位评价怎样	0.53	0.409	−0.08
您心目中理想的职业是	−0.171	0.849	−0.058
您选择目前专业的原因是	−0.04	−0.111	0.93
您了解自己所学专业的发展趋势吗	0.412	0.449	0.487

---

① 吴明隆. 问卷统计分析实务——SPSS 操作与应用[M]. 重庆：重庆大学出版社，2010：194.

2. 爱岗敬业效度分析

围绕爱岗敬业的 5 个问题的 Kaiser-Meyer-Olkin 测量取样适当性为 0.533，Bartlett 的球形度检验近似卡方值为 158.871，显著性水平 $P = 0.000$，显著小于 0.05，表明数据适合做探索性因子分析，采用主成分分析和最大方差旋转，从这 5 个问题中抽取"爱岗敬业——加班加点工作"和"爱岗敬业——技能掌握程度" 2 个因子，分别用 Y1 和 Y2 表示(见表 4-10、表 4-11)。从分析结果看，2 个因子的累计方差贡献率为 50.19%，表明 2 个因子能较好地解释"爱岗敬业"情况。

表 4-10　KMO 和巴特利特检验

KMO 取样适切性量数		0.533
巴特利特球形度检验	近似卡方	158.871
	自由度	10
	显著性	0.000

表 4-11　爱岗敬业探索性因子分析

问　题	因　子	
	Y1	Y2
您愿意去农村等基层单位工作吗	0.741	0.114
您在工作、学习中遇到困难时	0.649	−0.17
您愿意承担学校环境卫生清扫工作吗	0.614	−0.008
您对经常加班加点如何看待	0.076	0.791
您觉得学校提供的技能教育如何	−0.11	0.691

3. 自愿专注效度分析

围绕自愿专注的 6 个问题的 Kaiser-Meyer-Olkin 测量取样适当性为 0.634，Bartlett 的球形度检验近似卡方值为 1372.594，显著性水平 $P = 0.000$，显著小于 0.05，表明数据适合做探索性因子分析，采用主成分分析和最大方差旋转，从这个问题中抽取"自愿专注——个体自愿选择专业"和"自愿专注——锲而不舍解决困难" 2 个因子，分别用 Y1 和 Y2 表示(见表 4-12、表 4-13)。从分析结果看，2 个因子的累计方差贡献率为 59.69%，表明 2 个因子能较好地解释"自愿专注"情况。

表 4-12　KMO 和巴特利特检验

KMO 取样适切性量数		0.634
巴特利特球形度检验	近似卡方	1372.594
	自由度	15
	显著性	0.000

表 4-13 自愿专注探索性因子分析

问 题	因 子	
	Y1	Y2
您选择职业教育的初衷	0.851	0.04
您选择目前就读专业的始因是	0.76	0.06
您对高职学生就业的前景了解多吗	0.64	-0.4
您认为自己上课效果怎样	0.561	-0.2
您对所学科目能下决心弄懂吗	0.09	0.85
您愿意长期坚守某一工作岗位吗	-0.234	0.74

4. 纪律意识效度分析

围绕纪律意识的 5 个问题的 Kaiser-Meyer-Olkin 测量取样适当性为 0.577，Bartlett 的球形度检验近似卡方值为 642.999，显著性水平 $P=0.000$，显著小于 0.05，表明数据适合做探索性因子分析，采用主成分分析和最大方差旋转，从这 5 个问题中抽取"纪律意识——上课玩手机"和"纪律意识——迟到早退" 2 个因子，分别用 Y1 和 Y2 表示(见表 4-14、表 4-15)。从分析结果看，2 个因子的累计方差贡献率为 59.13%，表明 2 个因子能较好地解释"纪律意识"。

表 4-14 KMO 和巴特利特检验

KMO 取样适切性量数	0.577	
巴特利特球形度检验	近似卡方	642.999
	自由度	10
	显著性	0.000

表 4-15 纪律意识探索性因子分析

问 题	因 子	
	Y1	Y2
您如何看待考试作弊行为	0.727	0.007
您认为学生违反纪律最重要的原因是	0.701	-0.251
您认为学生在校违反纪律最常见的现象是	0.58	0.016
您上课玩过手机吗	0.145	0.9
您有过迟到早退现象吗	-0.44	0.716

5. 守约意识效度分析

围绕守约意识的 5 个问题的 Kaiser-Meyer-Olkin 测量取样适当性为 0.539，Bartlett 的球形度检验近似卡方值为 614.923，显著性水平 $P=0.000$，显著小于 0.05，表明数据适合做探索性因子分析，采用主成分分析和最大方差旋转，从这 5 个问题中抽取"守约意识——保守秘密"和"守约意识——履行承诺" 2 个因子，分别用 Y1 和 Y2 表示(见表 4-16、表 4-17)。从分析结果看，2 个因子的累计方差贡献率为 57.27%，表明 2 个因子能较好地解释"守约意识"。

表 4-16　KMO 和巴特利特检验

KMO 取样适切性量数		0.539
巴特利特球形度检验	近似卡方	614.923
	自由度	10
	显著性	0.000

表 4-17　守约意识探索性因子分析

问　题	因　子	
	Y1	Y2
离开原单位时，您对自己掌握的商业秘密如何处理	0.853	−0.062
您对论文剽窃持有什么态度	0.706	0.316
您如何看待违约这种现象	0.295	0.734
在单位发展遇到困境时，您的态度是	−0.197	0.731
您对自己的承诺如何看待	0.291	0.501

6. 精品意识效度分析

围绕精品意识的 5 个问题的 Kaiser-Meyer-Olkin 测量取样适当性为 0.513，Bartlett 的球形度检验近似卡方值为 878.998，显著性水平 $P = 0.000$，显著小于 0.05，表明数据适合做探索性因子分析，采用主成分分析和最大方差旋转，从这 5 个问题中抽取"精品意识——追求产品质量完美"和"精品意识——反对假冒伪劣产品"2 个因子，分别用 Y1 和 Y2 表示(见表 4-18、表 4-19)。从分析结果看，2 个因子的累计方差贡献率为 62.96%，表明 2 个因子能较好地解释"精品意识"。

表 4-18　KMO 和巴特利特检验

KMO 取样适切性量数		0.513
巴特利特球形度检验	近似卡方	878.998
	自由度	10
	显著性	0.000

表 4-19　精品意识探索性因子分析

问　题	因　子	
	Y1	Y2
您愿意不懈追求产品质量的完美吗	0.766	0.192
您是否关注产品的品牌	0.761	0.083
您对所学专业技能的掌握程度如何	0.667	−0.037
您希望自己今后提供他人的产品和服务怎样	0.072	0.875
您对假冒伪劣产品如何看待	0.083	0.845

第二节　高职学生职业精神现状

　　根据高职学生职业精神培育的研究框架，本节主要以实证调查获得的数据为依据，从中直观了解高职学生职业精神的基本情况。

一、观念形态现状

(一)岗位认同现状

　　高职学生对岗位的认同是通过对将要从事的工作岗位的认知、了解，愿意立足该岗位，并积极献身工作岗位的状态。这种认同既来源于对工作岗位的了解，也来源于对自己能力的认同，同时也考虑社会环境等对岗位的评价等综合因素，希望自己将来从事的职业能得到外界的尊重。高职学生的培养目标是为生产、建设、管理、服务一线培养技术技能型人才，对岗位的认同，通过分析选择专业的原因、对专业发展趋势的了解、愿意从事与所学专业相关的岗位、其心目中的理想专业可以判定高职学生的岗位认同情况。对专业的认同以及提升技能主要是对学校培养目标的认同。高职学生岗位认同的问卷、访谈和交互分析有助于全面了解其真实情况。

1. 问卷情况

　　高职学生在填报志愿选择专业时主要考虑自己的兴趣，占比达到调查对象的52.80%(见图4-7)。在进校学习后，对专业非常喜欢的比例占到调查对象的42.62%，一般喜欢的比例达到调查对象的54.1%(见图4-8)。由于对专业的喜欢程度不高，高达72.14%的调查对象对自己所学专业的发展情况了解不多(见图4-9)。在今后是否愿意从事与自己所学专业相关的职业问题上，有37.70%的调查对象表示非常愿意从事，有6.56%的调查对象表示不愿意(见图4-10)。这从高职学生毕业后扎堆报考"三支一扶"和公务员的数量上能够进一步得到验证。

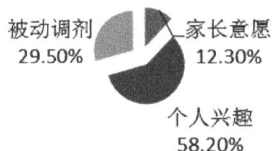

图 4-7　选择目前专业的原因

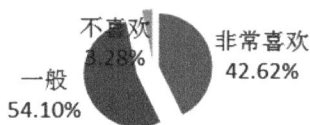

图 4-8　喜欢自己所学的专业吗

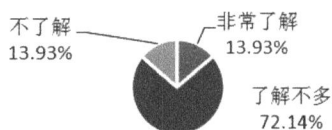

图 4-9　了解自己所学专业的发展趋势吗

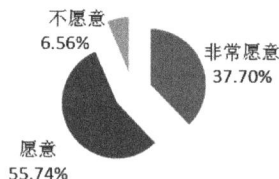

图 4-10　今后愿意从事与自己所学专业相关的职业吗

　　所以，高职学生尽管凭借兴趣而来，但在进校后思想与行动之间出现了差距，对职业的认同程度(见表 4-11)并不理想。而图 4-12 反映出只有 29.51% 的调查对象愿意到企业等生产型单位去工作，而高达 70.49% 的调查对象心目中的理想职业依然是公务员岗位或教育文化等事业单位，这与高职教育的培养目标的初衷并不符合。

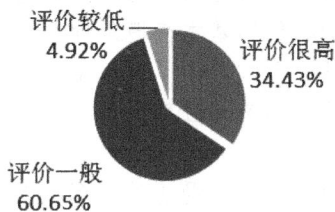

图 4-11　对技能型岗位评价怎样　　　　图 4-12　心目中理想的职业

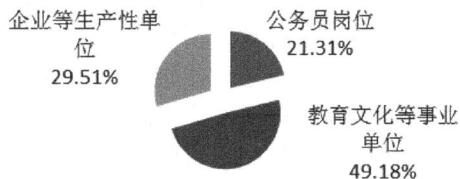

2. 访谈情况

通过对学生的访谈，发现高职学生对岗位的认同体现在以下几个层面。

一是对职业教育宏观认同度高。(受访学生 A：我认为高职学生就业岗位在社会上的地位还可以吧，因为我们是技能型人才，现在社会上缺少技能型人才，所以我们的地位可能要高一点。受访学生 B：职业教育的真正意义就是培养专业的行业新人，成为各个行业的领军人物，引导各个行业走上辉煌道路。)职业教育是一个比较宏观的概念，国家层面、社会层面近几年政策扶持都比较大，在学生心目中口碑不错。

二是对具体岗位的认同度差异大。从职业教育进入具体岗位，学生的观点开始分化，普遍喜欢有技术含量，有创新需求的岗位。对于流水线岗位、服务型岗位并不认同。(受访学生 A：我喜欢的岗位是幼儿教师，因为我喜欢小孩子，觉得小孩很天真、可爱，在幼师这个职业上我们会给他们一个良好的、愉快的成长环境，我也有过幼儿教师的经历。我最不愿意接受的岗位是服务生，我们既然上学了那就要学到技能，没有学到技能就只证明自己在学校内混日子，没学到自己该学的专业知识技能，然后学校毕业之后还去干服务生这类不需要过多知识的职业那对于我来说可能不太合适吧。学生 B：我最喜欢的岗位是助理和审计。最不能接受的岗位是出纳，因为起点低，升职空间很小。学生 C：对学前教育专业感兴趣，酒店管理不喜欢，不喜欢服务型岗位，因为太受气，任劳任怨，没有自己的主见，无法引导别人去做事。)这三名受访对象所学专业都不是他们心仪的专业，喜欢学前教育专业的学生，在校分别学习旅游管理和会计专业，这种不喜欢的原因可能是进校时没有选择到自己理想的专业，也可能没有深入其他专业去了解，因此，提前了解专业情况很有必要。

三是对自己能力认同度不高。岗位认同的前提是对于自己能力的认同，只有能力与岗位完全匹配，才能建立岗位的认同。访谈中多数学生认为自己的能力无法匹配岗位要求，从而产生本领恐慌。(受访学生 C：我认为我的能力不能完全满足岗位需要，因为我觉得自己现在的能力可能会有所欠缺，但是我可以通过不断学习来提高自己，达到岗位的需求，因为这个本来就是一个不断学习的过程，活到老学到老。)

四是能理性接受岗位待遇。岗位认同的另一个标准，就是对于岗位的待遇能够认同，因为在校学生对于就业后的待遇目前没有多少概念，但在提及这一话题时，多数学生能够理性对待这一问题，多数受访对象能理性对待自己刚入职的工作待遇，对于待遇没有过高的期望值。(受访学生 A：事实上，很多时候，我听到的都是本科、研究生等毕业待遇在我们之上很多，努力程度造就了今天的我们，我们的努力结果和我们现在的待遇成正比。受访学生 D：我认为高职就业岗位一直以来就比其他本科学历等要低，这算是现代社会的一种常见现象了。)但是对于待遇的认同，是有时间段限制的，初入岗位之时，学生对待遇要求并不严格，但进入正式岗位后，学生的要求会逐步提高。(受访学生 E：我基本了解高职学生就业后的待遇，在就业指导课上老师对于我们的工作待遇有所介绍，然后老师也介绍了一些关于待遇方面的知识让我们认识了解到企业对于我们的基本待遇是什么，我想我能在实习期接受这样的待遇，因为实习期对于很多东西可能不知道不了解，需要去学习去认识，但是转正之后可能不太能接受，因为对于岗位我已经知道并且熟悉了，所以如果还是实习期待遇的话我就接受不了。)

对于学生的岗位认同，教师表达出比学生更多的担忧，几位受访教师都认为，学生对岗位的认同度相对较低。(受访教师 A：个人认为学生岗位认同明显缺乏。有以下因素影响了学生的岗位认同感：一是传统观念。中国古代有按职业划分社会等级的传统。工匠社会地位的长期低下，是影响高职学生岗位认同感的最根本原因。二是大部分学生来自全日制普通高中，对专业、岗位的认识不足。大学生在开始崭新的大学学习后，面对全新的专业学习，或多或少会产生迷茫和困惑。三是发现所学专业与自己想象相差甚远，从而产生自卑感或失落感，丧失专业学习的积极性和对所学专业及未来岗位的认同感。访谈教师 B：高职生岗位认同感一般，因为高考填报志愿时，学生比较被动，对专业本身了解不深。)

3. 交互分析情况

为了进一步了解影响学生岗位认同的因素，本研究根据学生年级、生源地和不同专业科类对岗位认同做了交互分析。交互结果得出以下观点。

1) 学校技能教育的不足影响学生的岗位认同(见表 4-20)

表 4-20　就读年级与技能型岗位评价之间的关系

			评价很高	评价一般	评价较低	合计
就读年级	大一	计数	170	220	20	410
		占 就读年级 的百分比	41.5%	53.7%	4.8%	100.0%
	大二	计数	170	310	20	500
		占 就读年级 的百分比	34.0%	62.0%	4.0%	100.0%
	大三	计数	80	210	20	310
		占 就读年级 的百分比	25.8%	67.7%	6.5%	100.0%
总计		计数	420	740	60	1220
		占 就读年级 的百分比	34.4%	60.7%	4.9%	100.0%

卡方检验

	值	自由度	渐进显著性(双侧)
皮尔逊卡方	20.980[a]	4	0.000
似然比	21.221	4	0.000
线性关联	16.766	1	0.000
有效个案数	1220		

注：a 为 0 个单元格(0.0%)的期望计数小于 5，最小期望计数为 15.25。

本检验原假设就读年级与技能型岗位评价之间没有差异性。从表 4-20 中可以看出，如果显著性水平 a 为 0.05，由于卡方检验的 P 值小于显著性水平 a，因此应该拒绝原假设，即学生就读年级与技能型岗位评价之间具有显著差异性。纵向观察行百分比，对技能型岗位评价很高的，占大一学生的 41.5%，占大二学生的 34%，占大三学生的 25.8%，学生年级越高，对技能型岗位的评价越低。相反，评价一般的，随着年级增大，比例在逐渐上升，占大一学生的 53.7%，占大二学生的 62.0%，占大三学生的 67.7%。

本分析说明，调查对象随着学习的不断深入，对技能型岗位的认同度在降低，这与访谈的结果一致。学生在入校之前，对职业教育充满期待，但在对职业教育和学校的教学现状了解以后，反而不喜欢技能型岗位。这说明学校提供的教育并不能满足学生的期待，学校从宣传引导到技能传授都有需要改进的地方。

2)　家庭环境对学生岗位认同有一定影响(见表 4-21)

表 4-21　学生生源地与技能型岗位评价之间的关系

			评价很高	评价一般	评价较低	合计
生源地	城市	计数	140	120	20	280
		占 生源地 的百分比	50.0%	42.9%	7.1%	100.0%
	农村	计数	280	620	40	940
		占 生源地 的百分比	29.8%	66.0%	4.2%	100.0%
总计		计数	420	740	60	1220
		占 生源地 的百分比	34.4%	60.7%	4.9%	100.0%

卡方检验

	值	自由度	渐进显著性(双侧)
皮尔逊卡方	48.240[a]	2	0.000
似然比	47.337	2	0.000
线性关联	21.119	1	0.000
有效个案数	1220		

注：a 为 0 个单元格(0.0%)的期望计数小于 5，最小期望计数为 13.77。

本检验原假设学生生源地与技能型岗位评价之间没有差异性。从表 4-21 中可以看出，如果显著性水平 a 为 0.05，由于卡方检验的 P 值小于显著性水平 a，因此应该拒绝原假设，即学生生源地与技能型岗位评价之间具有显著差异性。纵向观察行百分比，对技能型岗位评价很高的，占城市生源的 50.0%，占农村生源的 29.8%；对技能型岗位评价一般的，占城市生源的 42.9%，占农村生源的 66.0%。

本分析说明，来自城市的学生，对技能型岗位的认同度较高；从农村进入高职院校的学生对技能型岗位的认同度较低。据访谈和观察了解，进入高职院校的农村学生，往往是家里的第一个大学生，由于来自基层农村，家中成员大多是体力劳动者，所以学生觉得理想的职业是公务员或其他事业单位，每年的公务员考试扎堆，也反映出了这种现象。

3) 不同科类的学生对岗位认同有明显差异(见表 4-22)

表 4-22 所学科类与就读专业的喜欢程度之间的关系

			非常喜欢	一般	不喜欢	合计
就读专业	文科	计数	100	310	40	450
		占 就读专业 的百分比	22.2%	68.9%	8.9%	100.0%
	理科	计数	160	150	0	310
		占 就读专业 的百分比	51.6%	48.4%	0.0%	100.0%
	工科	计数	200	140	0	340
		占 就读专业 的百分比	58.8%	41.2%	0.0%	100.0%
	术科	计数	60	60	0	120
		占 就读专业 的百分比	50.0%	50.0%	0.0%	100.0%
总计		计数	520	660	40	1220
		占 就读专业 的百分比	42.6%	54.1%	3.3%	100.0%

卡方检验

	值	自由度	渐进显著性(双侧)
皮尔逊卡方	171.664[a]	6	0.000
似然比	189.286	6	0.000
有效个案数	1220		

注：a 为 1 个单元格(8.3%)的期望计数小于 5，最小期望计数为 3.93。

本检验原假设学生所学科类与所学专业喜欢程度之间没有差异性。从表 4-22 中可以看出，如果显著性水平 a 为 0.05，由于卡方检验的 P 值小于显著性水平 a，因此应该拒绝原假设，即学生所学科类与所学专业喜欢程度之间具有显著差异性。纵向观察行百分比，非常喜欢所学专业的，占文科的 22.2%，占理科的 51.6%，占工科的 58.8%，占术科的 50%；喜欢程度一般的，占文科的 68.9%，占理科的 48.4%，占工科的 41.2%，占术科的 50%。

本分析说明，文科学生相比较理工科学生和术科学生，对专业喜欢程度更低，相应岗位认同度不高，表明目前高职院校开设的文科类专业性不强，技能性特色不明显，学生在校期间对文科学生的技能研究不细，对相关技能培训不够。

综合上述情况，高职学生的岗位认同度并不高，在填报志愿初期，学生认为在高校能学到自己所需要的技能，能快速成为行家里手，但进入学校后，理想与现实之间差距较大，许多学校的软硬件设施无法满足学生的技能发展，加上传统观念和家庭环境的影响，相当比例的高职学生虽然经过了三年的技能学习，但向往的依然是公务员和教育文化单位，在了解了高职毕业后的待遇后，学生的岗位认同感大大降低。

(二)爱岗敬业现状

1. 问卷情况

高职学生的爱岗敬业首先表现在对岗位的热爱上。当从业者对某一职业产生热爱后，就会在从事职业的过程中产生强大的精神动力，这种精神动力是从业者学习提升技能的内在动因，也是培养从业者爱岗敬业的主要内容。

对岗位的热爱不是单纯停留在口头或表面上，而是要通过实际的行动来体现，如果热爱，则愿意在岗位上额外付出，当涉及加班问题时，有 62.29% 的受访对象认为偶尔加班可以，但不愿意经常加班，还有 11.48% 的受访对象不论在任何情况下都不愿意加班，26.23% 的受访对象则认为在有报酬的情况下可以考虑加班，没有报酬则不愿加班(见图 4-13)。总之，不愿在岗位上进行过多的投入。爱岗敬业意识也表现在坚持克服岗位困难，努力破解岗位难题上面，55% 的受访对象表示能够克服困难，40.16% 的受访对象则表示，如果困难太大，不愿再去努力克服，缺少对岗位坚定执着的态度(见图 4-14)。对待劳动的态度在一定程度上反映爱岗敬业的程度，这几年高校社会后勤化改革，校内物业基本外包，学生劳动的机会大大减少，而家庭中给予孩子的劳动机会也不多，致使学生对正常的校园环境卫生也不愿主动参加。问到学生是否愿意承担学校的环境卫生清扫，表示非常愿意的受访对象只有 31.15%，其余受访对象都表示出一般或不愿意(见图 4-15)。学校是学生成长的主要平台，劳动教育是高校"立德树人"的主要内容之一，也是培育学生爱岗敬业意识的重要举措，连学校的环境卫生也不愿意承担的学生，期望其在工作岗位中会展示非常强的敬业精神也不太现实，学生对工作岗位的态度往往较为漠然。

爱岗敬业也表现在对本职工作的奉献上。当前，高职学生的培养目标是生产、服务、管理和建设一线的劳动者，在我国部分欠发达省份，农村发展水平影响着当地经济社会的发展，需要大量技术技能型人才深入农村一线，带领广大农民脱贫致富，这既是职业教育的使命所在，也是高职学生成长出彩的宽广舞台。因此扎根农村、服务农村成为高职学生爱岗的另一维度。关于学生愿意到农村等基层单位工作的问题调查，62.30% 的调查对象表示将视情况而定(见图 4-16)。这个问题设定的初衷是想了解学生能否有克服困难的勇气和决心，事实上目前的农村并不必然代表落后和贫穷，但到农村去依然可以表明一种对待岗位的态度，代表着不怕吃苦、甘于奉献。非常愿意到农村去的比例占到调查对象的 22.95%(见图 4-16)。由此可以看出，学生对待基层岗位的态度比较谨慎。事实上，高职学生最终能深入农村一线的并不多，这也是最需要人的地方吸引不到人才的主要原因。设计学校提供给学生的技能教育的问题，想通过学生的技能水平来观察学生的敬业能力。爱岗敬业体现在具体岗位上，不只是满腔热情的投入，更需要扎实技能的支撑。所以了解学生目前掌握的技能水平到底如何，将学校作为教育的供应方，学生作为使用者一方，学生的回答则更加客观真实。认为学校提供技能教育较好的占到调查对象的 49.18%，认为学校提供的技能教育一般和较差的占到调查对象的 50.82%(见图 4-17)。顺此逻辑，在学校掌握技能较好的学生接近一半，另外尚有一半的学生技能还需大力提升。

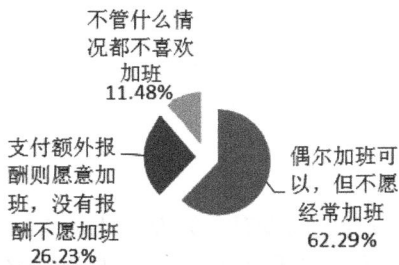

图 4-13　如何看待加班情况

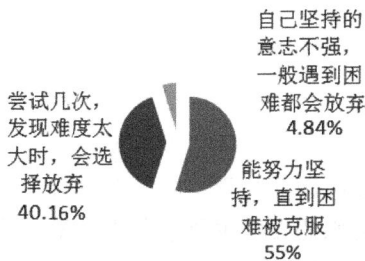

图 4-14　在学习中遇到困难时

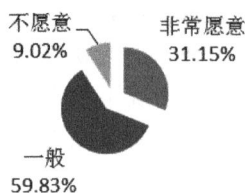

图4-15 愿意承担学校环境卫生清扫工作吗

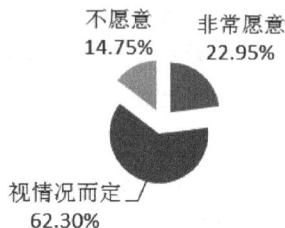

图4-16 愿意去农村等基层单位工作吗

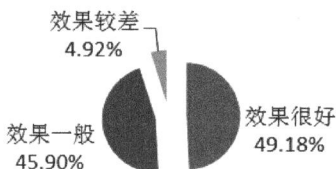

图4-17 觉得学校提供的技能教育如何

2. 访谈情况

通过访谈，我们也进一步加深了对高职学生爱岗敬业情况的认识和了解。目前在校生的爱岗敬业主要表现在以下几个层面。

一是敬业需要提升技能。(受访学生 F: 我觉得应该严格按照岗位职责完成本职工作，现在需要的是认真做事，努力学习，作为一名接受职业教育的大学生，不论有着多么伟大的理想，现在最重要的就是努力学习，为国家、社会建设而努力，为以后自己家人的生活过得更好而奋斗。受访教师 B: 敬业精神对学生而言，一是尊重学习，重视学习；二是具备主动学习的精神。)

二是敬业需要激发对职业的兴趣。兴趣是最好的老师，俗话说，干一行、爱一行，无论什么事情，都应该做到极致。(受访学生 G: 我会尝试着把职业当作兴趣对待，努力提高岗位技能，只有不断进步，才能跟上时代的步伐。在以后走向工作岗位时能够完美胜任。我认为爱岗敬业表现在干一行、爱一行，热爱自己的工作，不论是什么岗位，都努力做好每一件事。)

三是敬业要培育奉献精神。所谓奉献就是一种立足实际和脚踏实地做好工作的服务精神。体现在对自我教育和敬业意识上，事无关大小，而在于如何去对待。(受访教师 F: 现在我们所要去做的，从现在开始，先热爱学校，热爱自己学生的身份，认真做好手里的每一件事。)

3. 交互分析情况

为了进一步了解影响学生爱岗敬业的因素，本研究对不同科类、不同年级的学生做了交互分析。交互结果得出以下观点。

1) 爱岗敬业与学生所学专业有一定的关联

本检验原假设学生所学科类与学校提供的技能教育之间没有差异性。从表4-23中可以看出，如果显著性水平 a 为 0.05，由于卡方检验的 P 值小于显著性水平 a，因此应该拒绝原假设，即学生所学科类与学校提供的技能教育之间具有显著差异性。纵向观察行百分比，认为学校提供的技能教育效果很好的，占文科的 **31.1%**，占理科的 **48.4%**，占工科的 **67.6%**，占术科的 **66.7%**；认为学校提供的技能教育效果一般的，占文科的 **60.0%**，占理科的 **48.4%**，占工科的 **29.5%**，占术科的 **33.3%**；认为学校提供的技能教育效果较差的，占文科的 **8.9%**，占理科的 **3.2%**，占工科的 **2.9%**，占术科的 **0.0%**。

表 4-23　所学科类与学校提供的技能教育之间的关系

			效果很好	效果一般	效果较差	合计
就读专业	文科	计数	140	270	40	450
		占 就读专业 的百分比	31.1%	60.0%	8.9%	100.0%
	理科	计数	150	150	10	310
		占 就读专业 的百分比	48.4%	48.4%	3.2%	100.0%
	工科	计数	230	100	10	340
		占 就读专业 的百分比	67.6%	29.5%	2.9%	100.0%
	术科	计数	80	40	0	120
		占 就读专业 的百分比	66.7%	33.3%	0.0%	100.0%
总计		计数	600	560	60	1220
		占 就读专业 的百分比	49.2%	45.9%	4.9%	100.0%

卡方检验

	值	自由度	渐进显著性(双侧)
皮尔逊卡方	129.961[a]	6	0.000
似然比	136.702	6	0.000
有效个案数	1220		

注：a 为 0 个单元格(0.0%)的期望计数小于 5，最小期望计数为 5.90。

本分析说明，文科学生相比较理工科学生和术科的学生，在学校接受的技能教育较少，与表 4-22 反映出的情形一致，因为学生技能不足，影响了学生对岗位的热爱，制约了敬业精神的较好发挥。再次表明目前高职院校开设的文科类专业技能型特色不明显，学生综合素质提升不够。

2)　不同年级学生对爱岗敬业的认识和理解不同

本检验原假设学生年级与学校提供的技能教育之间没有差异性。从表 4-24 中可以看出，如果显著性水平 a 为 0.05，由于卡方检验的 P 值小于显著性水平 a，因此应该拒绝原假设，即学生年级与学校提供的技能教育之间具有显著差异性。纵向观察行百分比，认为学校提供的技能教育效果很好的，占一年级的 43.9%，占二年级的 46.0%，占三年级的 61.3%，年级越高，接受的技能教育的效果越好。认为学校提供的技能教育效果一般的，占一年级的 51.2%，占二年级的 46.0%，占三年级的 38.7%，年级越高，认为效果一般的占比逐渐减少。

本分析说明，学生在校时间越长，对学校的技能教育认可度越高，这是因为许多高职院校的技能教育课程开设在高年级，另外也表明学校技能教育的有效性。

表 4-24　就读年级与学校提供的技能教育之间的关系

			效果很好	效果一般	效果较差	合计
就读年级	大一	计数	180	210	20	410
		占 就读年级 的百分比	43.9%	51.2%	4.9%	100.0%
	大二	计数	230	230	40	500
		占 就读年级 的百分比	46.0%	46.0%	8.0%	100.0%
	大三	计数	190	120	0	310
		占 就读年级 的百分比	61.3%	38.7%	0.0%	100.0%
总计		计数	600	560	60	1220
		占 就读年级 的百分比	49.2%	45.9%	4.9%	100.0%

卡方检验

	值	自由度	渐进显著性(双侧)
皮尔逊卡方	43.519[a]	4	0.000
似然比	56.750	4	0.000
线性关联	22.434	1	0.000
有效个案数	1220		

注：a 为 0 个单元格(0.0%)的期望计数小于 5，最小期望计数为 15.25。

两个维度的交互分析，反映了同样的问题，即学校技能教育对学生爱岗敬业有一定的影响，学生爱岗敬业意识不强的重要原因很大程度上是在学校接受的技能教育不高，特别是文科类学生，技能不明显，综合素质不能很好提升，都影响了学生爱岗敬业意识。

综合上述分析，高职学生的爱岗敬业问题主要表现在：缺少对岗位的热爱，不愿额外付出，乐于奉献的精神不足；对困难存在畏惧心理，缺少攻坚克难的决心和勇气；自觉自愿到最缺乏人才的一线基层单位工作的热情不高。而高职学生爱岗敬业意识的缺乏需要学校认真思考和反思，学校向学生提供的技能不足，制约了高职学生的服务能力和服务水平。

(三)自愿专注现状

高职学生的自愿专注在校期间主要体现在对职业教育的了解、专业选择和学习的专注性以及未来对待工作岗位的专一性方面。

1. 问卷情况

调查对象中因为高考失利而选择职业教育的占比为 56.56%，凭借个人兴趣选择职业教育的占 39.34%(见图 4-18)。高职学生选择专业的主要考虑就业前景和家长意愿，个人兴趣占比并不高(见图 4-19)，说明高职学生选择职业教育和专业更多由于现实的无奈，高考失利成为高职学生选择职业教育的主要原因，而自愿选择的前提是始因在内，对职业教育、所选专业、发展前景有较为全面的了解，但从调研情况来看答案并不理想(见图 4-20)，自愿选择的占比较低，同时对自己选择的对象了解有限。学生没有自愿选择的主动性，内心动力则不能得到很好的激发，学生的专注性也会受到影响。

高职学生学习的效果也不理想，认为自己上课效果一般的占到调查对象的 61.48%，有 33.61%的调查对象认为上课效果较好，4.91%的调查对象认为自己上课效果较差(见图 4-21)。能下决心克服学习障碍，持之以恒做好课程学习方面，32.79%的受访对象回答经常能做到，52.46%的受访对象回答只是偶尔能做到，还有 14.75%的受访对象表示从未做到过(见图 4-22)。在是否愿意坚守某一工作岗位问题回答上，51.64%的受访对象表示愿意坚持，42.62%的受访对象表示将视情况而定，5.74%的受访对象表示不能坚持(见图 4-23)。笔者认为专注性是学生意志的主要体现。学生目前在这方面尚有差距，提醒学校需要在这方面多加关注。

图 4-18　选择职业教育的初衷

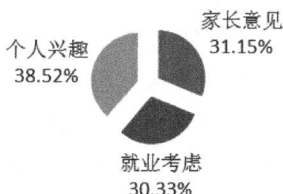

图 4-19　选择目前就读专业的始因

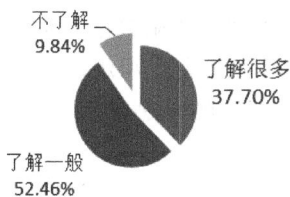

图 4-20　对高职学生的发展前景了解怎样

图 4-21　感觉自己的上课效果怎样

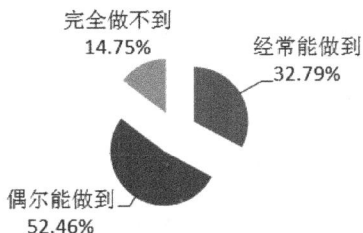

图 4-22　对所学科目能下决心弄懂吗

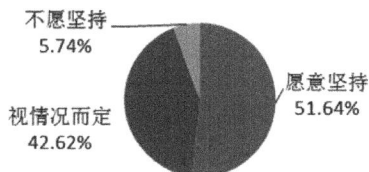

图 4-23　愿意长期坚守某一工作岗位吗

2. 访谈情况

1) 职业教育的发展水平影响着学生的自愿选择

(受访学生 G：原来希望进入高职院校可以学到技术，但进校后发现，许多课程都是理论课程的灌输，如果说和中学最大的区别，好像只是 PPT 做得更好看些，把理论的内容投射到屏幕而已。受访教师 D：教师的动手能力确实与学生的期望有很大差距，这两年国家也在提倡"双师型"教师队伍建设，但许多教师没有沉下心去工厂车间磨炼，这些从普通院校进入高职院校的教师，单靠一两个月的观摩不可能真正提高技能水平。另外，"双师型"教师的认定标准也不太清晰，有时候，自学考个证，就等于"双师"了，表面上看，学校和有关部门的指标完成了，但苦的还是学生。受访教师C：我个人认为国家对高职院校投入近几年有大幅度的增长，但主要是基建和实训室建设，对教师队伍的投入比例并不高，花在教师技能提升上的资金相比较少。)职业教育的发展水平并没有获得社会和家长、学生的认可，教师自身也承认教师的技能水平无法胜任教学的需要，在全社会没有营造出职业教育的独到特色，职业教育对学生没有吸引力，所以学生选择职业教育并非发自内心的自愿，而是在高考失利情况下的一种无奈选择。

2) 学生在学习方面的专注度普遍不高

关于高职学生的专注度，访谈结果与问卷调查的结论符合。(受访学生 H：我本人学习习惯不好，遇到困难缺乏勇气，缺少持之以恒的信心。受访学生 E：我个人认为，可能我们基础较差，所以教师上课过程中也没有强烈督促我们完成每一道作业，弄懂每一个难点，学校里面关注纪律和安全，要比解决学习更为关注，对于启迪我们的思维、锻炼我们的实践能力并没有多大推动，学校在关注学生解决实际问题方面需要进一步的发展。受访教师C：我是专门教授创新创业课的老师，说句实话，自己在给学生讲创新创业的时候也有点心虚，我也在假设，如果让我离开学校这个舞台到社会中去，我能给自己创出一片天地吗？所以，我认为自己也缺少锲而不舍的精神，面对问题不能持之以恒。现在高职院校最大的问题依然是空对空的演出，教师和学生对缺少专注专一的精神。受访企业 A：关于高职院校的毕业生，从我们企业中来看，我们现在需要的虽然是头脑灵活、动手利索的学生，但是扎实肯干、持之以恒、努力干好本职工作的人永远不会被企业淘汰，与其变着法子玩新鲜，不如教会学生笨鸟先飞、勤能补拙的道理，认真钻研，培养专一专注的思维意识，才是永远的发展能力。)

3. 交互分析

为了进一步了解影响学生自愿专一的因素，本研究根据不同年级、不同学科、不同生源以及是否担任学生干部这些因素统筹考虑，分别对自愿专注相关维度做了交互分析，交互分析得出以下观点。

1) 学生干部在自愿专注方面表现更为积极(见表 4-25)

表4-25 学生干部与专注度之间的关系

			经常做到	偶尔做到	无法做到	总计
是否担任学生干部	是	计数	400	160	30	590
		占 是否担任学生干部 百分比	67.8%	27.1%	5.1%	100.0%
	否	计数	290	320	20	630
		占 是否担任学生干部 百分比	46.0%	50.8%	3.2%	100.0%
总计		计数	690	480	50	1220
		占 是否担任学生干部 百分比	56.6%	39.3%	4.1%	100.0%

卡方检验

	值	自由度	渐进显著性(双侧)
皮尔逊卡方	71.635[a]	2	0.000
似然比	72.681	2	0.000
线性关联	36.216	1	0.000
有效个案数	1220		

注：a 为 0 个单元格(0.0%)的期望计数小于 5，最小期望计数为 24.18。

本检验原假设学生干部与专注度之间没有差异性。从表 4-25 中可以看出，如果显著性水平 a 为 0.05，由于卡方检验的 P 值小于显著性水平 a，因此应该拒绝原假设，即学生干部与专注度之间具有显著差异性；纵向观察行百分比，能专注解决学习困难的，占学生干部的 67.8%，占非学生干部的 46%；对所学科目抱一般态度的，占学生干部的 27.1%，占非学生干部的 50.8%。

本分析说明，学生干部参与社会实践活动的积极性比较高，学生干部岗位能锻炼学生解决问题的能力，学生干部也想发挥先锋模范作用，因此，在学习中愿意攻克一些难点。本研究的学生干部也包括各类社团干部，所以加强学校社团建设，可以更好地发挥榜样示范作用。

2) 高年级学生对解决学习难点的愿望较强(见表 4-26)

表 4-26　就读年级与专注度之间的关系

			经常做到	偶尔做到	无法做到	合计
就读年级	大一	计数	150	230	30	410
		占 就读年级 的百分比	36.6%	56.1%	7.3%	100.0%
	大二	计数	280	210	10	500
		占 就读年级 的百分比	56.0%	42.0%	2.0%	100.0%
	大三	计数	200	80	30	310
		占 就读年级 的百分比	64.5%	25.8%	9.7%	100.0%
总计		计数	630	520	70	1220
		占 就读年级 的百分比	51.6%	42.6%	5.8%	100.0%

卡方检验

	值	自由度	渐进显著性(双侧)
皮尔逊卡方	90.209[a]	4	0.000
似然比	95.830	4	0.000
线性关联	35.558	1	0.000
有效个案数	1220		

注：a 为 0 个单元格(0.0%)的期望计数小于 5，最小期望计数为 17.79。

本检验原假设学生就读年级与学生的专注度没有差异性。从表 4-26 中可以看出，如果显著性水平 a 为 0.05，由于卡方检验的 P 值小于显著性水平 a，因此应该拒绝原假设，即学生就读年级与专注度之间具有显著差异性。纵向观察行百分比，对所学专业愿意下决心弄懂的，占大一学生的36.6%，占大二学生的56.0%，占大三学生的64.5%；偶尔愿意弄懂的，占大一学生的56.1%，占大二学生的42.0%，占大三学生的25.8%。

一方面，本分析说明，学生年级越高，对知识和能力的认知度越高，在学习过程中提升自己能力的愿望愈加强烈，也表明学生对自我的要求随着年级增高而增强；另一方面表明学校教育引导对学生意志品质的培养有一定的影响。

3) 城市生源的学生主动性更强(见表4-27)

本研究的生源包括家庭出身为城市和农村的，另外父母亲的职业，尽管不能严格区分城市和农村，但作为生源类别加以分析，可以更为准确地了解家庭对高职学生职业精神的影响。

表4-27 学生生源地与选择职业教育之间的关系

			个人兴趣	家长意愿	高考失利	合计
生源地	城市	计数	180	80	20	280
		占 生源地 的百分比	64.3%	28.6%	7.1%	100.0%
	农村	计数	450	440	50	940
		占 生源地 的百分比	47.9%	46.8%	5.3%	100.0%
总计		计数	630	520	70	1220
		占 生源地 的百分比	51.6%	42.6%	5.8%	100.0%

卡方检验

	值	自由度	渐进显著性(双侧)
皮尔逊卡方	29.340[a]	2	0.000
似然比	30.309	2	0.000
线性关联	12.638	1	0.000
有效个案数	1220		

注：a 为 0 个单元格(0.0%)的期望计数小于5，最小期望计数为16.07。

本检验原假设学生来源(生源类别)与选择职业教育之间没有差异性。从表4-27中可以看出，如果显著性水平a为0.05，由于卡方检验的P值小于显著性水平a，因此应该拒绝原假设，即学生来源(生源类别)与选择职业教育之间具有显著差异性。纵向观察行百分比，遵从个人兴趣选择职业教育的，占城市学生的64.3%，占农村学生的47.9%；遵从家长兴趣选择职业教育的，占城市学生的28.6%，占农村学生的46.8%。

本分析说明，来自城市的学生对自己的兴趣关注更多，表明在学生选择自己的发展方向时，城市家长更容易关注学生的兴趣，因此，学生的自愿性也较高，也进一步说明社会氛围、家庭环境对个体品质的培育有一定的影响。

本检验原假设学生母亲的职业与学生对专业的认知之间没有差异性。从表4-28中可以看出，如果显著性水平a为0.05，由于卡方检验的P值小于显著性水平a，因此应该拒绝原假设，即学生母亲职业与学生选择专业之间具有显著差异性。纵向观察行百分比，对自己所学专业了解较多的，占母亲职业是农(牧)民的24.3%，占母亲职业是工人的66.7%，占母亲职业是干部的 57.2%，占母亲职业是其他的 12.5%；对所学专业了解一般的，占母亲职业是农(牧)民的 60.8%，占母亲职业是工人的 22.2%，占母亲职业是干部的 21.4%，占母亲职业是其他的 75.0%。

表 4-28　学生母亲的职业与学生对专业的认知之间的关系[①]

			了解较多	了解一般	没有了解	总计
母亲的职业	农(牧)民	计数	180	450	110	740
		占 母亲的职业 的百分比	24.3%	60.8%	14.9%	100.0%
	工人	计数	120	40	20	180
		占 母亲的职业 的百分比	66.7%	22.2%	11.1%	100.0%
	干部	计数	80	30	30	140
		占 母亲的职业 的百分比	57.2%	21.4%	21.4%	100.0%
	其他	计数	20	120	20	160
		占 母亲的职业 的百分比	12.5%	75.0%	12.5%	100.0%
总计		计数	400	640	180	1220
		占 母亲的职业 的百分比	32.8%	52.5%	14.7%	100.0%

卡方检验

	值	自由度	渐进显著性(双侧)
皮尔逊卡方	213.402[a]	6	0.000
似然比	215.537	6	0.000
线性关联	1.441	1	0.230
有效个案数	1220		

注：a 为 0 个单元格(0.0%)的期望计数小于 5，最小期望计数为 20.66。

　　本分析说明，母亲的职业属性代表着学生的家庭出身和家庭环境，在工人家庭和干部家庭的学生中学生有更多的机会了解自己所学的专业，故专业选择中自愿成分较高。因此，对信息的把握、对专业的认知与家庭环境有一定的关系。

　　4)　理工科学生专注度比文科类学生强

　　本检验原假设学生所学科类与专注度之间没有差异性。从表 4-29 中可以看出，如果显著性水平 a 为 0.05，由于卡方检验的 P 值小于显著性水平 a，因此应该拒绝原假设，即学生所学科类与专注度之间具有显著差异性。纵向观察行百分比，认为对所学科目能完全做到下决心弄懂的，占文科的 37.8%，占理科的 74.2%，占工科的 91.2%，占术科的 33.3%；认为对所学科目偶尔愿意去弄懂的，占文科的 57.8%，占理科的 16.1%，占工科的 5.9%，占术科的 66.7%；认为无法做到去弄懂所学科目的，占文科的 4.4%，占理科的 9.7%，占工科的 2.9%，占术科的 0.0%。

---

① 不论学生父亲的职业属性还是母亲的职业属性，在更大程度上代表着生源的类别，在交互分析中发现，学生父亲的职业与母亲的职业对学生的影响基本一致，为防止重复，本研究仅呈现学生母亲的职业与相关变量之间的关系。

表4-29 学生所学科类与专注度之间的关系

			经常做到	偶尔做到	无法做到	合计
就读专业	文科	计数	170	260	20	450
		占 就读专业 的百分比	37.8%	57.8%	4.4%	100.0%
	理科	计数	230	50	30	310
		占 就读专业 的百分比	74.2%	16.1%	9.7%	100.0%
	工科	计数	310	20	10	340
		占 就读专业 的百分比	91.2%	5.9%	2.9%	100.0%
	术科	计数	40	80	0	120
		占 就读专业 的百分比	33.3%	66.7%	0.0%	100.0%
总计		计数	750	410	60	1220
		占 就读专业 的百分比	61.5%	33.6%	4.9%	100.0%

卡方检验

	值	自由度	渐进显著性(双侧)
皮尔逊卡方	359.799[a]	6	0.000
似然比	390.897	6	0.000
有效个案数	1220		

注：a 为 0 个单元格(0.0%)的期望计数小于 5，最小期望计数为 5.90。

本分析说明，高职院校的理工科开设专业特色明显，学生能够较好地开展顶岗实习，在社会中也容易对接实习岗位，在顶岗实习过程中学生能获得较大提升。相比之下，文科类学生专业特色不明显，在实习过程中无法找到专业比较对口的单位，实习效果不太理想，学生对所学知识停留在简单了解的基础上，这与笔者在高职院校所观察到的情形一致。

本检验原假设学生所学科类与长期坚守某一岗位之间没有差异性。从表4-30中可以看出，如果显著性水平a为0.05，由于卡方检验的P值小于显著性水平a，因此应该拒绝原假设，即学生所学科类与长期坚守某一岗位之间具有显著差异性。纵向观察行百分比，能长期坚守某一工作岗位的，占文科的37.8%，占理科的48.4%，占工科的70.6%，占术科的58.3%；偶尔坚守某一工作岗位的，占文科的53.3%，占理科的41.9%，占工科的29.4%，占术科的41.7%；不能坚守某一工作岗位的，占文科的8.9%，占理科的9.7%，占工科的0.0%，占术科的0.0%。

本分析说明，高职院校工科学生对岗位的坚守度最高，其他顺序为理科、术科和文科，说明理工科技术特征明显，技能变化显著，学生能长期关注某一岗位，并获得一定提升，而相比较文科学生来说，社会经济发展变化大而散，文科学生的岗位较难聚集。据笔者观察，理工科和术科学生毕业后创业者相比文科生要多，文科就业路径窄，就业岗位不聚集，自己的定位也不精准，这与专业知识的缺乏有关，更深次的原因则是对技术变化的动态把握不同造成的。

表 4-30 学生所学科类与长期坚守某一岗位之间的关系

			长期坚持	偶尔坚持	不能坚持	合计
就读专业	文科	计数	170	240	40	450
		占 就读专业 的百分比	37.8%	53.3%	8.9%	100.0%
	理科	计数	150	130	30	310
		占 就读专业 的百分比	48.4%	41.9%	9.7%	100.0%
	工科	计数	240	100	0	340
		占 就读专业 的百分比	70.6%	29.4%	0.0%	100.0%
	术科	计数	70	50	0	120
		占 就读专业 的百分比	58.3%	41.7%	0.0%	100.0%
总计		计数	630	520	70	1220
		占 就读专业 的百分比	51.6%	42.6%	5.8%	100.0%

卡方检验

	值	自由度	渐进显著性(双侧)
皮尔逊卡方	110.722[a]	6	0.000
似然比	134.604	6	0.000
有效个案数	1220		

注：a 为 0 个单元格(0.0%)的期望计数小于 5，最小期望计数为 6.89。

综上所述，高职学生的自愿专注度并不强，限制高职学生自愿投身职业教育的主要原因是高职院校学校缺少学术较大发展的平台，职业教育的荣誉感缺少对学生的吸引。在学生专注度方面，学校还没有准确把握高职学生意志的培养路径，学校开展教育教学的重点任务是具体教学任务的完成。因此，高职院校对学生职业意志的培养，没有发现合适的载体，也没有找到准确的方式，导致学生锲而不舍的良好品质没有得到应有提升，最终作为技术技能型人才，在用人单位来看，与其他学生相比没有凸显出独特的优势。另外家庭环境对学生的职业品质也有很大影响，家校联合培育高职学生职业精神需要进一步研究。

二、价值形态现状

(一)纪律意识现状

高职学生的纪律意识是其承载职业使命的前提，也是对高职学生职业责任的最小聚焦，纪律是一种外在的他律，遵守规则和秩序的纪律意识，是精益求精品质的基本保证，是高职学生职业精神的基础。

1. 问卷情况

问卷结果显示，高职学生违纪的主要表现在三个方面：一是上课玩手机，上课玩过手机比例达到受访对象的 69.67%(见图 4-25)，认为自己的违纪现象主要集中在玩手机上的占到了 57%(见图 4-26)。二是迟到早退。受访对象中经常出现迟到早退现象的占比为 11.48%，偶尔出现迟到早退现象的占比为 46.72%(见图 4-24)。三是考试作弊。受访对象认为自己在违纪方面的主要表现就是考试作弊，受访对象认为，无关紧要的考试会作弊的占到了 10.66%，处罚不严重的考试会作弊的占到了 5.74%(见图 4-28)。三类违纪的主要原因在于学生的自制力太差,有高达 77.04% 的受访对象认为自己的违纪行为是自制力问题,另有 10.66% 和 12.30% 的受访对象认为处罚不严和制度不健全是其违纪的主要原因(见图 4-27)。

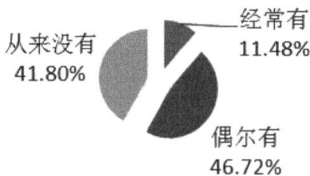

图 4-24　有过迟到早退现象吗

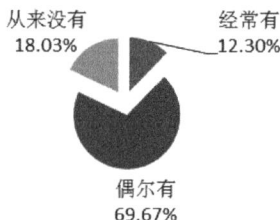

图 4-25　上课玩过手机吗

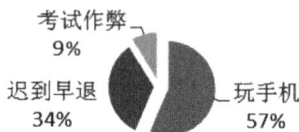

图 4-26　认为自己的违纪行为主要表现在哪方面

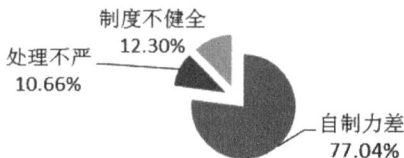

图 4-27　认为自己违反纪律最重要的原因

图 4-28　如何看待考试作弊行为

2. 访谈情况

从企业的角度出发，认为现阶段高职院校学生最为欠缺的是规矩意识。(受访企业 B: 现阶段高职院校学生在企业最欠缺的是守规矩。所谓守规矩，一方面是要遵守企业的规章制度，还有一方面就是在工作中要按照规定办事，特别是按照操作规范开展工作。因为企业的规章制度或操作规范，一方面是为了保证产品的品质，更重要的是为了保证员工的人身安全。比如我们公司，对于员工的制服有规定，这除了给人以良好的精神面貌之外，更重要的是避免员工在行走过程中出现安全事故)。

针对学生的违纪问题，笔者与部分学生进行了深入的访谈交流，通过对学生访谈得知: 一是学生对违反纪律的认识非常一致。先后访谈的 16 名学生代表，大家都认为目前高职学生违反学校纪律主要体现在三个方面：第一，课堂上看手机。(受访学生 F: 看手机的原因主要是担心错过重要信息。看信息、消息、班里的活动、工作安排、学校官网、点赞、转发信息，也有个别同学打游戏、转发抖音、快手，刷微博，浏览网络小说、追剧。受访学生 J: 手机主要用来看群消息，回复他人信息，做与课堂无关的表格文档等，转发学校通知，解决问题等。学生 H: 老师利用手机签名，所以时刻关注手机的信息。受访学生 I: 玩手机的主要原因是网络太好，自制力太差。)第二，上课睡觉。(受访学生 L：我认为学生目前违反纪律主要集中在上课玩手机和睡觉的现象上。我虽然没有逃过课，但上课会突然很困，所以导致上课睡觉。)第三，迟到早退。无故缺课是高职学生纪律意识淡薄的又一表现，个别学生会长期缺课，老师通知也不起作用，虽然这样的人是少数，但对整体纪律的破坏还是非常严重的。第四，考试作弊，主要是一些管理不严的课程会作弊，如果管理严格，会减少作弊。

二是对违反纪律的重要性认识不足。(受访学生 M：我认为用一种轻重程度看的话，从轻到重是纪律、制度和法律，不违反法律是必需，但对于个别轻微的违纪情况觉得没什么大不了的。学生 N：我觉得轻微违反纪律没什么大不了的，尤其是上课看手机，偶尔的迟到早退也不是什么大事。)

3. 交互分析情况

为了进一步了解影响学生纪律意识的因素，本研究对不同年级学生的迟到早退、上课玩手机情况做了交互分析，交互分析得出以下观点：高年级学生纪律意识比低年级学生纪律意识更淡漠，加强高年级学生的管理更有必要。

本检验原假设学生就读年级与迟到早退现象之间没有差异性。从表 4-31 中可以看出，如果显著性水平 a 为 0.05，由于卡方检验的 P 值小于显著性水平 a，因此应该拒绝原假设，即学生就读年级与迟到早退现象之间具有显著差异性。纵向观察行百分比，经常有迟到早退现象的，占大一学生的 7.3%，占大二学生的 12.0%，占大三学生的 16.2%；偶尔有迟到早退现象的，占大一学生的 39.0%，占大二学生的 48.0%，占大三学生的 54.8%，从来没有迟到早退现象的，占大一学生的 53.7%，占大二学生的 40.0%，占大三学生的 29.0%。

表 4-31 就读年级与迟到早退现象之间的关系

			经常有	偶尔有	从来没有	合计
就读年级	大一	计数	30	160	220	410
		占 就读年级 的百分比	7.3%	39.0%	53.7%	100.0%
	大二	计数	60	240	200	500
		占 就读年级 的百分比	12.0%	48.0%	40.0%	100.0%
	大三	计数	50	170	90	310
		占 就读年级 的百分比	16.2%	54.8%	29.0%	100.0%
总计		计数	140	570	510	1220
		占 就读年级 的百分比	11.5%	46.7%	41.8%	100.0%

卡方检验

	值	自由度	渐进显著性(双侧)
皮尔逊卡方	48.163[a]	4	0.000
似然比	48.821	4	0.000
线性关联	45.606	1	0.000
有效个案数	1220		

注：a 为 0 个单元格(0.0%)的期望计数小于 5，最小期望计数为 35.57。

本分析说明，学生年级与迟到早退现象有关系，年级越高，迟到早退现象越普遍，遵守学校规章纪律的意识更弱，加强高年级学生的管理更为必要。

本检验原假设学生就读年级与上课玩手机之间没有差异性。从表 4-32 中可以看出，如果显著性水平 a 为 0.05，由于卡方检验的 P 值小于显著性水平 a，因此应该拒绝原假设，即学生就读年级与上课玩手机之间具有显著差异性。纵向观察行百分比，上课经常有玩手机现象的，占大一学生的 9.8%，占大二学生的 10.0%，占大三学生的 19.4%；偶尔有上课玩手机现象的，占大一学生的 60.9%，占大二学生的 76.0%，占大三学生的 70.9%，上课从来没有玩手机现象的，占大一学生的 29.3%，占大二学生的 14.0%，占大三学生的 9.7%。

表 4-32　就读年级与上课玩手机之间的关系

			经常有	偶尔有	从来没有	合计
就读年级	大一	计数	40	250	120	410
		占 就读年级 的百分比	9.8%	60.9%	29.3%	100.0%
	大二	计数	50	380	70	500
		占 就读年级 的百分比	10.0%	76.0%	14.0%	100.0%
	大三	计数	60	220	30	310
		占 就读年级 的百分比	19.4%	70.9%	9.7%	100.0%
总计		计数	150	850	220	1220
		占 就读年级 的百分比	12.3%	69.7%	18.0%	100.0%

卡方检验

	值	自由度	渐进显著性(双侧)
皮尔逊卡方	69.469[a]	4	0.000
似然比	66.249	4	0.000
线性关联	50.867	1	0.000
有效个案数	1220		

注：a 为 0 个单元格(0.0%)的期望计数小于 5，最小期望计数为 38.11。

本分析说明，在上课偶尔玩手机方面，大二学生比大三学生比例高，主要是现在大三学生基本在实习单位顶岗实习。其他数据均表明，一年级学生上课玩手机的现象较少，二、三年级比一年级要高。这与表 4-31 中得出的结果一致，随着年级增高，学生的纪律意识反而淡漠。

通过问卷、访谈以及笔者在学校多年工作的经验，学生普遍认为上课看手机是一种违纪现象，但很难克制住自己的这种行为。其次就是上课睡觉、迟到早退和考试作弊，这些违纪现象也不是高职学生特有的，手机占有了学生们的休息时间，夺走了学生们的活动时间，但我们的日常生活无法离开手机。如何正确利用手机，将手机使用控制在合理范围，单纯的管罚不一定奏效，高校要利用网络建立自己的思想教育阵地，而不是让学生带着负罪的心理面对科技的发展。

(二)守约意识现状

守约意识是高职学生行事做人的重要品质，也是大学生职业良心在高职学生身上的具体表现。职业良心是外在他律在主体心中内化的结果，是高职学生自觉自愿服从规则，而守约意识也是市场经济下作为市场主体的参与方必须遵守的规则。

1. 问卷情况

本次问卷围绕高职学生守约意识设定了四个问题，通过高职学生对违约现象的看法，对商业秘密的处置方式，对单位的忠诚情况以及对自己承诺的履行来综合考察。在高职学生如何看待违约现象上，有 58.2%的受访对象表示愿意严格遵守合约，而视情况而定的受访对象占到36.06%(见图4-29)。在单位发展遇到困境的时候，有81.15%的受访对象表示将对单位保持忠诚与单位共渡难关。14.75%的受访对象则表示，会重新选择寻找新的单位(见图4-30)。在自觉保守商业秘密方面，有85.25%的受访对象表示自己会自觉的保守商业秘密(见图4-31)。而在对待自己的承诺方面，88%的受访对象觉得答应别人的事，一定要认真履行(见图4-32)。

图 4-29　如何看待违约现象

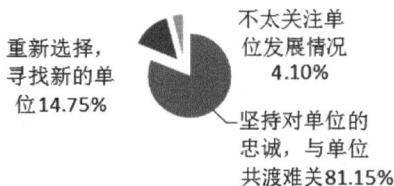

图 4-30　在单位发展遇到困境时的态度

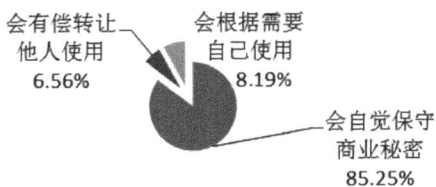

图 4-31　如何处理单位的商业秘密

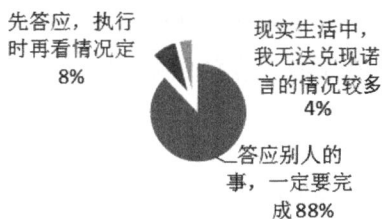

图 4-32　对自己的承诺如何看待

2. 访谈情况

通过对高职学生的访谈也可以看出，高职学生的守约意识整体情况良好。一是对诚信的价值认知到位。(受访学生 A：诚信是立人之本，一个没有诚信的人，是难以在人与人的交往中立足的，如果自己不能遵守自己的承诺，就失去了人与人交往的基本原则，没有人会愿意与一个失信的人交往。)

二是对诚信的践行理解到位。学生认为会自觉遵守合约。(受访学生 H：如果我已经签订了合约却发现有更加心仪的单位出现，我想我还是会遵守合约。签订合约，既是别人认同我、肯定我的能力，同时也是给予我信任，我不能辜负别人对我的信任，我也不允许自己做一个言而无信的人，我既然已经与其签订了合约，就应当履行合约的内容。)

三是对失信的结果预判到位。学生对于违约现象认识比较理性，不是一走了之，而是主动谈判，自觉承担责任。(受访学生 F：在我看来，违背合约虽然会承担违约的责任，但更多在于我的内心，虽然谈不上有巨大的"负罪、愧疚感"，却总觉得心中有些不畅快。如果我确实无法履行合约，按照我的方式的话，我会去找单位讲清楚事情的原因，然后认真履行违约者的义务。)遵守合约，在许多调查对象来看，并不是外在约束的结果，而是学生自发的一种情感，是良心的体现。(受访学生 G：我遵守合约是觉得合约就应该遵守，因为当初在签约时肯定已经深思熟虑过了。)

交互分析中也没有发现高职学生守约意识与年级、专业、家庭情况等因素有直接的关系。综合这几类数据，我们可以看出，高职学生的守约意识总体较好，虽然有相当比例的学生有视情况而定的回答，用人单位的反馈与学生自己的回答尚有差距，但学生的诚信品质值得肯定。而在我们日常看到的许多文献中，在缺乏严谨调查的情况下，随意给高职学生贴上不诚信、不守约的标签，掩盖了高职学生恪守合约、诚实守信的美德，也给外界造成高职学生失信现象普遍的误解。

(三)精品意识现状

1. 问卷情况

高职学生的精品意识是工匠精神的具体化，工匠精神最直接的呈现形式就是行动层面精益求精，结果层面的质量至上，价值层面的职业操守。为了了解高职学生的精品意识，笔者设计了 5 道问题，第一道题是受访对象对假冒伪劣产品的看法。第二道题是受访对象是否关注产品的品牌，因为品牌在某种意义上代表着质量。第三道题是受访对象是否会不懈追求产品的完美。第四道题是受访对象是否愿意向他人提供完美的产品和服务。第五道题考察受访对象对所学专业技能的掌握程度，因为对技能的掌握意味着受访对象为实现产品质量的完美而不断提升自己，这是培育精品意识的必需途径。否则，追求产品完美只能停留在主观层面，落实不到实践活动中去。调查情况如下。

通过问卷考察分析，在如何看待假冒伪劣产品的问题上，占比 75%的受访对象坚决反对假冒伪劣产品，但也有 15%的受访对象表示可以理解假冒伪劣产品的存在(见图 4-33)。在是否关注产品的品牌方面，36.88%的受访对象表示非常关注，而表示一般关注的占到受访对象的 51.64%(见图 4-34)。在是否愿意不懈追求产品质量的完美方面，61%的受访对象表示非常愿意，但也有 30%的受访对象对产品质量的完美态度一般，另有 9%的受访对象表示不愿意追求产品质量完美(见图 4-35)。相对应的问题，在希望自己今后给他人提供什么样的产品和服务时，78.69%的受访对象表示要精益求精，力求完美，有 15%的受访对象表示，只要"差不多""过得去"就行，另有 6.31%的受访对象表示不太计较标准，不愿意下苦功夫去抓产品质量(见图 4-36)。而精品意识最后必须落实到具体行动中去，为实现精品必须付出努力，基于此，对精品意识考察的最后一道问题是考察受访对象对所学专业技能的掌握程度。有 47.08%的受访对象认为技能掌握比较熟练，有同样比例的受访对象表示对技能掌握一知半解，加上 4.92%的受访对象认为自己对技能的掌握不熟练(见图 4-37)。

由此可以看出，接近一半的受访对象并不能保证产品质量，无法完成真正的精品，对于学生而言，在校期间，努力提升技能是成就大国工匠，弘扬工匠精神，重塑精品意识的关键时机。

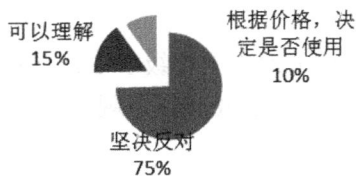

图 4-33　对假冒伪劣产品如何看待

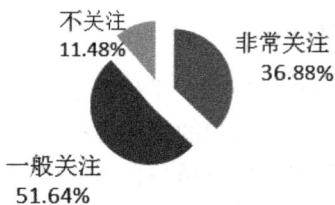

图 4-34　是否关注产品品牌

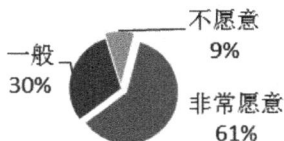

图 4-35　愿意不懈追求产品质量的完美吗

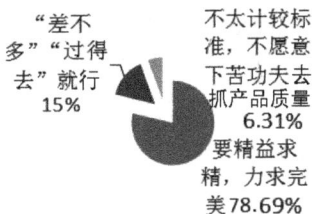

图 4-36　希望自己提供他人的产品和服务怎样

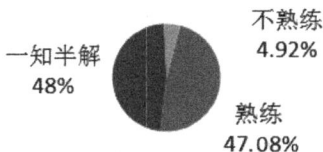

图 4-37　对所学专业技能的掌握程度如何

2. 访谈情况

访谈与问卷调查的结果基本一致：一是对精品意识的价值认同一致，受访对象一致认为自己绝不卖假货，至于原因则不尽相同。(受访学生 N：因为造假成本太高，另外也怕良心谴责，家庭经历也使我意识到造假后果很严重。受访学生 G：我并没有购买到过假冒产品。我以后也不会生产或者销售假冒伪劣商品。因为假冒伪劣产品没有安全保障，侵害他人的合法权益，而且还会影响我国优秀产品的信誉，造成不好的影响。)同时，要严格按照工序完成产品。(受访学生 H：因为这关系到人品问题，要对每一件产品负责。我不会按部就班完成应付差事，还是会仔细琢磨将每一件事都做到极致、完美。因为要对顾客负责，也要对自己负责。)

二是自觉关注产品质量。(受访学生 M：不管有没有监督，我都会认真完成每一道工序，因为在我看来这是我对于自己工作的责任，工作是我人生的一部分，对工作负责也是对自己人生的负责，对他人负责。如果让我提供产品或服务，我想我会尽力让这件事变得完美，这是对购买我产品的人的尊重，也是对我自己职业的尊重，同时还能获取成就感、幸福感。学生 L：我会认真完成每一道工序，那是对产品及客户的负责，我会做到极致完美，因为如果我要自己产品得到认可，就要做到极致完美。)

三是崇尚工匠精神。(受访学生 F：我了解过一些工匠精神，工匠精神是一种职业精神，是职业道德、职业能力、职业品质的体现，是从业者的一种职业价值取向和行为表现。我觉得工匠精神最可贵的品质是"精益"，是我们从业者对每件产品、每道工序都凝神聚力、精益求精、追求极致、力求完美的职业品质。是我对自己人生的追求，是我对自己人生负责的体现。工匠精神是一种职业精神，是一种敬业精神。学生 G：我认为工匠精神最可贵的品质是坚持，因为一辈子坚持一件事是很难的，尤其对于当代的年轻人。)

3. 交互分析

为了进一步了解影响学生精品意识的因素，本研究对不同年级学生、不同学科类别的学生对待产品精品意识的理想目标做了交互分析，交互分析得出以下观点。

1) 低年级学生对精品意识的追逐意愿更为强烈

本检验原假设就读年级与是否愿意不懈追求产品质量之间的关系没有差异性。从表 4-33 中可以看出，如果显著性水平 a 为 0.05，由于卡方检验的 P 值小于显著性水平 a，因此应该拒绝原假设，即学生就读年级与是否愿意不懈追求产品质量之间的关系具有显著差异性。纵向观察行百分比，非常愿意不懈追求产品质量的，占大一学生的 70.7%，占大二学生的 58.0%，占大三学生的 51.6%；对追求产品质量态度一般的，占大一学生的 19.5%，占大二学生的 34.0%，占大三学生的 38.7%；不愿意追求产品质量完美的，占大一学生的 9.8%，占大二学生的 8.0%，占大三学生的 9.7%。

表 4-33　就读年级与是否愿意不懈追求产品质量之间的关系

			非常愿意	一般	不愿意	合计
就读年级	大一	计数	290	80	40	410
		占 就读年级 的百分比	70.7%	19.5%	9.8%	100.0%
	大二	计数	290	170	40	500
		占 就读年级 的百分比	58.0%	34.0%	8.0%	100.0%
	大三	计数	160	120	30	310
		占 就读年级 的百分比	51.6%	38.7%	9.7%	100.0%
总计		计数	740	370	110	1220
		占 就读年级 的百分比	60.7%	30.3%	9.0%	100.0%

卡方检验

	值	自由度	渐进显著性(双侧)
皮尔逊卡方	37.814[a]	4	0.000
似然比	39.351	4	0.000
线性关联	15.253	1	0.000
有效个案数	1220		

注：a 为 0 个单元格(0.0%)的期望计数小于 5，最小期望计数为 27.95。

本分析说明，在追求产品质量完美方面，一年级学生表示非常愿意的比例最高，而二、三年级的比例逐渐减少，对追求产品质量意识一般的随着年级越高，比例又在逐渐增多，完全不追求产品质量的三个年级占比均为少数。综合比例揭示了一个共同的规律，随着年级增高，学生对精品意识的追逐没有上升，反而下降，结合前面年级纪律的分析，学校应该密切关注学生思想动态的变化，做好学生思想引领，提升其求精的理念。

2) 专业性越强对产品的质量意识关注度更高

本检验原假设学生所学专业科类与是否愿意不懈追求产品质量之间没有差异性。从表 4-34 中可以看出，如果显著性水平 a 为 0.05，由于卡方检验的 P 值小于显著性水平 a，因此应该拒绝原假设，即学生所学专业科类与是否愿意不懈追求产品质量之间的关系具有显著差异性。纵向观察行百分比，非常愿意追求产品质量的，占文科学生的44.4%，占理科学生的67.7%，占工科学生的70.6%，占术科学生的75.0%；对追求产品质量态度一般的，占文科学生的42.3%，占理科学生的22.6%，占工科学生的23.5%，占术科学生的25.0%；不愿意追求产品质量完美的，占文科学生的13.3%，占理科学生的9.7%，占工科学生的5.9%，占术科学生的0.0%。

表 4-34　学生专业科类与是否愿意不懈追求产品质量的完美之间的关系

			非常愿意	一般	不愿意	合计
就读专业	文科	计数	200	190	60	450
		占 就读专业 的百分比	44.4%	42.3%	13.3%	100.0%
	理科	计数	210	70	30	310
		占 就读专业 的百分比	67.7%	22.6%	9.7%	100.0%
	工科	计数	240	80	20	340
		占 就读专业 的百分比	70.6%	23.5%	5.9%	100.0%
	术科	计数	90	30	0	120
		占 就读专业 的百分比	75.0%	25.0%	0.0%	100.0%
总计		计数	740	370	110	1220
		占 就读专业 的百分比	60.7%	30.3%	9.0%	100.0%

卡方检验

	值	自由度	渐进显著性(双侧)
皮尔逊卡方	89.071[a]	6	0.000
似然比	99.362	6	0.000
有效个案数	1220		

注：a 为 0 个单元格(0.0%)的期望计数小于 5，最小期望计数为 10.82。

本分析说明，在追求产品质量完美方面，按非常愿意的顺序排列，术科、工科、理科和文科学生的比例逐渐在降低，表明专业性越强，对产品的质量追求越高，文科学生因为专业不聚焦，对产品和服务的概念相对较为模糊，如何将文科学生的专业性、技能性更为聚焦，是高职院校要思考的课题。

高职学生对精品意识的价值认知一致，均表示不售卖、使用假货，也愿意为他人提供优质的产品和服务。但绝大多数受访对象没有意识到从国家利益出发看待精品意识，也没有从中国制造走向世界理解工匠精神，没有从促进中国经济发展的使命去关注精品意识。因此，在精品意识方面，高职学生的认知层次较浅，只是停留在不买卖假货，并且对中国产品的质量满意度高，期待提升产品质量的动力不足。

总体而言，高职学生职业精神的现状呈现出以下几个特征。

一是认知程度较高，但认知层次较低。不论是守约意识、纪律意识还是精品意识，高职学生均认为这几个方面自己会做得很好，在问卷中也能到肯定回答，但在深入访谈交流过程中，发现学生对上述问题的认知，停留在相对简单的层面，没有做过深入的思考，理解也较为片面，例如对纪律意识从上课看手机、上课睡觉的角度出发，对规则的价值认知较少，对于精品意识，也只从不买卖假货出发，未能从大国工匠的角度出发去思考精品内涵。

二是情感表示积极，但内在自觉缺乏。例如岗位认同方面，在填报志愿初期，学生怀抱兴趣，认为在高校能学到自己所需要的技能，能快速成为行家里手，但进入学校后，理想与现实之间差距较大，相当比例的高职学生经过了三年的技能学习，但心向往之的依然是公务员和教育文化单位，岗位认同感大大降低。在实际面对困难时，也缺少攻坚克难的决心和勇气；在纪律意识方面学生都认为上课看手机是一种违纪现象，但又认为自制力太差，无法杜绝此种情况。

三是意志信念坚决，但行动落实欠佳。高职学生积极履行责任的前提是害怕处罚，比如考试作弊，访谈中学生反映作弊的科目往往是处罚不严或管理松散的课程，在爱岗敬业方面也看重外在报酬的激励，缺少发自内心的热爱，不愿额外付出，乐于奉献的精神不足，自觉自愿到最缺乏人才的一线基层单位工作的热情不高。

第三节　影响高职学生职业精神因素

目前我国高职学生正处在一个伟大变革的时代，他们身上呈现的各种精神风貌，有自身成长的个体印记，更有时代发展的独特烙印。查阅相关研究高职学生职业精神的文献，发现很多的文献习惯于设定一个假想，将高职学生职业精神讲得一无是处，然后寻找一些通用道理，完成三段论表述，看似完美地完成特征、原因和路径的构建，但事实上尚未触及概念本身，更没有实证数据支撑，一切皆源于对高职学生的偏见。本书对高职学生职业精神调研和访谈之后，发现高职学生身上虽有不足，但也看到了诸多闪光点，这既是新时代体现在青年身上的新气象，也是我们培育高职学生职业精神的良好起点和基础。

一、影响岗位认同因素

通过调研发现，高职学生凭借兴趣入学，但进入学校后，对专业的认同度不高，导致对岗位认同不足。造成这一现象的主要原因有以下几点。

(一)兴趣爱好

从调研和访谈的情况看，高职学生在填报志愿、选择专业时主要考虑自己的兴趣，在进校学习后，对专业喜欢程度开始变化，由于对专业的喜欢程度不高，高达55.8%的调查对象对自己所学专业的发展情况了解不多，因此，在今后是否从事与自己所学专业相关的职业时，多数学生态度表现一般。高达70.49%的调查对象心目中的理想职业依然是公务员岗位或教育文化等事业单位，这与高职教育的培养目标的初衷并不符合。从整体数据来看，对专业比较感兴趣的也只有接近一半的学生，另有一半人选择高职院校的主要原因是被动调剂和家长意愿。兴趣获得与学生的信息渠道有关，现在学生接触信息的渠道主要是网络，受访学生认为在网上主要看娱乐性节目。(受访学生D：我们在网上关注政治新闻类节目少，娱乐、负面新闻多，对学生"三观"有影响。学生在学院的网站上主要看院系动态、社团活动、正能量鸡汤，灌输大国工匠的内容不多，对专业的宣传不够，个别汽车系学生连车标也不认识。)网络上关于职业教育、岗位优势等方面的介绍较少，当然，寄希望于社会媒体全力关注职业教育不太现实，而学校的各种媒介平台宣传同样存在滞后和空白，学生对专业不了解，对于今后要从事的岗位不可能形成很好的认同。

(二)技能水平

改革开放以后，职业教育经历了四十多年的发展，国家对于高等职业教育的政策也在不断调整，以承担职业教育的机构为例，最早以企业为主体，后经过调停并转，企业院校交给了地方学校，教学主体先后有 1979 年成立的职业技术师范学院，1982 年试办的短期职业大学和专科学校，1987 年以后开设的职工大学、职工业余大学以及干部管理学院，1994年全国教育会议后通过调整和改革当时的职业大学、部分高等专科学校和独立设置的成人高校来发展高等职业教育，1997 年后"新设高等职业学校一般称为职业技术学院"。[①] 至此承担高等职业教育的主体有了统一的名称。但是多元的办学主体使得高等职业教育自身发展的稳定性和连续性受到影响，造成的直接结果是：第一，高等职业教育的人才培养体系不完整，目前职业教育有中职和高职两种，两者之间的对接融通不够，中职和高职的人才培养方案不能完全匹配，就读职业院校的学生其他发展通道很少。第二，高等职业教育师资水平参差不齐，多数教师没有企业工作经历，无法承担实践性课程的教学任务。第三，高等职业教育的定位不准，长期以来高等职业教育作为普通教育的补充存在，在招生、教学等方面大量复制普通高校的模式，自己的特色不明显。第四，高等职业教育办学规模与投入建设不匹配，目前高职院校的招生总量与普通院校基本相当，但高职院校的投入与普通院校相差巨大，与高等职业教育相关的许多政策性规定落实不力。这些都造成了高等职业院校人才培养水平受限，导致学生对岗位的认同度不高。

(三)待遇条件

受地方区域经济的影响，高职院校之间的发展和建设差异较大，尽管职业教育的口号叫得很响亮，但现实中确是另一番景象，高职学生虽然就业率高，但就业质量偏低。(受访学生 N：我们高职生的就业率单从数量看，确实很好，要比本科就业率都高，但现实中，为什么本科生感觉还是比高职学生欢迎，是因为高职学生就业后流动很大，关键是待遇比较低，导致了职业教育岗位不受欢迎。)比如，这两年招生非常红火的学前教育，几乎稍有条件的高职院校都在开设此专业，看好的是生源充足。但据笔者观察，学生毕业后从事幼教专业的人数比例并不高，目前多数私立幼儿园待遇极低，许多学生只好另谋出路。高职学生从事的多数一线岗位情况都类似，待遇与地位成正比，没有较高待遇的岗位不可能有较高的社会地位，也不会唤起高职学生的岗位认同。

(四)生理因素

在调研中有学生反映自己的身体条件无法胜任岗位需求，从而影响对岗位认同度。(受

---

① 曲铁华，王瑞君. 四十年来我国高等职业教育政策演进历程与特点[J]. 沈阳师范大学学报，2019(4)：96-98.

访学生 E: 自己不太认可目前的岗位,因为晕车严重,旅游专业无法适应,我们系像我这样晕车的学生不在少数。)因为身体原因无法认同专业的学生并非个案,因为高职学校招生时,对专业所需的身体条件没有作出更多的要求,例如,有些女生选择了工科的一些专业,由于身体、生理等方面的原因,导致在就业过程中对岗位无法形成很好的认同。

二、影响爱岗敬业因素

(一)教育宣传强度

第一,宣传教育深度不够。理论只有彻底,才能服人。目前针对高职学生的宣传,要求学生要响应祖国需要,积极就读职业教育,前景无限广阔。但问题背后是岗位差异显著,贫富分化加剧,富家子弟就读职业教育者寥寥无几。此时的显性教育苍白无力,隐性教育难以服众。

第二,宣传教育内容偏颇。高职教育本是特长教育,要尊重个体的差异,但社会对差异性的评价机制没有建立,对个体差异的关注度也不够,在价值趋向上自觉奉献社会、无悔贡献岗位的事迹得不到持续的稳定的社会宣传,而一夜暴富、投机取巧的花边新闻占据学生的精神世界。学校的理想宣传教育、家庭的务实世俗需求和社会的浮躁快餐文化之间没有找到最大公约数,三者之间的联动机制尚未建立。

第三,宣传教育载体缺位。高校思想政治教育的载体近几年一直受到关注,传统课堂、固定模式无法适应形势发展,新型网络的主阵地建设还有许多盲点和难点。2019 年 8 月 30 日,中国互联网络信息中心(CNNIC)发布第 44 次《中国互联网络发展状况统计报告》。报告显示,截至 2019 年 6 月,我国网民规模达 8.54 亿,较 2018 年年底增长 2598 万,互联网普及率达 61.2%,较 2018 年年底提升 1.6 个百分点;我国手机网民规模达 8.47 亿,较 2018 年年底增长 2984 万,网民使用手机上网的比例达 99.1%。自媒体已经成为大学生获取信息的主要途径,但网络中充斥的各种信息影响学生的价值取向,网络中的宣传主阵地未完全建立。

(二)教师业务能力

教师承担着对高职学生职业精神培育的主要职责。教师的爱岗敬业情况会感染学生,教师献身本职岗位、积极钻研业务,会激发学生认真学习,努力提升技能,并为以后的敬业奉献奠定基础。但反观目前高职院校教师的现状,为经济社会发展作出重要贡献的职业教育领域教师比例很低,国家或社会层面宣传的职教领域先进典型凤毛麟角。从笔者供职的高职院校来看,全校连续几年引进的横向科研经费不足万元。说明教师立足岗位服务社会的能力很低。问卷也同样反映了这一现状,认为学校提供的技能教育一般和较差的占比较高。超过一半的学生对学校提供的技能教育是不满意的,老师无法传承学生最紧迫的技能知识,则是最大的失职,也是职业教育最大的短板,直接影响到学生爱岗敬业意识的提升。

(三)学生个体素质

《学记》所言:"自天子以至于庶人,壹是皆以修身为本,其本乱而末。"爱岗敬业不强的关键原因是学生修身不够。一是高职学生不愿献身于艰苦地区和一线岗位，关于学生愿意到农村等基层单位工作的问题调查，62.30%的受访对象表示将视情况而定(见图4-16)。二是高职学生价值取向更加功利，对自身利益比较看重，有 62.29%的受访对象认为偶尔加班可以，但不愿意经常加班，还有 11.48%的受访对象不论在任何情况下都不愿意加班，26.23%的受访对象则认为在有报酬的情况下可以考虑加班，没有报酬则不愿加班(见图4-13)。最基本的环境卫生清扫工作也不愿意做，在缺少有效监督的条件下，不愿主动承担社会责任、不愿积极履行社会义务。

(四)家庭监管力度

敬业不是空洞的口号，家庭在敬业教育中最大的缺失是对劳动教育的轻视。(受访对象M：我在家里干活也比较少，因为从小在学校学习，父母在外打工，好像家里也没有什么需要自己干的，父母也不强调劳动的事，总体感觉家人对成绩还是比较在乎。)例如问到学生是否愿意承担学校的环境卫生清扫工作，非常愿意的受访对象只有 22.95%，其余受访对象都表示出一般或不愿意(见图4-15)，新中国成立后，我们曾有过一段时间的"三好"育人目标，后来竟然将劳动教育排除在教育目标之外，现在又提倡"德智体美劳"全面发展，与社会一起抛弃劳动教育的当属家庭，家庭结构变化，家庭教育功利化倾向明显，学生最重要的成长平台未发挥应有的功能。

三、影响自愿专注因素

作为高职学生职业意志主要品质的自愿专注品质，它的形成或缺失是综合因素作用的结果。今天高职学生自愿专注品质不强，有学校和学生的原因，也有个体自身的因素，需要探讨包括社会文化在内的综合因素，尽管有些因素并不会立刻显现出非此即彼的作用，但这些影响因素在人们潜在思维中依然存在。

(一)学校教育

"道德实践是道德意志的试金石。"[①] 高职学生的自愿性是在学生充分了解职业教育、明确专业发展，深谙产业发展趋势基础上做出的，但是高职学生在进校之前缺乏有效地了解相关产业专业的途径，学校不能有效提供权威可信的资讯。学校在强化学生专业认知上重宏观宣传、缺细节研判，对每一专业要达到的目的、培养的方向，特别是未来发展的趋势，不能如实告知学生，因此，学生对教师、专业、学校在未充分了解的情况下作出选择，这种选择往往是不自愿的。非自愿的选择背景加上学校的教育内容、教育方式、师资水平等方面缺少吸引力，学生的专注性也难以激发，这主要体现在：一是教育内容侧重知识，创新不够。目前使用的教材主要是知识性教材，学生的任务以接受这些知识为主，实践性、创新性教材开发不够，高职类教材使用不太规范，教材水平参差不齐，个别院校使用自编教材，其质量也难以保证。对于多数高职学生而言，纯知识学习是其弱项，对于目前学生急需的应用能力关注不够，导致高职学生在职场的竞争力不足，所以学生自愿投身职业教

---

① 鲁芳. 培育道德精神：大学道德之思[M]. 长沙：湖南大学出版社，2009：126.

育的动机不强。二是教学方式陈旧，无法适应产业的快速发展。教育部为提高高职学生动手能力，规定了"2.5+0.5"人才培养模式，要求高职学生用半年的时间赴企业顶岗实习，但成效不明显，学生能进入的岗位多是流水线工人或简单的操作工，岗位锻炼、岗位实践的机会太少。根据问卷和访谈，大量的文科类学生得到的机会更少，交互分析结果也说明简单的流水线工人对学生缺乏吸引力。三是师资水平无法胜任培养新型人才的重任。目前高职院校的师资多数为学校到学校，教师本身缺少实践创新思维，照本宣科，机械完成教学任务，高校教师下企业挂职推动不力，直接影响到职业教育的培养质量。四是评价机制没有发挥应有的导向作用。评价手段引导着教学过程，目前对教学的评价不论是对学生的成绩评价，还是对教师的教学水平评价，未建立起有效的道德评价机制，对个人品质如何考核和界定，尚没有统一的模板和方案，自然延续传统的考核模式是最安全的选择。

(二)传统观念

"从普遍意义上说，自愿专注能否形成不取决于具体的个人是否具有潜质及是否努力，而首先取决于社会的精神状况——一定文化中的精神，即这不是一个个体心理学或教育学的问题，而是一个社会文化的问题。"[①] 自愿品质需要文化的支持，因为我们虽然是"文化的创造者，但接着，由于文化的反作用，我们也为文化所创造"[②]。高职学生自愿意识得不到充分保障，传统文化起着一定的制约作用。主要表现在以下几个维度：一是传统文化鼓励和倡导服从和秩序，弘扬顺从精神，灌输秩序观念，在人们的精神世界中预设框架和原则，在核心观念上表现为"生死有命，富贵在天"；日常行为上表现为"尊卑贵贱，不逾行次"，对个体的意志自由关注不够，对学生的自主自愿尊重不够。二是传统文化体现了对主体人格的压制，传统文化体现的伦常关系，每个个体作为这种关系网络中的一个节点，是为整体关系而存在，个体不可能成为独立者，个体不允许也不可能有较强的意识能动性，自愿性自然不会被重视。三是传统文化的保守僵化反映在实践上，则是轻视技术，蔑视劳作，崇尚精神愉悦，疏于躬身实践，甚至影响到"职业教育"的发展。[③] 这种传统文化制约了人们对职业的荣誉感，所以让学生自愿选择一线职业岗位短期内难以形成风尚。

(三)个体因素

高职学生专注力不够，首要在于学生习惯的培养上，做事细致认真的专注习惯不是进入高职院校才养成的，通过笔者的观察和调研，进入高职院校的学生普遍在学习过程中不愿持之以恒，上课听讲不能全神贯注。关键是学生的兴趣没有充分激发，学习习惯没养成，在高职教育中，有一种错误认识，认为文化课不好的学生会喜欢学习技术，笔者在问卷调查的过程中发现，文化课基础薄弱，恰是学生的兴趣点没有培养起来，没有建立起良好的学习习惯。因此，在没有明确的兴趣爱好，未能树立清晰的奋斗目标的情况下，不论学习文化课知识还是掌握专业技术，都难以全身心地投入。因此从小关注学生的兴趣，尊重他们的意愿，既是保证意志自由的前提，也是推进个体专注力的有力保证。

① 雷继红. 试论大学生创新精神培养[J]. 教育探索，2010(9)：134.

② [德]M.兰德曼. 哲学人类学[M]. 阎嘉，译. 贵阳：贵州人民出版社，1988：245.

③ 马忠莲，王红艳. 变革传统思维方式与活跃创新精神[J]. 宁夏社会科学，2009(9)：140.

四、影响纪律意识因素

(一)虚拟网络

互联网强势崛起，不再局限于信息的传播，而是塑造了一个全新的虚拟网络空间，这个有别于传统社会的时空，促使人们的思维方式、行为方式和价值观念不可避免地受到影响，这种影响对大学生来说尤为深远。网络的开放性冲击着大学生自主意识，网络的全球开放性，让狭隘规范的适用范围遭遇尴尬，而在网络世界中，国家的交流和界限被打破，民族的认识和国家的意志被削弱。这样的一个地球村，原来的规范不再适应，出现网络社会规范与现实规范的冲突，由于虚拟世界网络控制、管理机制和网络行为约束机制缺乏明确的标准，不同的标准在网络世界中按各自的方式运行，互联网上人们的行为主要靠个人的道德自觉和个人的内心信念来维持，而不像现实生活中可以遵循传统习惯和社会舆论来缓解，网络世界中的许多大学生把网络当作绝对自由的领域，按照自己的意愿，干自己想干的事，完全不顾及真实世界的制度约束。

(二)家庭教育

无论是在空间内还是在时间上，个人和家庭成员都是最为亲密的交往关系，在频繁的互动中，家庭成员的一言一行渗透和影响孩子，所以对青少年行为产生最直接影响的是家庭教育。家庭是每个人接触的第一所学校，家庭中传递着最初的价值取向和道德观念等，明确社会规范对个人行为的要求，家庭成员的举动会实时传递给孩子，正确的、恰当的行为会得到来自家庭内部的表扬，反之错误的不实际的行为会及时得到纠正。我国家庭结构的现实状况导致宠爱甚至溺爱孩子是许多家庭共同的弊病。对孩子成绩关注多，情感关注投入不足，容易使孩子养成自我为中心，吃不了苦，受不了气，服不了管。自私自利的处事方式接受不了学校制度的管束，与此相对应的则是重文凭认学历的社会价值导向，许多家长认为，只有学习好，才能找到好工作、出人头地，对健康的人格塑造和道德品质的完善，倾注力量较少。还有一种家庭教育方式，则以"虎妈""狼爸"的形象出现，打着爱护孩子的名义，暴力干涉孩子的各种选择，干涉其自由。造成孩子心理中的阴影和对各种规范的抵触，专制独裁的教育方法给孩子带来新的创伤，也影响了他们自我认知能力的培养，这两种情况都可能造成孩子纪律意识的磨灭。

(三)学校教育

个体的成长是从小到大不间断的过程，学校教育在青少年的成长中占据时间和精力最多，担负着文明启蒙的职责，完整成熟的价值观、人生观离不开学校教育，客观上反映着学校教育的水平。尽管高等院校对纪律教育的重视程度日益增高，但这种教育效果不理想，究其原因，目前的教育是知识和观念的堆积，而非灵魂对灵魂的唤醒。我国高校纪律教育的教育理念、教育方式等方面相对滞后，特别是对学生纪律观念的执行转换、教育力度不够，简单的"你说我做"、命令式教育方式注定在行为层面上陷入执行困境，因此，增强教育的感染和说服力，强化大学生自身对纪律观念认同，是形成纪律教育乃至纪律信仰的必然选择。学校执纪不严也会造成纪律意识的淡漠，学生刚进校时对学校的规章制度敬畏性较强，遵守纪律的比例较高，但进入二、三年级后，违纪的现象反而增多，这与学校执纪的延续性有着直接的关系，调研结果显示有 10.66%和 12.30%(见图 4-27)的受访对象认为处罚不严和制度不健全是其违纪的主要原因。

(四)个体自律

高职学生的生理特征虽然完全成熟，但心理特征并没完全成熟，由于对人生、对社会的了解不够深刻，自我分析、自我评价中还存在着主观和盲目的心态，对自己行为的调节和控制能力较弱，不能有效地约束自己的言行。如果学校对一些违纪行为未能及时处理，或者处分不够准确，就会给违纪学生强化错误意识，或对其他学生形成错误暗示，让违纪现象再次发生。

五、影响守约意识因素

相比高职学生职业精神的其他维度，守约意识是高职学生坚守较好的品质，主要得益于以下原因。

(一)市场经济

1992 年我国确立社会主义市场经济以来，经过 20 多年的建设和发展，市场经济中的法律规则、诚信意识、契约精神逐渐深入人们心中。尽管我国在市场经济建设过程中，出现了道德滑坡、信用丧失、假冒伪劣盛行的阶段，但中国特色社会主义的市场经济没有完全倒向利益的樊笼，通过市场的自我净化，国家的有效调控，人民的比较选择，一种更有效配置资源的方式逐渐被人们认可，特别是在年轻人心中产生了良好的效果。发展势头良好的市场经济，一定是有效率和秩序的市场经济，秩序的构建，必然推动诚信的建立，市场经济客观上促成双方平等、互利、互信关系的建立。

(二)法治建设

古往今来，以怎样的方式治国理政，是人类社会发展面临的共同课题。中华人民共和国成立后，在一穷二白、百废待兴的废墟上，中国共产党领导人民开始建设社会主义的艰辛探索。70 年来特别是改革开放 40 多年来，我们党在法治建设正反两方面经验基础上开辟的中国特色社会主义法治道路，既遵循法治普遍规律，又符合国情实际，为完善和发展中国特色社会主义制度提供了有力法治保障。从党的十五大确立依法治国基本方略，到十八大阐述全面推进依法治国重要思想，再到十八届三中全会提出推进法治中国建设目标任务，一整套适应现代化建设需要的治理体系正在加紧构建。今天，面对前所未有的矛盾风险挑战和改革发展稳定繁重任务，要大力弘扬社会主义法治精神，高度重视运用法治思维和法治方式执政兴国，推动依法治国进入新阶段。借着法治的春风，围绕大学生信用建设的立法也在加快。例如，随着信用建档工作的开展，大学生信用档案在许多高校开展，大学生个人基本情况、不良信用记录、奖惩情况都被纳入个人信用档案，这对个人来说是一种极大的约束，让其认识到讲究诚信、规范自己行为的重要性。在国家助学贷款方面，高职学生的贷款比例依然很高，[①]而还款情况除依赖于个体诚信之外，法制的外在约束仍不可少；考试作弊入刑，[②]将违纪行为转入违法惩治，将诚信道德讲堂与法治建设结合，这些法治举措有力提升了高职学生的诚信意识。

(三)失信惩罚

改革开放以来，我国传统的熟人社会迅速被打破，长期坚守和践行的家族式垂直型诚信体系受到市场经济冲击，随着人口流动的加剧，失信的代价变低，即使因失信被罚，也不会处罚太重，失信情况往往只是纳入道德范畴予以谴责，不论是政府层面，还是黎民百姓，上行下效，失信现象普遍，对社会信用造成极大破坏。2016年12月国务院颁布《关于加强政务诚信建设的指导意见》。政府率先带头树立"公开、公正、诚信、清廉的良好形象，营造风清气正的社会风气，培育良好经济社会发展环境"[③]。学生在访谈中也提到，严厉打击失信行为，所以不敢失信，要将自己的信用问题放在法制的环境下考量，使他们的行为必须进入法制轨道。其中，大数据时代能够运用技术手段，重点监测、精准打击，并实现全网联动、信息共享，从技术层面解决了对失信人打不准、打不疼的问题。另外，学校也要在选优评先、奖勤助贷等涉及学生切身利益事件上营造公正透明、诚实守信的氛围。这些举措，为青年学子的诚信观培养提供了警示。

(四)社会主义核心价值观

党的十九大报告明确指出："社会主义核心价值观是当代中国精神的集中体现，凝结着全体人民共同的价值追求。要以培育担当民族复兴大任的时代新人为着眼点，强化教育引导、实践养成、制度保障……"社会主义核心价值观提出后，党政机关带头坚守和践行社会主义核心价值观形成了良好的社会环境；新闻媒体、网上阵地、众多精神产品提供了践行社会主义核心价值观的肥沃土壤；家庭道德教育、文明社区创建营造了践行社会主义核心价值观的良好氛围……这种全方位立体式的宣传普及，使社会主义核心价值观在青年心中逐渐深入，个人层面倡导的"诚信"理念也不断深入人心。

六、影响精品意识因素

(一)宣传导向

不论是国家媒体还是校园网络宣传阵地，对于普通日用产品的质量、质地，没有过多的宣传，没有树立起任何产品都要打造成精品的理念。而高职学生对日常用品也不做过多关注，不深究产品背后的技术来历。知识产权保护意识不强，对于专利剽窃行为打击的力度不大，学生使用盗版书籍、盗版软件的现象在高校也时常出现。(受访学生 H：盗版的书

---

① 以笔者任职学校为例，2017—2019 年，每学年通过助学贷款缴纳学费的比例占到学生总数的三分之一以上。

② 叶良芳，应家赞. 考试作弊及其相关行为的刑法规制探讨——兼评考试作弊系列犯罪的设立[J]. 法治研究，2015(3)：55-63.

③ 关于加强政务诚信建设的指导意见[N]. 光明日报，2016-12-31(1).

籍和软件经常碰到，我身边同学也在用，至于知识产权也没仔细考虑过，但这样可能也不太好。)这种对知识产权的轻视，对劳动成果缺乏敬畏，影响到学生对工匠精神的忽视，在追逐精品的过程上缺乏精益求精的作风和良好职业操守。

(二)学生能力

通过学生的访谈和问卷的交互分析，反映出一种现象，理工科学生对精品意识的关注度要比文科学生高，分析原因主要是理工科学生开设的课程、接受的技能操作程序比较规范，考核标准相对明确，学生能从成果中及时体现到努力的结果，项目推动、成果导向的教学方式也容易激发学生的积极性。而文科学生由于专业对口不精准，聚焦规则、细化步骤、量化考核的难度要比理工科学生大，较为抽象笼统的描述，学生领会追逐精品的过程不能及时得到反馈，学生对于精品意识的感受不深刻，对精品意识的培养难度更大。

问卷反映有 47.54%的受访对象认为技能掌握比较熟练，有同样比例的受访对象表示对技能掌握一知半解，加上 4.92%的受访对象认为自己对技能的掌握不熟练(见图 4-37)。不同科类学生的感受，聚焦到教学过程中，反映出学生对于改变教学内容的需求，对于掌握技能的渴望，学校承担学生精品意识的培养，要有可供操作的平台和载体，可供遵循的规则和标准，便于考核的措施与方法。这些都需要专业设置、课程内容和教学方法的改变。

(三)思想教育

一是思想政治教育的针对性不够。根据国家规定，目前高职院校的思想政治教育主要按照国家规定课程开设，因为是全国通用教材，针对不同地域、不同专业、不同个性的学生针对性教育不够。这些课程主要从宏观方面培养学生的品质，面对高职学生具体层面的东西不多，如果不能细化聚焦，思想政治教育对学生精品意识的培养会流于形式。

二是课程思政的作用发挥不充分，课程思政和思政课程的衔接不精密。对于高职学生精品意识的培养，课程思政的作用要比思政课程更细致、更无声，项目化、模块化的教学中嵌入规则意识、工匠意识、质量意识都易于学生接受。但这方面工作还有差距。(受访学生 L：老师上课的时候，基本就是讲解课本内容，课本内容之外的东西很少涉及，学校好像专门强调过要进行思政三分钟教育，所以老师会选择一个话题讲一点，但与课程结合不紧。受访学生 H：老师好像也是从学校到学校，对于课程背后的价值没有深入思考过，可能他们的眼界限制了我们的眼界。)

三是思想政治教育的力度不够。通过问卷交互分析，高职学生对精品意识的追逐，随着年级的增高开始淡化，反映了思想政治教育力度的弱化，刚入校，法律基础、道德修养各种课程都开足，随后思政课程让位于专业课，三年的学习，学生的价值目标不但没有筑牢，反而开始削弱，显然学校的教育没有跟上学生思想变化的节奏。

(四)个体意识

精品意识不强，往往是主体急功近利的思想在作祟。现在高职学生中，一夜暴富、提前消费、满足虚荣心的情况依然存在。2019 年，以笔者所在兰州市所在高校来看，每天都有学生被骗的案件发生，而这些案件多是网络诈骗或"套路贷"的结果，而被骗学生的心理多数是为了超前消费，虚荣性心理占有很大因素。[①]立案侦查的大学生网络被骗案件，受害大学生被骗的原因与超前消费、盲目消费有很大关系。理性消费、辛勤劳动的思想没有完全深入大学生内心，在这种观念支配下，品牌意识、质量意识、精品意识无法内化到高职学生内心，外化到其具体行为中。比如，在是否关注产品的品牌方面，36.88%的受访对象表示非常关注，而表示一般关注的占到受访对象的 51.64%(见图 4-34)。在是否愿意不懈追求产品质量的完美方面，61%的受访对象表示非常愿意，但也有 30%的受访对象对产品质量的完美态度一般，另有 9%的受访对象表示不愿意追求产品质量完美(见图 4-35)。相对应的问题，在希望自己今后给他人提供什么样的产品和服务时，78.69%的受访对象表示要精益求精，力求完美，有 15%的受访对象表示，只要"差不多""过得去"就行，另有 6.31%的受访对象表示不太计较标准，不愿意下苦功夫去抓产品质量(见图 4-36)。绝大多数受访对象没有意识到从国家利益出发看待精品意识，也没有从中国制造走向世界的角度，去认识中国产品的使命。因此，在精品意识方面，高职学生的认知层次较浅，只是停留在不买假货，并且对中国产品的质量满意度高，期待改进提升产品质量的动力不足。

综上所述，高职学生职业精神的结构形态是一个有机联系的整体，所以影响高职学生职业精神的因素，也会牵一发而动全身，每一因素可能会在多点发力，这提示我们分析影响高职学生职业精神的因素时要有整体意识，要运用系统的观点。因此，对高职学生培育的措施要统筹考虑、全面施策。

---

① 这一数据来源于 LZ 市各辖区派出所每天对各高校学生被骗情况的通报，该通报 2019 年 1 月开始实行日报制，笔者每天都收到反电话诈骗的案例通报和防范提醒。

第五章　高职学生职业精神培育对策

高职学生职业精神培育是对大学生思想道德、价值观念、技能水平的综合提升和塑造，是促进高职学生积极履行岗位职责，践行社会主义核心价值观，发挥岗位成才的价值引领作用，也是重塑劳动光荣、技能宝贵、奉献社会良好社会风尚的有利抓手。高职学生职业精神培育既需要宏观层面的政策导向，也需要学校、家庭等中观层次教育作用的发挥，除外部环境外，精神的培育任务最终还要落在个体身上，需要调动个体的主观能动性。总之，高职学生的职业精神并不是与生俱来的，是高职学生在成长过程中逐渐形成的价值自觉和精神追求，这一过程离不开国家经济支撑、社会价值引领、学校规范教育、家庭潜移默化、个体认同践行。高职学生作为一类特殊重要的教育对象，是社会经济发展到一定阶段的必然产物，时代催生职业教育、时代呼唤职业精神。反过来，职业精神作为个体综合素养的核心体现，是个体立足社会、成长成才的内生要求。因此，在培育高职学生职业精神时既要关注时代背景，又要立足实际、抓好落实，对当前高职学生职业精神体现出的良好方面要大力弘扬、注重强化，对于高职学生职业精神方面的不足和短板，要敢于正视、努力提升。

本章在第三章调查分析的基础上，针对第四章提出的影响因素，综合整理后，在本章做出回应。

第一节　高职学生职业精神培育机制

毋庸置疑，高职学生的职业精神在其职业活动中具有十分重要的价值，但这种价值只有将职业精神的精神层面转化为高职学生的具体品格，并在职业活动中自觉弘扬和践行，才能体现出来，因此，应探索高职学生职业精神的形成规律，理清高职学生职业精神培育的机制，从而使每一位高职学生都能自觉地构建其职业精神，形成相对稳定的思维方式、价值观念和道德规范并积淀成牢固的精神素质。

一、职教理念的认同与整合

笔者将认同界定为"个体成员与群体对某一事物或现象达成一致看法和形成相同感情的过程"。在高职学生职业精神培育的机制上，认同是高职学生职业精神培育的起点，高职学生职业精神最终以思维的方式呈现在高职学生的头脑之中，并将这些价值理念、伦理规范外显于高职学生的行为方式和职业习惯之中。但在呈现这一过程之前，如何形成正确的认知是关键。高职学生职教生涯的第一步是对职业教育理念的认同和接受，职业教育理念作为社会意识，是客观存在的，不以个体意志为转移的，对它的接受和认同并不是自发的，职业教育理念成为高职学生的价值规范和行动指引需要一个转换的过程。这涉及外在的客观精神怎样才能成为内在的经验体验，一套价值观念是否被纳入高职学生的职业精神不是写入文件、编入教材就能实现的，关键是要进入高职学生的头脑之中。所以，从根本上说，这些外在的内容要让高职学生切实地认同和遵循，变为指导他们社会实践活动的准则。

如何实现认同？首先，要加强职教理念的宣传，职教理念要通过恰当的途径，不断地灌输给高职学生。职业教育理念的灌输不是空洞理论的说教，在某些点上必须引起高职学生的共鸣，符合高职学生的实际，唯有如此，在思想灵魂深处，个体的道德意识之中，才会接纳认同。所以职业教育的基本理念进入个体内心，要显示其特殊性、重要性，职业教育要用自己的特色赢得学生，以自己的魅力吸引学生。其次，要转变高职学生的思维，因为高职学生是时代的产物，受社会经济环境的制约，尽管高职学生具备一定的主观能动性，但发挥主观能动性的前提是思想观念、行为方式要契合社会的需求，高职学生树立自己的价值目标，将人生价值放在社会的大利益大背景之下，对职业教育在社会经济发展中的重要作用有明确的认识，在此认识的基础上，尊重职业教育的规范，自觉选择从事职业教育，自觉践行职业活动，顺应职业群体的规范，适应职业群体的价值。这种认同，开启了高职学生职业精神养成的第一步，但认同理念比较复杂，高职学生完全地接受还必须经历一次理念的整合。

所谓整合，原本是一个生物学范畴，"指机体或细胞中，各组成部分在结构上组织严密，功能上协同动作，组成完整的系统"[①]。社会学中指"依据特定的意义定位和价值预设，按照经过了价值判断和择优选择的规则和程序，协调统一某些互相联系或彼此冲突的社会组织、社会活动或观念体系"[②]。显然，职业精神的整合就是一种观念体系的协调统一。职业精神作为一种社会意识，它必定受到其他社会意识的影响，高职学生职业精神的整合，一般表现为两个方面，首先是横向的整合。高职学生把其他行业的优秀精神品质和规范整合到自己的系统中，凝聚吸纳到自己的精神体系中来。比如，新中国成立以后，我们弘扬的"雷锋精神""铁人精神""女排精神""两弹一星"精神，2020年年初，新型冠状病毒肺炎蔓延之时，我们的广大医务人员、科研人员、基层社区人员彰显出"人民至上、艰苦奋斗、无私拼搏，求真务实，科学严谨"等行业精神，都可能成为高职学生职业精神的新元素。在职业分工细化的今天，职业教育以其独特的基础地位和优势为各行各业提供人力资源和智力资源，将这些行业的精神整合为高职学生新的职业精神元素，高职学生职业精神才有更大的适应性和活力面。其次是纵向的整合。高职学生职业精神的形成不是主观任意的产物，而是社会存在的反映，也是职业教育在历史发展中的积淀。职业教育发展在不断借鉴和吸收其他教育形式的优秀成果，不断地将旧的思维观念合理因素整合到新的观念系统之中，从而不断丰富高职学生职业精神的内涵。[③]自从人类有了分工，就有了初始的职业，从那以后职业精神一直伴随左右，我国的墨子、鲁班身上体现的古代工匠精神；秦代以降，技进于道的工艺理念；近代黄炎培提出的"敬业乐群"思想；以及新时代的工匠精神以及西方职业教育的优秀思想等，都需要职业教育自身传承整合，彰显职业教育特有的品质，将其吸纳到高职学生的职业精神中来。

总之，凡是促使社会发展的道德伦理规范，大家共同遵守的社会良知，共同坚守的理想信念都能成为高职学生职业精神整合的元素。鉴于职业教育的基础地位，认同职教理念，

---

① 朱智贤. 心理学辞典[M]. 北京：北京师范大学出版社，1989：939.

② 陈鹏勇. 论现代高等教育多元发展理念的整合[J]. 高教探索，2015(1)，49-54.

③ 张晓锋. 新闻职业精神论[D]. 复旦大学，2008：96.

整合优秀精神元素，是高职学生职业精神培育的起点，在此基础上，高职学生职业精神需要将外在价值规范内化于高职学生心中，成为他们践行职业活动的准则。

二、价值规范的内化与建构

内化是把"外在的道德规范、道德原则、价值观念转化为个体的道德认知、道德意识、道德自觉的过程"[①]。高职学生职业精神的内化是把职业精神中的责任、使命元素转化为自己的良心自觉的过程。高职学生职业精神的内化过程可以概括为：高职学生对"职业精神的认知逐渐由表层的知识观念达到深层的价值观念，由强迫性遵守的消极情感向自觉遵守的积极情感转变，由被动的义务观念向主动的道德良心的转换"[②]。高职学生只有把外在的价值规范通过心理活动转化为个体品德，才会成为主体自己的精神世界，才能获得内心情感的支持，形成相对稳定的精神素质和心理成分。从形成机制来看，高职学生职业精神的形成，是"认识—实践—再认识—再实践"的过程，内化是指个体经过外部环境的熏陶，不断接受社会价值观念、外在道德规范，并将其转化为内心信念，最终形成为高职学生实现理想抱负的精神动力。

高职学生职业精神的内化起点，是高职学生认同和整合后获得的价值观念，内化的过程就是对这些价值观念的再次选择、甄别，进而形成一定的情感观念，树立起坚定的意志观念并强力推动实践，在具体实践活动中落实这些价值观念、践行道德行为，在践行的过程中，不断扬弃、重构新的价值模式。高职学生职业精神起始于认识，形成于实践，完成于再认识和再实践。认识是高职学生职业精神形成的发端，这种认识表现为对职业教育的使命、职业与角色的理解，真正的理解是参与职业实践活动，将认识到的使命和角色放在实践中去检验。

在实际的职业实践中，主体转化价值观念的动因复杂，有来自高职学生自身完善的意愿和价值追求的自身动力，也有社会就业压力、雇主需求、行业规范以及社会文明状况等的外力推动。比如，在问卷调查中发现多数学生选择职业教育是凭兴趣而来，但随着认识的深化，热情迅速消退，对岗位反而随着年级增高，认同度逐渐降低，说明内外动力推动不够。高职学生职业精神的内化就是要将外在的价值观念变成自己的世界观、人生观和价值观，从而使健康的心灵得以培养，高尚的人格得以塑造，完美的精神境界逐渐形成。高职学生职业精神观念和规范的内化，"其实质就是在高职学生职业精神的养成过程中，使高职学生从认识层次上升到情感的激发陶冶以及意志信念的培养和确立层次，只有这样，才能最终养成真正自觉的职业精神的思维方式和职业行为"[③]。

内化是高职学生外在的观念和规范转化为个体内在的品质的必然过程，也是高职学生不断吸收营养，形成符合社会需求的道德行为的必由之路。高职学生的知识观念是整个职业精神结构中的基础层次。高职学生在具有一定知识的前提下，需要情感作出评判，情感是人们对行为进行好恶是非评价的标准，意志信念则是情感的强化和升华，即使受到其他因素干扰，都不会改变其信仰和决心。价值规范的建构就是主体将正确的人生观、价值观，

---

① 杨道涛. 道德内化主客观条件合力形成论[J]. 学校党建与思想教育，2017(19)：54-56.

② 张晓锋. 新闻职业精神论[D]. 复旦大学，2008：96.

③ 张晓锋. 新闻职业精神论[D]. 复旦大学，2008：100.

用来去规划自己、改变自己，发挥自己的能动性和创造性，调动自己的潜能和价值，通过调动个体的自我教育意识，培养其自我教育能力以充实、发展、完善自我，从而达到从心所欲不逾矩的境界。

三、价值取向的调整与确认

高职学生职业精神作为推动高职学生职业实践活动的观念形态或价值导向，不仅要在职业活动中体现出来，而且要用职业实践活动的结果和道德评价来加以强化。强化是高职学生职业精神得以在内心固化和确认的必然途径，也是高职学生职业精神内涵不断充实的外部保障。职业实践活动是主体内化的根本，也是高职学生职业精神得以强化的关键。职业实践活动的良性发展，离不开职业精神的推动。而高职学生职业精神又指导和推动实践活动的发展，反过来对其本身的形成和发展产生强化效果。也就是说，职业精神的形成和发展需要有效巩固，而内在观念的巩固和规范的强化，又必然促进职业精神的形成和发展。在职业活动中，高职学生依据实践的结果，及时调适价值观念，通过职业实践活动，审视自己的道德良知，修正自身的价值观念。高职学生关于自己的职业道德行为的善恶评价，不仅可以对职业活动的原则与规范起到巩固深化的作用，而且可以促使本人更加自觉地抑恶扬善，形成优良的职业道德行为习惯。可见职业实践不仅内化有关的职业价值观念，同时也对此进行强化，使之转型达到职业精神的最终目的。强化可有肯定性评价和否定性评价两种。肯定性评价是一种对符合社会目标的职业活动，有推动作用的精神予以积极的或肯定性评价的方式，它有利于促进高职学生认可这些已有的价值观念，并更加巩固和增强这种价值观念的取向和力度，比如对大国工匠的弘扬，对职业标兵的褒奖，对技术能手的尊崇。否定性评价则是一种对不符合社会目标的职业活动产生过影响的精神，给予否定性的评价，从而促使高职学生放弃选择这些价值观念或者削弱这些价值观念，比如，对假冒伪劣的惩治，对失信违纪的处理。

高职学生职业精神是在强化中形成发展的，无论是思想理念、价值观念、个体人格都需要经过多次强化，才能成为推动职业实践活动的精神动力。这要求高职学生要将自己的价值取向同社会发展价值目标与评价标准统一起来，从而选择确立同社会发展目标与评价标准相一致的价值取向和价值观念，在此基础上建构自己的职业精神。强化作为职业精神发生的重要方式，主要是通过评价激励机制而实现，处在现实社会关系中的高职学生群体，要依据当前社会的道德准则，根据社会对职业教育的评价或个体的内心活动方式，强化自己的职业精神。纵观历史上，各行业道德意识的提高，都不是通过完全内化的自觉的过程来完成的，而是在行业压力与利益冲突，在外力的助推中形成的，借助社会评价或者传统文化的外在力量，对已有内化成果进行调适和确认。除社会评价外，高职学生在职业活动中表现出一种自我的评价，并将此作为推进自身进入更高层次精神境界的内在驱动。在这一过程中，高职学生以职业责任和职业良知判断职业活动的合法性、合理性和合道德性，正确认识自己和了解自己的道德品质和道德行为，从而能够不断提高自己的道德品质。开展高职学生职业道德社会评价，不仅是保证高职学生职业道德原则和规范的顺利实施，保障他们职业活动正常进行的重要手段，也是提高高职学生职业道德品质的重要途径。在实际的精神生活中，自我评价和社会评价往往是有机结合的，具有内在一致性，就评价主体而言，两者之间又存在着相互促进的关系。外在的荣誉激励和法纪督导也是高职学生职业精神强化的有效途径。荣誉激励就是培养高职学生的职业荣誉感，用荣誉的评价性来激发，用法规纪律来指导和监督，统一意志统一行动，形成良好的职业风尚。

由此可见，高职学生职业精神的养成，是高职学生根据精神形成的基本规律，通过对个体的行为精神进行反复倡导和塑造，使之形成稳定的行为习惯，在同化外在观念、道德规范等基础上，内化为个体心理结构和精神素质。在职业实践活动和道德评价中得到强化，最终构建出明确的价值观念和稳定的精神品质。

第二节　高职学生职业精神培育路径

今天，中国社会、学校和学生都深刻认识到职业精神的重要性，目前有大量的文献讨论职业精神教育，尽管教育观点各不相同，但都存在以下共识：第一，以往的教育方式需要完善。第二，无论采取什么样的措施来解决该问题，都应该包含启动专业教育，以确保高职学生懂得职业精神的内涵，并付诸实践。[①]第三，高职学生职业精神结构是有机联系的整体，其培育举措要综合考虑，而非孤立实施。长期以来，职业精神既不是专门的课程，也没有包含在标准的教学体系中，对于职业精神更多的是通过价值观和信念的灌输，经过思政课的方式加以解说和理解，并认为"这些价值观和信念在学生获得知识、掌握技能和增长智慧的同时，通过社会化过程加以掌握"[②]。事实上，这些方法操作起来看似简单，但仅靠说教的方法难以奏效，所以必须运用系统的方法来持续实施。这不仅有利于职业精神的教学，也有利于职业精神的评估。

一、加大培训教育力度

关于高职学生职业精神的教学，传统教学模式中主要作为思想政治教育的形式，通过理论灌输的方式开展，但现在另一种极端现象出现，觉得实践课程才是提升职业精神教育的有力抓手。对于教学理论的研究投入精力较少，一门心思在实践课程中寻找真谛。所以，在开展高职学生职业精神教育时要正确对待理论和实践的关系，系统的教育理论架构，能帮助大家对教学取向作出明智的选择，同时，理论有助于促进有意识地进行交流互动。没有理论架构的指导，容易导致我们的实践过分依赖直觉和常识的判断。因此，在盲目进行职业精神培育的一片叫好声中，仔细梳理合适高效的理论非常必要。

目前的高职学生，在校期间往往意识不到需要将其行为按照未来的职业角色类型进行匹配，直到迫于就业压力而需要改变自己时，在实际从事工作时才认识到职业精神的重要性，这时才会将职业精神教育视作一门必需的独特而重要的学问。所以，为了让高职学生在校期间尽早了解职业精神，要探讨各种职业精神培育的有效工具和手段，在学校大张旗鼓地宣传职业精神。

① 刘惠军，唐健，陆于宏. 医学职业精神的培育[M]. 北京：北京大学出版社，2013：7.

② Sullivan, w. work and Integrity: The Crisis and Promise of Professionalism in North America. 2 nd ed. San Francisco, CA: Jossey--Bass; 2005.

职业精神培育是一项系统工程，这个系统中不仅包括学生与教师、学生与家庭、学生与社会，也包括他们之间的相互关系。为了让高职学生从一名普通的学生转变为拥有专业技能和具备高尚品质的专业人士，需要在职业精神教育的方式上大胆探索、多方施策。

(一)创新思政教育模式

思想政治课肩负大学生世界观、人生观、价值观的培养，是人们熟悉的高校思想政治教育方式。但课程思政一经出现，便受到学界的热捧。因为课程思政和思政课程在育人结构上，知识传承和价值引领方面相互渗透，其本质都在价值引领，其任务均肩负立德树人。中共中央、国务院颁发的《关于进一步加强和改进大学生思想政治教育的意见》指出，"坚持教书与育人相结合。学校教育要坚持育人为本、德育为先，把人才培养作为根本任务，把思想政治教育摆在首要位置"。2017 年 2 月，中共中央、国务院印发《关于加强和改进新形势下高校思想政治工作的意见》指出："坚持全员全过程全方位育人。把思想价值引领贯穿教育教学全过程和各环节，形成教书育人、科研育人、管理育人、服务育人、文化育人、组织育人长效机制。"同年 12 月，教育部印发《高校思想政治工作质量提升工程实施纲要》进一步指出："充分发挥课程、科研、实践、文化、网络、心理、管理、服务、资助、组织等方面的育人功能。"高职学生职业精神是高校思想政治教育内容的主要组成部分，高职学生职业精神蕴含的诚信品质、社会责任、劳动意识、专注精神是思想政治教育层面的东西，思政课程教学首要目标是养成人们正确的人生观、价值观。通过思政课程，宣讲职业精神的内涵特性，侧重点主要在道德层面上，致力于提高自我意识转换作用。根据调研情况反馈，目前在思政课程教学中还需要做好以下几项工作。

第一，思政教育课程的连续性。目前高职院校思政课主要集中在一年级和二年级上半年，通常为先公共课，后专业课的安排顺序来组织教学，但在调研中发现，学生进校之初，兴趣浓厚，对职业教育充满期待，追逐精品怀抱理想，但到二、三年级，这种良好的精神面貌开始消退。还有纪律意识，进校之初的纪律意识、行为习惯要比高年级阶段更好。这些现象表明，持续推进思想政治教育非常必要，不能简单地以完成教学任务为目的，思政课的教学内容虽然在课堂，但效果的呈现在课外，评价效果也不能以考试成绩来简单衡量，必须放到塑造人的角度去对待。

第二，思想政治教育课程的针对性。2019 年 3 月 18 日，在思想理论课教师座谈会上，习近平总书记提出推动思想政治理论课改革创新，要不断增强思政课的思想性、理论性和亲和力、针对性。因为思想政治教育教材是国家的统一教材，对地域的差异没有考虑，但是不同地区、不同家庭、不同年级的学生思想状况不同，他们的诉求各异，要达到最好的教育效果，一定要在通用教材的基础上，灵活增加内容，采取针对性的教学方式，方可达到预设的教学目的。

第三，创新思想政治教育方式。目前思想政治教育课多数还是课堂教学的模式，尽管在课堂教学中许多高职院校也创新了教学方式，如 LZ 职业技术学院采用的模块化思想政治教育方式，将思政课分化为若干模块，由学生参与，效果比课堂单独讲授要好，但思政的载体还可以挖掘，利用节假日，让学生走出校门感受国家强大，参观一些博物馆、科技馆或工程项目，直观感受国家的发展速度等，可以坚定"四个自信"，感受和体悟一定比灌输效果要好。

第四，加强思政教师队伍建设。"办好思想政治理论课关键在教师，关键在发挥教师的积极性、主动性、创造性。"而课程思政则是在每一门课程的学习中，将职业精神的价值体现在日常教学活动中，这种润物细无声的做法，让学生在校期间有机会提升其对职业精神的认知和实践。告知学生职业精神通用的价值准则，有助于加速学生社会化的过程，促使价值观的形成、利益观的建立以及各种技巧的获得，力争把职业精神转换为专业人员的行业文化，从而完成职业精神中的内隐知识与职业其他方面要求的相向而行。所以要强调高校各门课程的育人功能，所有教师都应肩负起育人责任。强化学生在认知自然、认知社会的过程中的道德启迪。注重将职业精神的元素转化到具体的教学环节中去。如 LZ 职业技术学院倡导的"思政一分钟教育"、SII 职业技术学院的"思政三分钟教育"，这些教育在积极的尝试，对思想政治教育是有益的补充。今后要加大项目化、模块化、成果化导向，将规则意识、质量意识、精品意识融合嵌入进教学内容，把德育渗透于教育教学的各个环节"，实现润物细无声的立德树人根本任务。

思政课程和课程思政在职业精神培育过程上是显性灌输与隐性渗透的关系，二者互相补充，一方面在学生面前要大胆宣讲职业精神，不能遮遮掩掩，只做后台工作，"酒香也怕巷子深"；另一方面要寻找合适的载体，不能空洞说教，就精神而精神，用理论套理论。

(二)健全思政课程体系

学校的课程由显性课程和隐性课程组成，包含职业精神内容的显性课程以及课程目标，通过规范教师们的教学内容，优化教学过程，以达到传授职业精神基础知识，促进自我反射应用水平和嵌入内化职业精神的能力。特别是文科类学生，调研反映出专业内容标准缺失，没有考核依据。(受访对象 G：我是文秘专业的学生，以后的工作也不好找，我们上课时课本内容教授的都是良好、优秀类形容词，但总觉得标准不明显，也许我们认为的标准是高的，最后与客户认为的标准差异较大，人家不认同，所以能否把我们的教学内容多加入程序化、标准化的要素，以高标准来要求。)文科类学生与理科类学生在交互分析中，对职业精神的理解有很大不同，需要加大隐性课程建设，通过师生之间的口头的、即兴的、高度互动的形式，一起互相学习。而作为隐性的课程，可以实现不设场合、不限时间的教学，其功能在于教学组织者和管理层致力于创设一种环境，通过环境支持和奖励与职业精神相符的行为，并为学生的道德观念的建立奠定基础。[①]

笔者认为目前培育高职学生职业精神的课程体系可从以下几方面考虑。第一层面：显性教育的思想政治理论课，主要开设好教育部指定的四门形势课和形势政策课，其根本任务纵向上与中小学阶段的政治课品德课相衔接，横向上保证思政课的结构优化。第二层面：隐性教育的综合素养课，包括通识课和基础课以及注重思维的自然课程，通过这些课程筑牢高职学生的职业理想，提升其职业责任能力、强化其劳动意识、树立其职业尊严。

(三)提高教师综合水平

高水平的"双师型"教师队伍是高职院校提高教育教学质量的根本保证，也是培育学

---

① RIChard L. Cruess，Sylvia R. Cruess，Yvonne Steinert. 医学职业精神的培育[M]. 刘惠军，唐健，陆于宏，译. 北京：北京大学出版社，2013：7.

生职业精神的关键所在，教师丰富的教学经验和娴熟的动手操作能力是提高指导水平、提升学生职业技能、培育学生良好品质的直接保证。如何提高高职院校教师水平？目前高职院校普遍采取引进与培养相结合，专职与兼职相补充的教师队伍建设模式。运用"派出去"和"请进来"具体培训方式提高教师水平。所谓"派出去"，就是让教师走出校外，了解本专业、本行业的发展现状，技能在市场中的运用现状，在实际的工作场景中，通过参与技术与技能改造等实践手段了解新工艺、掌握新技术，提升自己的素质。教师学习能力不仅是提升自己的需要，也可以树立学习榜样，感召学生热爱职业、提升职业能力。"请进来"是把能工巧匠请进校园，可以做长期的兼职教师，也可做短期的访问交流，甚至是一场讲堂报告，抑或一次现场的展示，都能增进学生对工匠精神的了解。为了应对教育教学过程中日益复杂的情景，教师要不断更新和完成自身的决策，每个教师必须明确自己所要努力塑造的角色，从教师本身对岗位的认同特点来定义自己行为标准和教学措施，进而影响和感染学生。

(四)加强考核评估反馈

在调查过程中，笔者发现，高职学生在参加职业实践活动后，普遍存在迷茫的心理，缺乏对自身技能的肯定和强化，不能有效激发参与职业活动的热情。作为处于自我意识觉醒阶段的大学生，需要通过他人的认同来肯定自身的价值，他们的每一项活动都希望有积极的反馈和评价，便于清晰地认识自己所从事职业实践活动的意义和价值，从而获得更大的心理满足，也成为直接参与下一次活动的动力，为持续性职业精神培育奠定可靠的基础。对活动结果的测评可以进行绩效评估，绩效评估"指对照工作目标或绩效标准，采用一定的考评办法，评定组织成员的工作任务完成情况、工作职责履行程度和发展情况，并将上述评定结果反馈给成员的过程"[①]。绩效评估关键在于总结过去工作表现，激发潜在的能力，确定未来规划，绩效虽然是过去的，但目的是将来的。因此设定绩效评估可以达到激发高职学生热情，增强培育职业精神的目的。对于高职院校的管理者和教师来说，绩效评估是传达高职学生期待目标的有力手段，让高职学生觉得自己从事的职业活动，所学的职业内容，接受的职教理念都是正确的，能随时得到激励，能对自身的优势和劣势、工作中的成效和不足，找到明确的改进方向，激发更大的工作潜力，从而推动自己更加快速理性地养成良好的职业精神习惯。

评估是一个持续动态的过程，因为高职学生职业精神的培养，职业道德水平的提升，不是一蹴而就的，是一个逐步累积的动态过程，是一个多方共同努力作用的结果，不可能通过一次项目、参加一次活动，就能全部完成，因此进行综合测评不能只做模糊的泛化的评价，要将每一项活动进行细化，将精品意识、规矩意识、纪律意识融入每一项具体活动中。

最后评估一定要有反馈，这是绩效评估的最后环节，也是最必要的环节，要向高职学生反馈分析评估的结果，让学生清楚自己的优点和不足，以便于针对性地改进。目前 G 省的高职院校开始推动教学诊断与改进工作，"诊改"制度是基于信息化技术手段，通过信息化平台"让数据说话、用数据决策、靠数据管理"的数据化管理机制，诊改将覆盖"教师、学生、教学、管理"各方面，基本框架为"目标(任务)—计划(过程)—标准(考核)—结果(反

---

① 郑朝静. 大学生志愿精神培育研究[D]. 福州：福建师范大学，2012：184.

馈)"，借此可以将"诊改"方式运用到高职学生职业精神培育的各个项目中去，把评估反馈做得更为科学有效。

二、营造校园文化氛围

校园文化对于高职学生职业精神培育具有润物细无声的作用，目前除学校硬件氛围的布置以外，校园文化的建设要做好以下方面的引导。

(一)营造校园特色文化

校园文化指学校特有的精神环境和文化氛围，以文化活动为载体，塑造人的科学文化素质和思想道德素质。大学生长期置身于大学校园，深受大学校园文化的熏陶和感染，校园文化不仅影响着大学生的生活和学习，还会对其日后的行为方式和价值观念产生重要作用。因此，高校思想政治教育需要充分发挥校园文化教育的影响力。校园文化包括以下层面：第一，学校规章制度建设。包括学校章程在内的各项制度建设，这些制度既体现学校的价值取向，也为学生提供向上向善的规范指引。第二，第二课堂建设。第二课堂将中国传统文化、社交与礼仪课程、心理健康等课程作为重要补充，将大国工匠引进校园。比如，2016年由中华全国总工会、教育部、教育部关心下一代工作委员会联合主办的"大国工匠进校园"活动启动。通过工匠亲身的经历讲述了敬业、精业、奉献的事迹和感悟，诠释工匠精神的深刻内涵，激励学生爱岗敬业、精益求精、报国奉献。这一活动以"弘扬工匠精神、提升职业素养"为主题，将大国工匠请进校园，与学生面对面交流，传授做人学艺的经验和体会，生动展示工匠精神，助力职教育人。经过三年多的发展，各高职院校反响很好。因此，许多高校通过聘请大国工匠担任校外辅导员等形式，建立学校与大国工匠长期联系机制，将名师带徒延伸至职业院校。通过这些不可触摸的文化环境，陶冶学生情操，塑造学生价值观，提高学生道德素质。第三，校园硬件的建设，文化作为一种软实力需要硬件来支撑，如校园景观、场地布置，高职院校要突出职业教育的特色。(受访学生 L：感觉我们的校园文化宣传就是两部分：一是社会主义核心价值观的标语；二是一些广告。不过我去的一些本科院校也差不多，都没有自己的特色。)

(二)规范学生社团建设

从笔者所在单位的情况来看，高职学生参加社团的比例比较高，多数学生参加了两个以上社团，尤其是大一新生中，参加两个以上社团的比例更高，所以发挥社团的规范和引导作用非常重要。目前学生社团存在的问题有：学生社团中娱乐性社团占比较高，理论学习性社团比例较低；学生社团中教师参与率较低，对学生社团规范引导不够；学生社团经费支持力度不大，影响了学生社团的健康发展。针对以上存在的问题，要发挥学生社团在高职学生职业精神建设过程中的作用。

首先，加强学生社团的价值引领作用。多引导学生组织学习型社团，在社团活动中要开展好社会热点问题的关心关注，增强学生的社会责任感，利用社团的感召力，可以邀请一些行业领域的先进人物来开展职业精神的宣讲活动，借此弘扬劳模精神、工匠精神、优秀企业家精神，激发学生保持昂扬向上、奋发有为的精神状态。可以组织学生社团参加一些社会实践活动，如志愿者服务、参观革命古迹，以增强高职学生的爱国热情和理想信念教育。社团是学生志愿参加的，参与者对社团的认同度高，因此，应减少纯粹的以娱乐为目的的学生社团数量，可以借此发挥社团的正面引导作用。

其次，鼓励教师参加学生社团活动。虽然学生社团是学生自己的组织，但考虑到高职学生社会认知能力不高，而参加人数最多的又是低年级学生，其价值观、理想观和人生观尚未定型，他们进校后，对许多事物都有新奇感，此时安排辅导老师参与引导学生社团的活动，一方面可以在更高层次上发挥学生社团的思想教育功能；另一方面，教师本人可以发挥榜样示范的作用，展现新时代教师的良好精神风貌，以此来影响学生对岗位的认同，对集体荣誉感的维护，以及成员之间的互信互助等品质的形成。

最后，给予学生社团一定的经费保障。有经费支持，学生社团可以走出校门，去感受祖国发生的变化，加强对中国道路、中国制度、中国文化的真实感受，更好地认识社会、了解国情，增强社会责任感。也可以鼓励社团通过自己的服务争取社会经费的支持，通过自己服务获得报酬，树立起"幸福源自奋斗""成功在于奉献""平凡孕育伟大"的理念，强化劳动精神、劳动观念教育，引导学生热爱劳动、尊重劳动，懂得劳动最光荣、劳动最崇高、劳动最伟大、劳动最美丽的道理，从而建立起职业荣誉感和自豪感。

(三)守好校园网络阵地

在 2018 年 4 月召开的全国网络安全和信息化工作会议上，习近平强调"没有网络安全就没有国家安全，就没有经济社会稳定运行，广大人民群众利益也难以得到保障"。网络安全已经上升到国家安全的角度。网络成为高校学生获知信息、了解社会、沟通内外的主要方式，网络也成为高校教育教学的主要辅助手段。所以加强网络工程建设显得非常迫切。《新时代公民建设道德纲要》指出："网络信息内容广泛影响着人们的思想观念和道德行为，要深入实施网络内容建设工程，弘扬主旋律，激发正能量。"作为正能量的高职学生职业精神，其内容的刊发，不能仅依靠社会，作为育人主体的学校必须积极发声，主动开辟网络专栏，在专栏中推出学生乐于接受的职业精神内容，比如大国工匠介绍、校友创业事迹推介、祖国伟大成就展示、美丽乡村建设成效等，从而增强高职学生岗位认同、纪律意识和精品意识等的形成。除关注公众网络建设外，学校还要加强校园网、公众号、QQ、微信、微博等各类新型媒体建设；从内容发布者角度看；要鼓励学校管理者、广大教师、班主任、辅导员各层级人员及时关注网络内容，进行有效引导，帮助学生明辨是非、分清善恶，让正确价值取向成为网络空间的主流。

三、强化职场环境体悟

职业精神来源于职业活动体验，最终又回归职场接受检验，不能付诸实践的精神不可能成为真正的职业精神，为了在实践中强化职业精神，要让未涉足职场的高职学生提前接受职场训练，调整和确认职业价值取向。高职学院现在对实践场所的建设仍在摸索推进，以下几种方式需要继续加强。

(一)推进现代学徒制模式

学徒制作为一种特有的职业教育模式,其突出特点是"师徒传承",技艺传承主要通过师父指导徒弟的方式进行,师父是技术的传授者,也是道德品质的传承者,传统工匠精神一般是通过古代学徒制方式来完成。而现代学徒制是"建立在传统学徒制基础上,以稳固的师徒关系为核心,以校企合作为基础,以工学结合为主要内容,与现代学校教育相结合的一种职业教育形式"[①]。现代学徒制具备了如下特征:第一,彰显了师徒关系。由于师父拥有精湛的技术、丰富的工作经验,较强的动手能力和敬业态度,所以,师父实际上承担着教师的角色,负责传递经验,传承他们的信仰和价值观。第二,凸显了企业的地位。现代学徒制建立在校企合作的基础上,2018 年 2 月 5 日,教育部等六部门印发了《职业学校校企合作促进办法》,该办法指出"鼓励职业学校与企业合作开展学徒制培养。开展学徒制培养的学校,在招生专业、名额等方面应当听取企业意见。有技术技能人才培养能力和需求的企业,可以与职业学校合作设立学徒岗位,联合招收学员,共同确定培养方案,以工学结合方式进行培养"。通过学校与企业的紧密合作,为学生提供了真实的场景体验,有效感知职业精神的价值。第三,充实了实践环节。"工学结合"解决了理论与实践相脱节、知识与能力不匹配的问题,核心在于提高高职学生的职业责任能力。让学生提前介入工作场景,感受真实环境,了解企业需求,提升自身素养。第四,超越了狭隘视野。不论是学校还是企业,总习惯于站在各自立场上思考问题,企业按照自己的标准选取人才,学校固守传统模式培养人才,造成有活没人干、有人没活干的局面。而现代学徒制在促进高职学生职业精神方面具有明显优势:第一,现代学徒制的职业理念和价值取向与高职学生职业精神完全耦合。现代学徒制模式下,徒弟跟随师父,不但能提高职业责任能力,而且师父在传授技艺的过程中,还不断向徒弟展示个人魅力,有利于强化学生诚信品质,增强学生职业责任感,并通过师父对本职工作的热爱,引导学生岗位认同的形成,以促成学生爱岗敬业与自愿专注品质的生成。第二。现代学徒制的使命与高职学生职业精神在使命担当上完全契合。现代学徒制是为提升我国工业制造能力,实现我国由制造业大国向制造业强国迈进的战略举措。而国家大力举办高等职业教育,目的是为各行各业培育一线优秀人才,为提升国家的竞争力储备人才。高职学生职业精神是对人才质量提出的要求,现代化人才不但需要优良技能,更需要良好精神。第三,现代学徒制的人才培养模式与高职学生职业精神培育路径一致。现代学徒制借力于企业,推进人才培养,通过师徒传承,完成学校课程无法承担的任务,而高职学生职业精神除课程学习理论知识外,如实践能力、创新精神、爱岗敬业、精品意识都需要借助企业活动,走访企业、融合企业文化;了解社会、创设工作环境;学生通过企业的学徒制经历,便于了解具体岗位蕴含的规范,了解岗位的历史渊源,以及社会赋予这一岗位特殊的职责。因此,校企共建是培育高职学生职业精神的重要手段,也是教师们对学生形成教育预期效果的关键。

(二)规范校外顶岗实习

顶岗实习是学生获得职场体验,感悟职场文化,验证理论知识,培育职业精神的主要方式。从时间阶段来看,高职院校人才培养有"2.5+0.5"模式、"2.0+1.0"模式;也有教

---

① 张莉. 现代学徒制人才培养模式与工匠精神培育的耦合性研究[J]. 江苏高教,2019(2):102.

学过程中，随时顶岗实习的情况。笔者调研的情况与陈向阳等人对全国 31 个省(市、自治区)学生顶岗实习的调查的情况类似。[①] 当前顶岗实习中的问题主要有：对实习单位没有认真遴选，实习过程没有科学规划，实习源头没有很好控制的情况，也有企业在高峰期人力资源紧缺时做简单劳力的现象，教育部曾经通报过通过中介做顶岗实习的院校。[②] 但顶岗实习作为教学的主要补充，作为学生职业精神培育的主要场域和方式，仍需要规范进行。一是要有明确的专业指导，为学生提供详细的实习计划和指导手册，重点解读实习目标内容，传授实习中的经验，明确实习流程，分析学生实习中可能遇到的障碍。二是根据不同的行业和教学需求，确定实习时长，避免实习不足或过多的现象。三是实习的过程中，认真选择实习指导老师，因为指导教师极大地影响着学生实习参与，应做好老师的选拔培训与评价机制。杜威认为"经验并不必然具有教育的价值，只有连续性和交互性作用的，积极生动的相互结合，就提供了衡量经验的教育意义和价值的标准"[③]。因此要让学生有适应多种情境的机会，能对职场有充分的了解，每一次的实习都要从目标内容、功能方面进行整体的设计，让学生对岗位、企业以及对世界有自己的解决能力和反思性经验。

(三)建设校内实训基地

不论是现代学徒制还是校外的顶岗实习，其共同点是将学生送往校外。对学校来说，组织成本高，管理压力大，对学生来说，实习单位与课程的衔接有时不紧密，由于是企业主导，对学生的训练变成了附属任务。笔者所在高职学校尝试学院自己建设生产型实训基地，目的主要是训练学生，生产性实训基地将企业建在校内，同时接受校外的生产任务。因此，生产工艺、生产标准、产品质量都与市场紧密对接，避免了单纯的仿真实习只看不做，没有市场检验的弊端。以笔者所在的单位为例，目前有两家生产性实训基地：数控机械加工生产基地和汽车实训基地运营良好，学生的职业技能与职业精神同步得到发展，是培育学生职业精神的有效尝试。

四、发挥榜样示范作用

榜样示范作用是传递无形影响力的有效途径，这种无形的力量被称作艺术，是职业精神建立所不可或缺的部分，它是建立和发展主人翁责任心的核心。职业精神的示范者类型很多，既包括老师和同级的学友，也包括职业领域的能手标兵，这些都会对学生的职业精神产生或好或坏的深远影响。

(一)教师的榜样示范

教师要有良好的职业精神，教师热爱学生，热爱本职工作，就是最大的示范，如果教师没有积极性，则会失去宝贵的示范机会。近年来，高职院校的教师中存在的大量非职业行为成为学生学习职业精神的重要障碍。因为，教师在授课时的要求，与他们在实践中的

---

① 陈向阳. 职业学校学生实习现状的实证研究——基于 31 省(市、自治区)学生的调查[J]. 教发展研究，2018(1)：52-60.

② 教育部通报五所高职院校违规组织学生顶岗实习[N]. 中国青年报，2016-12-21.

③ [美]杜威. 杜威教育论著选[M]. 赵祥麟，王承绪，译. 上海：华东师范大学出版社 1981：362.

所作所为往往存在一定差距，教师钻研业务能力不够、创新意识不强、社会责任意识不强的现象依然存在，无法胜任本职工作岗位者也不乏其人。现在几乎每所学校都安排学生对教师的教学和课程进行评价，但专门针对教师职业精神的特定评估很少开展，用于辅助性进行评估工作的有效工具也未报道过，因此，尝试运用某种评估工具来考察教职员工的职业精神非常必要。

(二)行业标兵的榜样示范

同行示范是促使高职学生岗位认同的最好方式，现在部分高职学生追逐和崇拜的不是自己行业领域的标兵能手，而是所谓的明星大腕，这与网络媒体上充斥的娱乐化思潮有关。因此，大力宣传各行各业的技术能手，用他们的英雄事迹、献身精神来诠释职业精神，对于感召青年学子有着重要而紧迫的意义。

(三)学生骨干的榜样示范

学生骨干是与学生关系最密切，也最容易引起示范带头作用的群体，他们在价值观的导向上，在精神素养的引领方面具有不可替代的重要作用。所以充分发挥学生骨干的榜样示范作用，对培育高职学生的职业精神是一种非常有效的路径。笔者调研发现，学生干部在勇于创新、积极参加社会实践，在勤奋学习、诚信待人、信守诺言等方面都能起到较好的示范作用。这部分骨干也是学生社团的主要组织成员，学校可以通过规范社团活动，依靠学生骨干来进一步引导学生的行为。发挥身边榜样模范人物的引领作用，宣传他们的先进事迹、激发学生的热情和积极性，因为身边的榜样是最容易被接纳，最容易被认同的。

五、提升个体自律意识

高职学生职业精神培育需要各类措施综合施教，也需要国家、社会、学校、家庭共同发力。但归根结底还得依赖于高职学生自身，需要激活高职学生内心的动力，如果无法唤醒学生自身的自觉，高职学生职业精神的培育只能是一句空话。因此，在高职学生有了观念性的职业精神形态以后，要结合社会责任的需要，转化为自身的良心，确立价值目标以后，必须强化自我教育，以此来规范其行为、提升其职业品质，这需要做好以下工作。

(一)强化"反躬自省"

反躬自省要求高职学生不断地认识自己的错误缺点，正视自己的不足，向先进的榜样学习，努力积极地开展自我内部的思想斗争，能够勇于开展自我批评，在实践中努力践行良好品德，笃行致远。要求高职学生要言行一致，在问卷调查过程中，发现高职学生对许多问题的看法总体是积极向上的，认识也是到位的，但在践行的过程中，与企业的反馈和老师的观察往往有较大出入，表明高职学生在认知和践行方面还有差距，认知程度高，行为践行差。因此，要在实践中努力完善自己的言行，做到言行一致、表里如一。

(二)注重"慎独慎微"

"慎独"是中国传统哲学中特有的修养方法，要求个体在没有他人监督、不被外人察觉的情况下，能够谨小慎微地处事。高职学生作为生产、管理、服务一线的"最后一公里"执行者，许多工作涉及细节的对待和处理。如果没有敬畏之心，不能谨慎执行，就会导致"千里之堤，溃于蚁穴"，小的失误会带来无法弥补的损失。因此，对待小节和细微处一定要严格按照规范，凭着职业良心和道德自觉，接受实践检验，提高自己的精神境界。"慎独"还要求高职学生能抵御外来的诱惑，对于违法操作、不义之财能有抵制之力，唯有道德的自律，才能守住行为底线。

当然，无论学校的培训教育、校园文化的熏染、职业实践场所的体验，还是个体自律意识提升，共同的目标都是为了综合构筑高职学生职业精神。这些具体路径，作为一个系统而存在，在高职学生职业精神培育过程中相互补充、相互协调、才能共同铸就美好的品德。

第三节　高职学生职业精神培育的外部环境

高职学生职业精神培育的特殊性和重要性彰显在国家社会生活的多个方面，但高职学生不是孤立的个体，他们是社会生活中的有机分子，其职业精神培育并不是学校能独立完成的。可喜的是，国家的政策导向、战略部署为高职学生职业精神培育搭建了有效平台，提供了良好通道。因此，高职学生职业精神要充分利用好这些机遇，用教育外的资源借力做好教育者的事情。要把握好国家职教政策从工具性向价值性转变，从推动经济到关注学生自身的发展；国家征信制度的强力推进，诚信制度的源源供给，让高职学生职业诚信浸染在良好的土壤中；家庭作为人生第一所学校，家庭教育、家风家教也引起高层的重视，合力推动高职学生职业精神的共识已经达成。因此，高职学生职业精神培育要认真研究、理解、消化各类政策方针带来的信号。

一、国家政策激发学生职业荣誉

(一)提高待遇满足学生物质需求

1968 年，美国行为科学家爱德华·劳勒和莱曼·博特提出的期望激励理论告诉我们，一个人在做出了成绩后，要形成绩效奖励，满足并尊重个体努力，这样的良性循环取决于奖励的内容、奖惩的制度、组织的分工、目标导向、行动设置、管理水平、考核的公正性、领导作风及个人新的期望等多种综合性因素。据此理论，要激发高职学生的职业荣誉感，就要关注学生个体的发展，并将个体的发展与社会的发展有机结合，提升学生的职业荣誉感和职业尊严，这是培育高职学生职业精神的外部保障。

1. 营造社会舆论

要在社会上切实营造出"三百六十行、行行出状元"的理念，突出劳动光荣、技能宝贵的职业教育思想，将为经济社会发展贡献聪明才智作为职业荣誉的立足点，激发高职学生的职业热情，提升高职学生对职业教育的认可程度，这需要国家层面的大力宣传。目前为了拓展增强高职学生职业荣誉的途径，国家也做了积极的探讨。比如，自 2015 年国务院批复将每年 5 月第二周设为"职业教育活动周"以来，职业教育宣传活动周开展了全国职业院校技能大赛、职业学校"文明风采"活动展示、大国工匠与职教名师高端论坛等。活动周期间，还通过"四开放"(开放企业、开放校园、开放院所、开放赛场)、"三贴近"(贴近社会、贴近生活、贴近群众)、"两走进"(走进社区、走进乡村)等形式，面向中小学生及其家长、社区群众、社会各界，以群众喜闻乐见的形式，组织开展"职业体验、文化艺术展示、发展成果展示"等活动。积极宣传"德技并修、工学结合"的精神，宣传"德智体美劳"的教育方针，大力宣传职业教育为经济社会发展和人的全面发展作出的贡献，重点突出职业教育为支撑产业转型升级、制造强国建设、脱贫攻坚、乡村振兴、军民融合、传统文化传承等作出的重要贡献，充分展示职业教育在制度建设、标准开发与实施、人才培养模式、院校管理和国际合作等方面的新成果。在职教故事方面，以培养担当民族复兴大任的时代新人为着眼点，讲述职业院校学生成长成才故事、职工求学圆梦故事、良师育人故事、大国工匠事迹、创新创业故事、精准扶贫故事、社会捐资助学故事等，突出宣传作出重要贡献的集体和个人等。这些活动有效增加了职业教育的美誉度。笔者观察，这几年从学校招生报考率看，学生对职业教育的认同度在逐渐增加，这与国家层面的宣传力度，努力营造的良好职教氛围是分不开的。

2. 提高物质待遇

教育不是万能的，物质的保障亦是激发学生职业荣誉感的主要方式。马克思在1844年的《经济学哲学手稿》中指出，"分工提高劳动生产力，增加社会财富，使社会精美完善，同时却使工人陷入贫困，直到变成机器"[①]。现在的分工极大促进了生产力发展，分工也使人们专注于某一职业有了可能，使个人的某些潜能得到充分发挥，这一判断可以用来类比高职学生情况，高职学生的教育本质是特长教育，是依据个人的爱好定制专业，依照自己的特长成就人生，但根据目前高职学生的选拔模式，不论是单招、转段还是高考录取，衡量的主要指标是文化课成绩。毫无疑问，文化课成绩恰恰是学生的"弱项"，所以高职学生在分工日益明显、贫富差距拉大的情况下，所选择的岗位，多是待遇较低、晋升通道狭窄的岗位，这种表面上看似依据自己的特长选择的职业，其实质是在一个狭小的闭环中运行，分工背后的身份标签目前仍未消除。而高职学生从事的一线岗位，长期以来待遇一直偏低，甚至拖欠工资的情形在这些领域也不鲜见，分工不仅代表了不同的职业，实质上决定着资源的分配、固化了职业圈定的身份。为改变这一状况，许多省市已经认识到了高级技工稀缺对制造业等行业的制约作用，并不断出台新政策，比如对高级技工实行年薪制、高级技工享受政府津贴等。笔者2015年到杭州职业技术学院考察时，杭州市对参加世界技能大赛的金牌选手开出30万元年薪，这一举措，对其他学子带来了极大的激励作用。因此，精神奖励要与物质奖励结合，较高的待遇才能促使学生努力提高技能，主动提升职业品质。

(二)完善政策关注学生精神世界

高职学生群体的出现，是高等职业教育发展的产物，也与经济社会的发展紧密相关。改革开放以后，我国的发展主要围绕经济建设展开，发展职业教育的目的是更好地促进经济的发展。近四十年来，职业教育政策趋于稳定，我国职业教育"在政策推动下获得了较

---

① [德]马克思.1844年经济学哲学手稿[M]. 北京：人民出版社，2000：13.

大的发展，政策的主体、政策的目标、政策的过程、政策的话语等方面的演变逻辑，也具有其自身的合理性"[①]。

1. 职业教育政策关注学生精神需求

与经济社会的快速发展相比，职业教育政策开始改变过去活力不足、机制僵化、价值取向摇摆不定的缺点。原有的职业教育政策建立的目的是推动经济社会的发展，政策的话语体系也围绕外部环境的变迁进行，对学生综合素质的提升、学生身心的发展关注不够。另外，在国家追逐"效率优先，兼顾公平"的社会发展理念之下，职业教育原有的指导思想定位在服务、建设和推动力上，这一切都蕴含着强烈的工具性价值倾向。在对职业教育的认知上也存在误区，一般把职业教育作为高等教育的特殊类型对待，认为高等职业教育兼具高等性和职业性特点，因此在录取批次、授课方式、教学内容上等方面受高等教育影响很大。

为了适应新形势的发展，更好地推进高等职业教育发展，同时为高职学生职业精神培育搭建政策的平台，国家高等职业教育政策开始转向，为高职学生职业精神培育提供良好土壤。主要表现在以下三个层面。

第一，从注重经济社会发展转向关注学生本身。开始注重学生综合素质的提升，发挥学生特长、尊重学生选择。2019 年 2 月国务院印发的《国家职业教育改革实施方案》中指出"加快推进职业教育国家'学分银行'建设，从 2019 年开始，探索建立职业教育个人学习账号，实现学习成果可追溯、可查询、可转换。有序开展学历证书和职业技能等级证书所体现的学习成果的认定、积累和转换，为技术技能人才持续成长拓宽通道。职业院校对取得若干职业技能等级证书的社会成员，支持其根据证书等级和类别免修部分课程，在完成规定内容学习后依法依规取得学历证书"。"学分银行"的推进给予学生一定程度的自主选择权，有利于激发学生的兴趣，发挥学生特长、挖掘学生的潜能、培养学生的个性，使学生的主体性得以发挥，学生的精神需要得到关照，这是职业教育政策的可喜变化。

第二，职业教育将目光投向特殊人群。2019 年的"两会"报告中，职业教育首次被作为宏观调控的手段来对待，职业教育需要肩负起就业的重任。当下职业教育的任务是助推脱贫攻坚，助力特殊人群成长成才，职业教育的服务半径、历史使命重新转向。从民生的角度，职业教育变成了就业的教育，就业教育要体现人的综合素质与经济社会发展的匹配度。职业教育由工具本位向教育本位转变，意味着在增加学生实训课程的同时，还应加入更多的人文素养课程，从生存转向生活、从成才转为成人，为自我价值的实现奠定基础。

第三，对于工匠精神的大力弘扬。国务院总理李克强在 2016 年 3 月 5 日做政府工作报告时说："鼓励企业开展个性化定制、柔性化生产，培育精益求精的工匠精神，增品种、提品质、创品牌。""工匠精神"出现在政府工作报告中，一时间成为新闻热词被解读。自此之后，对工匠精神的研究、宣传如火如荼地开展起来。崇尚工匠精神，不仅体现了对产品精心制作的理念和追求，也展现了对技艺本身的赞赏和对创造过程的享受。工匠们注重细节，追求完美和极致，对精品有着执着的坚持和追求，对技艺有着纯真的敬畏和坚守。

[①] 祁占勇，等. 我国职业教育政策的变迁逻辑与未来走向[J]. 华东师范大学学报(教育科学版)，2018(3)：36.

理念之外，工匠精神也蕴含着吸收最前沿的技术，创造最新成果的期望。工匠精神落在个人层面，是一种认真、敬业的精神和情怀。其核心是改变工作的工具属性，树立起对职业敬畏、对工作执着、对产品负责、对事业的信仰。

因此，国家职业教育政策转向为关注人自身，关注弱势特殊人群、关注工匠精神，这些变化客观上对高职学生的职业精神培育营造出良好的外部环境。

2. 思政教育政策聚焦立德树人核心

高职学生职业精神培育是落实高校思想政治教育的重要举措，近年来密集的思想政治教育政策，为培育高职学生职业精神确定了方向、提供了遵循、明确了路径。

第一，明确了"培养什么人"的任务。我们前述对高职学生职业精神的结构分析，划定了高职学生职业精神的具体范围，但高职学生职业精神只是高校思想政治教育内容的部分，而非全部。要做好高职学生职业精神培育，还必须准确把握高校思想政治教育的全部内涵。换句话说，治标还需治本。"培养什么人的问题，是教育的首要问题，它决定着教育工作的根本方向和任务，也是衡量教育质量的根本标准。"[①] "关于培养什么人"的问题，习近平总书记作出了新的概括，明确提出我们的教育必须培养德智体美劳全面发展的社会主义建设者和接班人。"这是十八大以来中国特色社会主义教育理论建设取得的最新成果，也是中华人民共和国成立以来党的教育方针中有关教育目的表述的最新概括。"[②] "培养什么人的问题"并不是模棱两可、无法捉摸的东西，而是有着共性的结论。正如习近平2018年5月2日在北京大学师生座谈会上讲到的："古今中外，关于教学和办学，思想流派繁多，理论观点各异，但在教育必须培养社会发展所需要的人，这一点上是有共识的，培养社会发展所需要的人。说具体了就是培养社会发展，知识积累，文化传承，国家存续，制度运行所要求的人。"[③] "古今中外，每个国家都是按照自己的政治要求来培养人的，世界一流大学都是在服务自己国家发展中成长起来的，我国社会主义教育就是要培养社会主义的建设者和接班人！"[④] 在全国教育大会上，习近平总书记再次强调："我们是中国共产党领导的社会主义国家，这就决定了我们的教育必须把培养社会主义建设者和接班人作为根本任务，培养一代又一代拥护中国共产党领导和我国社会主义制度、立志为中国特色社会主义奋斗终生的有用人才，这是教育工作的根本任务，也是教育现代化的方向目标。"[⑤] 习近平的这些论述，指出了思想政治教育的普遍性目标，而高职学生的职业精神是作为思想政治教育的特殊性存在的，特殊中蕴含着普遍，普遍中包含着特殊。普遍性为今天高职学生的思想政治教育树立了方向，也为高职学生的职业精神指定了前行的目标。

第二，明确了"为谁培养人"的目标。前文论述的高职学生职业精神的六大结构形态，最终归结为培养社会主义建设者和接班人，这是对培养的人才的总体规格和政治属性要求，体现了"教育的育人价值与社会价值的辩证统一，人才的政治品格和专业能力要求的辩证

---

① 石中英. 努力培养德智体美劳全面发展的社会主义建设者和接班人[J]. 中国高校社会科学，2018(6)：9.

② 石中英. 努力培养德智体美劳全面发展的社会主义建设者和接班人[J]. 中国高校社会科学，2018(6)：10.

③ 习近平. 在北京大学师生座谈会上的讲话[N]. 人民日报，2018-05-03(6).

④ 习近平. 在北京大学师生座谈会上的讲话[N]. 人民日报，2018-05-03(6).

⑤ 习近平. 坚持中国特色社会主义教育发展道路 培养德智体美劳全面发展的社会主义建设者和接班人[N]. 人民日报，2018-09-11(1).

统一，以及德智体美劳各个领域素质发展辩证统一"[①]。

第三，指出了"怎样培养人"的路径。了解人的全面发展，有助于我们把握高校思政教育的方向，也便于准确把握高职学生职业精神的具体任务。新时代"德智体美劳"的全面发展观，与以往发展理念相比，明确提出劳动教育在内的"五育"并举的理念，继承了马克思主义唯物史观中关于劳动创造人，劳动创造价值以及劳教结合的观点。关于新时代劳动教育的观念可以通过习近平的相关论述来了解：2015年4月28日，习近平在庆祝五一国际劳动节暨表彰全国劳动模范和先进工作者大会上的讲话中明确提出，劳动是人类的本质活动，劳动光荣，创造伟大是对人类文明进步规律的重要诠释。他特别强调："要教育孩子们从小热爱劳动、热爱创造，通过劳动和创造播种希望、收获果实，也通过劳动和创造磨炼意志、提高自己。"在全国教育大会上，习近平也提出要在学生中"弘扬劳动精神，教育引导学生崇尚劳动，尊重劳动，懂得劳动最光荣、劳动最崇高、劳动最伟大、劳动最美丽的道理，长大后能够辛勤劳动、诚实劳动、创造性地劳动。"[②]在全社会营造良好的劳动氛围，对于提升职业教育形象，助推高职学生职业精神培育有重要意义。

二、社会诚信引领学生职业行为

从高职学生的调查问卷可以看出，高职学生的守约意识、诚信品格整体比较好，但这是高职学生作为相对独立的群体的调查结果，事实上，社会的整体诚信状况与人们的期望还有差距，未来职场对高职学生的影响依然不可忽视，所以完善诚信的制度的供给非常必要。

(一)注重褒扬诚信的政策导向

社会诚信制度是以道德为支撑的规则体系，通过培育公民诚信的道德情感，提供诚信道德的非正式约束，有利于增强公民道德意志，实践公民诚信自律。中央文明委在关于《推进诚信建设制度化的意见》中明确强调："形成褒扬诚信的政策导向。各地各部门在确定经济社会发展目标和发展规划、出台经济社会重大政策和重大改革措施时，要把讲社会责任、讲社会效益、讲守法经营、讲公平竞争、讲诚信守约作为重要内容，形成有利于弘扬诚信的良好政策导向、利益机制。在制定与公民现实利益密切相关的具体政策措施时，要注重经济行为与价值导向的有机统一，建立完善政策评估和纠偏机制，防止具体政策措施与诚信建设相背离。职能部门在市场监管和公共服务过程中，要充分应用信用信息和信用产品，使诚实守信者享有优待政策，形成好人好报、善有善报的正向机制。"要把诚信纳入学校教育。坚持育人为本、德育为先，把诚信贯穿基础教育、高等教育、职业技术教育、成人教育各领域，落实到教育教学和管理服务各环节。构建各级各类学校有效衔接的诚信教育体系，在各级各类学校的德育课、思政课以及道德实践中强化契约精神教育、专题法制教育，研究建立学生诚信评价考核办法。建立和规范体现诚信内涵的礼仪制度，把诚信嵌入成人礼、毕业典礼等仪式中。切实加强师德建设，强化诚信执教、为人师表理念，以

---

① 石中英. 努力培养德智体美劳全面发展的社会主义建设者和接班人[J]. 中国高校社会科学，2018(6)：10.

② 习近平. 坚持中国特色社会主义教育发展道路　培养德智体美劳全面发展的社会主义建设者和接班人[N]. 人民日报，2018-09-11(1).

人格魅力为学生展示"行为世范"。依法依规严肃惩戒学术造假、论文抄袭、考试作弊等失信行为，将国家教育考试诚信档案与社会诚信档案相连通，纳入国家统一征信平台，引导师生以诚立身、诚信做人。要坚持德法并举、刚柔相济，把道德教化作为诚信治理的有效手段，通过加强诚信道德教育与文化建设，让诚信道德观念理性的稳定心态呈现于社会，从而增强人们对诚信价值和理性的认同，发挥道德内生力量对主体行为的约束作用。

(二)强化诚信建设的法律保障

有效的制度安排可以为良好的社会诚信秩序的形成奠定坚实的法制基础。诚信教育固然重要，但其培育依然离不开外在的制度保障，要强化诚信立法，完善诚信活动实施的制度细则，为人们的各类活动提供规范化明确化的法律依据。在今天，通过强化市场意识，倡导市场规则，使守信者利益得到保障，失信者遭到惩戒，从而提升市场主体的诚信认知，塑造市场主体诚信人格，促进主市场主体诚信道德品质的养成。通过利益价值观导向营造出守信光荣、失信可耻的社会氛围，使人们对诚信的认同成为一种内在的价值需求。

诚信虽然只是高职学生职业精神维度的一个方面，但在高职学生职业精神中发挥着基础性的作用，只有具有诚实的品格，才会踏踏实实创造社会财富，本本分分成长成才，诚实的品格，会避免投机取巧，会执着追求于一事，大国工匠的产生没有捷径，需要的是勤学苦练，创新的出现，也不是灵感的爆发，而是不断地总结摸索。因此，高职学生职业精神，不能脱离个体诚信的品质。在全社会营造风清气正、诚实劳动的氛围，使高职学生潜心钻研，努力践行良好品质的外部环境保障。

三、家庭环境滋养学生职业品质

哈贝马斯认为，生活世界是一切事物存在的背景，是"没有人能够任意支配的背景知识"[①]。在生活世界中受到的教育是人类最具有本质意义的教育，它是一切人类活动的本源和基础，家庭是人类生存的最基本、最稳定的生活单位，拥有完整的生活世界元素。家庭德育拥有整体的、生活的、情境的、重复的，暗示的、非技能的，非征服的属性，构成与道德发展条件高度一致的教育机制。[②]家庭教育在可感知到的活生生的生活世界中发生，"儿童时时触到作用于人的对象，目睹种种清晰可见的生活图景，耳闻生活中的生存规则和文化习俗，儿童就在这种状态中接受了生活世界给予的生存法则"[③]。高职学生职业精神的培育亦离不开家庭环境熏陶。

(一)发挥家庭的言传身教作用

家庭既是一种社会组织，也是一种生活过程，是人类基本生存形态的集中和浓缩。家庭教育活动是在家庭的生活世界中建构和发展的。家庭教育活动的参与者，是在真实而平

---

① [德]哈贝马斯. 20 世纪哲学经典文本(西方马克思主义卷)[M]. 洪佩郁，蔺青，译. 上海：复旦大学出版社，1999：481.

② 赵石屏. 家庭德育论[M]. 北京：人民教育出版社，2013：127.

③ 赵石屏. 家庭德育论[M]. 北京：人民教育出版社，2013：127.

凡的生活世界中获得发展的，教育实践不仅建构了教育的生活世界，也促成人在教育生活世界中自我发展的实现。个体在家庭中的学习，既是未来生活的准备，也是生活本身的过程，"家庭德育始终保持着对个体道德生存学习的尚未分化的生活性、情境性、整体性和不自觉的生成性。"①

1. 发挥家庭在爱岗敬业方面的示范作用

2018 年 9 月的全国教育大会上，习近平总书记发表重要讲话，"强调家庭是人生的第一所学校"。目前中国家庭正经历着巨大的转型，家庭结构趋向简单，家庭人口急剧减少，家庭的许多劳动也正以各种形式被取代，家长过于宠溺孩子，包办所有家务劳动导致孩子好吃懒做习惯的养成，劳动教育在当前被普遍忽视，尤其是在家庭教育中，孩子缺少劳动机会与劳动意识，出现了不愿劳动、不会劳动，也不珍惜劳动成果的情况。家庭中可以很好地培育孩子的劳动精神，传承勤劳勇敢的优秀传统劳动文化，树立劳动光荣、懒惰可耻的观念，通过劳动本身培养劳动观念、养成劳动习惯，通过让孩子自己参与劳动，从而使他们学会尊重劳动行为、珍惜劳动成果，从而崇尚劳动、热爱劳动。在家庭教育中应该培养孩子的劳动习惯，家长要做到让孩子自己的事情自己做，同时鼓励孩子帮助家人承担家务，创造机会让孩子多参与社会劳动，由此培育孩子爱岗敬业意识。

2. 发挥家庭在守约意识方面的示范作用

我们形容家庭最常用的词是温暖温馨。之所以温馨，是因为在家中被赋予了爱和信任的元素。韦伯将信任区分为以血缘性社区为基础的特殊信任和以信仰共同体为基础的普遍信任，他指出，中国人的信任是建立在家族和准家族为基础的特殊信任，② 而家族和准家族的基础单元是家庭。费孝通在《乡土中国》中描述了中国社会的差序格局，中国人以家庭为中心，以同心圆的形式形成自己的熟人社会，在这个同心圆中相互帮助，建立信任关系。而同心圆的圆心就是以自我为中心建立起来的家庭。③传统中国人的信任是依靠血缘共同体的家族优势和宗族优势而形成的，维持特殊的信任，对他人表现为普遍不信任。④

目前，国家正在大力倡导诚信机制，建立全员覆盖的征信系统，但这种征信系统主要是借助外力，通过严厉惩罚失信行为，被动接受的一种诚信，如果丧失诚信，就会带来名誉或利益的损失。而家庭成员之间的诚信，则是建立在相互关爱基础上的，这种诚信氛围不存在利益关系。孩子出生后，他所成长的家庭，如果家庭成员之间相互坦诚、彼此信任，孩子会建立起安全感和信任感，长大成人走入职场后，也会容易与人以诚相待。否则，容易怀疑别人，不利于建立诚信关系，这不仅对个人发展不利，也不利于职业团队的建设。

3. 发挥家庭在岗位认同方面的示范作用

高职学生的岗位认同是高职学生对未来从事的职业岗位的认同度，特别是生产、建设、管理、服务一线的技术技能型岗位的认同，通过访谈可以看出，父母对子女职业的选择有

---

① 赵石屏. 家庭德育论[M]. 北京：人民教育出版社，2013：127.

② 张明. 信任视角下留守儿童的社会支持行为选择[J]. 江汉论坛，2014(12)：132.

③ 费孝通. 乡土中国[M]. 北京：人民出版社，2008：25-35.

④ 林聚任. 社会信任和社会资本重建——当前乡村社会关系研究[M]. 济南：山东人民出版社，2007：72-78.

较大的影响，城乡家庭概莫能外。父母的职业对子女心目中理想的职业有一定影响，主要表现在农(牧)民子女虽然对公务员岗位和教育文化单位有一定的青睐，但一半的调查者仍然选择了企业等生产型单位，作为农家子弟，能就业就是不错的选择，而干部家庭的子女首选教育文化等单位，对企业等生产型单位没有一人愿意选择，这与对待技能型岗位的态度完全一致。二是家庭对子女就业地域的影响。甘肃作为欠发达地区，人们的观念比较保守，希望孩子能留在家乡就业的比例较大。因此，每年各市州举办的"三支一扶"招考，都有众多的高职学生参与，虽然工资待遇不高，但家长觉得能留在身边工作就是最好的选择。因此，要强化对技能型岗位的认同，在家长中灌输技能光荣、劳动致富的理念非常必要，并且要通过乡村振兴，改变城乡差异，用发展的成绩来改变家长的态度，让他们支持孩子选择职业教育、乐于从事技能岗位。

(二)挖掘家庭教育的时空优势

家庭是社会最基础的细胞，也是青少年的主要活动场所。家庭不仅是情感交流、技能传承的场所，也是青少年自愿专注品质养成的主要乐园。家庭承担教育的便利条件主要有以下几方面：一是家庭容易形成民主自由的氛围。自愿选择需要自由民主的环境氛围，相比学校系统化、规范化的教育模式，家庭容易打破学校的刻板思维，形成一种自由宽松的个性化生存环境，在这种自由性、随意性和个性化的氛围之中，容易形成孩子们的阳光心态，家庭形成的自由思维会在个人以后的职业精神中显露出巨大作用。二是家庭易于尊重孩子的兴趣，做到因材施教，开展有针对性的教育活动，激发孩子的兴趣，培养其自愿专注的品质。三是家庭作为生活化、情境化教育场所，增强其教育活动的感染性，从而激发其创作的兴趣热情，培养和提高其创新思维活动能力，如果忽视家庭教育活动的生活特性，将家庭教育作为学校教育的延伸环节，则会扼杀孩子的创造性，从而在以后的职场生活上只能按部就班、循规蹈矩。四是家庭教育可以不受时间限制。学校教育，容易受到学习时间的限制，而家庭教育则不受年龄、时间的限制，可以充分抓住学龄前儿童智力发展最迅速阶段，丰富环境刺激，强化教育影响，充分挖掘孩子的创造潜能，培养他们良好的学习习惯和新方法，为维持对待任何事物的专注态度奠定基础。

结　语

进入新时代以后，我国经济结构发生巨大变化，经济转型升级加快，"中国制造"正在转向"中国智造"，这些变化，对劳动者提出了新的要求。作为生产、建设、管理、服务一线的劳动者，不仅仅需要娴熟的技能，更需要良好的职业精神，唯有如此，高职学生才会在一线岗位上勇于创新，在乡村天地中扎根奉献，为经济社会的发展贡献力量，为全面建成小康社会增砖添瓦。

作为培养技术技能型人才摇篮的高职院校，经过四十年的合并升格、更名换牌，职业教育呈现出一派欣欣向荣的气象，但是在繁荣背后，职业教育的地位并未提升到应有高度，职业教育助推经济发展的活力尚未完全释放，与党的十九大报告指出的"建设知识型、技能型、创新型劳动者大军，弘扬劳模精神和工匠精神，营造劳动光荣的社会风尚和精益求精的敬业风气"仍有差距。

目前，职业精神的培育引起了学校的重视，学校也通过各种措施来推进高职学生职业精神的培育，高职学生职业精神培育的社会氛围逐渐浓厚，高职学生职业精神的提升和培育措施的落地未来可期。基于此，本研究主要的观点如下。

第一，高职学生职业精神的培育，既是为社会培养合格劳动者的要求，也是促进个体全面发展的永恒主题。因此，培育过程中要注重时代的需求，也要关注个体差异，将劳动者的工具性功能与个体发展的价值性功能有机结合。

第二，高职学生职业精神生成有自身的特殊性。从社会文明、经济发展、助力脱贫的角度看高素质的人力资源都是不可缺的，而从培养目标、服务面向和雇主需求方面看高职学生职业精神具有不可替代性。因此，既要坚定培育高职学生职业精神的紧迫性，又要防止培育过程中照搬本科院校的做法，从而抹杀高职学生职业精神的特殊性。

第三，在培育高职学生职业精神的过程中，借鉴已有的思想资源非常必要，高职学生职业精神需要传承中华优秀传统文化，也要总结反思新中国成立后的有效做法，同时对国外的优秀思想资源也要理性分析、客观吸收。

第四，全面梳理、准确界定高职学生职业精神的主要内涵是培育的前提和基础，在界定内涵的过程中，一要避免空泛地描述，用大而空的方式来培育高职学生职业精神，只会事倍功半。二要注重细节，在高职学生职业精神培育过程中，不同专业、不同性别、不同地域的学生诉求可能会不一样，培育的侧重点也要有所区别。只有尊重个性差异，制定不同的施教方案，才能精准聚焦、科学发力。

第五，高等职业院校是承担高职学生职业精神培育的主阵地，要认真落实国家"立德树人"要求，特别要抓好教师队伍建设，教师既要有扎实的专业技能，更要有良好的职业素养。在查阅文献的过程中，发现高职院校部分教师对职业教育认同度不高，对高职学生的整体评价偏低，这需要高校认真反思，如果教师的榜样树立不好，会对学生职业精神培育造成极大障碍。

第六，高职学生处在立体、动态的环境中，其思想、精神受到多种因素的影响，因此，培育高职学生职业精神不仅是高校独家责任，也离不开社会力量的共同参与。

　　高等职业教育领域虽然面临巨大的变革，但社会在进步，职业教育在发展，对人的要求也在不断变化，可以肯定的是，具有良好职业技能和职业精神的劳动者一定不会过时，过时的只是培养的方式和内容，欠缺的只是个体自身的能力与素质。目标一直在前方，需要我们共同努力去践行。

附　　录

附录一　关于高职学生职业精神培育的调查问卷

亲爱的同学：

　　您好！我们是高职学生职业精神培育课题组，欢迎您参与有关高职学生职业精神培育的问卷。本问卷主要用于高职学生职业精神培育课题研究，其目的是了解高职学生职业精神培育的现状。每位被调查者不必署名，对所有问题的回答无对错之分，调查结果只作为分析研究的资料，故请您如实说明自己的情况和看法。您的回答对我们的研究非常重要。

《高职学生职业精神培育课题组》

　　填答说明：

　　(1) 请选择合适的答案填入括号中，或在题目中的画线处，填上符合自己情况和看法的答案。

　　(2) 若无特殊说明，每一个题目只能选择一个答案。

　　(3) 填写问卷时，请不要与他人商量。

　　问卷内容：

1.您就读的学校是_____。

2.您的年级是(　　)。

A.大一　　　B.大二　　　C.大三

3.您的性别是(　　)。

A.男　　　B.女

4.您的专业是(　　)。

A.文科　　　B.理科　　　C.工科　　　D.术科

5.您父亲的职业是(　　)。

A.农(牧)民　　　B.工人　　　C.干部　　　D.其他

6.母亲的职业是(　　)。

A.农(牧)民　　　B.工人　　　C.干部　　　D.其他

7.您来自(　　)。

A.城市　　　B.农村

8.您在校期间是否担任学生干部？(　　)

A.是　　　B.否

9.您选择目前专业的原因是(　　)。

A.家长意愿　　　B.个人兴趣　　　C.被动调剂

10.您喜欢自己所学的专业吗？(　　)

A.非常喜欢　　　B.一般　　　C.不喜欢

11.您了解自己所学专业的发展趋势吗？(　　)

A.非常了解　　　B.了解不多　　　C.不了解

12.您今后愿意从事与自己所学专业相关的职业吗？（　　）

A.非常愿意　　　　B.愿意　　　　C.不愿意

13.您对技能型岗位评价怎样？（　　）

A.评价很高　　　　B.评价一般　　　　C.评价较低

14.您心目中理想的职业是（　　）。

A.公务员岗位　　B.教育文化等事业单位　　C.企业等生产性单位

15.您如何看待违约这种现象？（　　）

A.愿意严格遵守合约　　B.视情况而定　　C.违约无关紧要

16.在单位发展遇到困境时，您的态度是（　　）。

A.坚持对单位的忠诚，与单位共渡难关　　B.重新选择，寻找新的单位　　C.不太关注单位发展情况

17.离开原单位时，对自己掌握的商业秘密如何处理？（　　）

A.会自觉保守商业秘密　　B.会有偿转让他人使用　　C.会根据需要自己使用

18.您对自己的承诺如何看待？（　　）

A.答应别人的事，一定要完成　　B.先答应，执行时再看情况定

C.现实生活中，我无法兑现诺言的情况较多

19.您对论文剽窃持有什么态度？（　　）

A.坚决反对　　B.视情况而定　　C.自己也经常通过网络查找，会复制过来运用

20.对经常加班加点如何看待？（　　）

A.偶尔加班可以，但不愿经常加班　　B.支付额外报酬则愿意加班，没有报酬不愿加班

C.不管什么情况都不喜欢加班

21.您在工作、学习中遇到困难时（　　）。

A.能努力坚持，直到困难被克服　　B.尝试几次，发现难度太大时，会选择放弃

C.自己坚持的意志不强，一般遇到困难都会放弃

22.如果没有报酬，您愿意承担学校环境卫生清扫工作吗？（　　）

A.非常愿意　　　　B.一般　　　　C.不愿意

23.您愿意去农村等基层单位工作吗？（　　）

A.非常愿意　　　　B.视情况而定　　　　C.不愿意

24.您觉得学校提供的技能教育如何？（　　）

A.效果很好　　　　B.效果一般　　　　C.效果较差

25.您有过迟到早退现象吗？（　　）

A.经常有　　B.偶尔有　　C.从来没有

26.您上课玩过手机吗？（　　）

A.经常有　　B.偶尔有　　C.从来没有

27.您认为学生在校违反纪律最常见的现象是（　　）。

A.玩手机　　B.迟到早退　　D.考试作弊

28.您认为学生违反纪律最重要的原因是（　　）。

A.自制力差　　B.处理不严　　C.制度不健全

29. 如何看待考试作弊行为？（　　）

A.任何考试都不会作弊　　　B.无关紧要的考试会作弊　　　C.处罚不严重的考试会作弊

30.您愿意不懈追求产品质量的完美吗？（　　）

A.非常愿意　　　　　　B.一般　　　　　C.不愿意

31.您对所学专业技能的掌握程度如何？（　　）

A.熟练　　　　B.一知半解　　　　　C.不熟练

32.您对假冒伪劣产品如何看待？（　　）

A.坚决反对　　　B.可以理解　　C.根据价格，决定是否使用

33.您是否关注产品的品牌？（　　）

A.非常关注　　B.一般关注　　　C.不关注

34.您希望自己今后提供他人的产品和服务怎样？（　　　）

A.要精益求精，力求完美　　　B."差不多""过得去"就行

C.不太计较标准，不愿意下苦功夫去抓

35.您选择职业教育的初衷是(　　)。

A.高考失利　　　B.家长意愿　　　C.个人兴趣

36.您选择该专业的始因是(　　)。

A.就业考虑　　　B.家长意愿　　　C.个人兴趣

37.您了解高职学生就业情况吗？（　　）

A.了解很多　　　B.了解一般　　　C.没有了解

38.您认为自己听课效果怎样？（　　　）

A.效果很好　　　B.效果一般　　　C.效果较差

39.您对所学科目能下决心弄懂吗？（　　　）

A.经常能做到　　　　B.偶尔能做到　　　C.完全做不到

40.您愿意长期坚持对某一事物投入精力吗？（　　　）

A.经常能坚持　　　　B.偶尔能坚持　　　　C.不能坚持

附录二　访谈提纲

一、关于教师访谈提纲

1.您认为高职学生岗位认同感怎样？有哪些因素影响学生的岗位认同感？

2.您认为高职学生的爱岗敬业表现在哪些方面？哪些因素影响学生的爱岗敬业精神？

3.您认为高职学生自愿专注品质怎样？哪些因素影响学生自愿专注品质？

4.您认为高职学生纪律意识怎样？如何强化学生纪律意识？

5.您认为高职学生守约精神怎样？哪些因素影响学生守约精神？

6.您认为现在学生追求产品或服务完美的意识怎样？如何帮助学生树立精品意识？

7.您认为高职学生目前在岗位认同、爱岗敬业、自愿专注、纪律意识、守约精神、精品意识方面哪些表现好，哪些方面问题最多？您个人在培育高职学生职业精神方面有哪些独到的见解？

二、关于学生访谈提纲

1.您认为自己的能力能满足岗位需求吗？您了解高职学生就业后的基本待遇吗？能接受这样的待遇吗？您认为高职学生就业岗位在社会上的地位如何？您最喜欢的岗位是什么？最不愿接受的岗位有哪些？是什么原因造成的？

2.您认为自己能严格按照岗位职责完成本职工作吗？您把职业技能作为兴趣或信仰对待吗？您会努力提高岗位技能吗？您个人认为爱岗敬业表现在哪些方面？

3.您逃过课吗？您课堂上有看手机或其他不符合课堂纪律的行为吗？您认为学生目前违反纪律主要集中在哪些方面？学校可以采取哪些有效措施来矫正学生的违纪行为？您对纪律、制度和法律之间的关系是如何看待的？

4.您会认真履行自己的承诺吗？如果自己已经签约单位，发现有更心仪的单位出现，您会怎样对待？您遵守合约是怕承担违约责任还是内心觉得合约就应该遵守？如果确实无法履行合约，您认为采取什么方式解决最为妥当？

5.您认为中国目前的产品质量如何？您购买或使用过假冒产品吗？以后您会生产或销售假冒伪劣商品吗？如果没有监督，你会认真完成每一道工序吗？如果让您提供产品或服务，会按部就班完成、应付差事，还是会仔细琢磨将每一件事都做到极致完美？您了解过工匠精神吗？您觉得工匠精神最可贵的品质是什么？

6.您关注过高职学生职业精神这个概念吗？了解的主要渠道有哪些？您觉得学校和老师在这方面有哪些好的做法和不足的地方？在提升学生职业精神方面，您有什么意见和建议？

三、关于企业访谈提纲

1.贵单位的用人标准是什么？

2.贵单位认为目前高职学生在单位整体表现怎样？

3.贵单位最喜欢高职学生的哪些品质？

4.贵单位认为高职学生与本科学生在对待工作的态度有区别吗？主要表现在哪些方面？

5.贵单位认为学校还需要在哪些方面加强对学生的培养？

参 考 文 献

1. 著作

[1]金兆梓. 尚书诠译[M]. 北京：中华书局，2010.

[2]杨伯峻. 论语译注[M]. 北京：中华书局，2006.

[3]胡平生，张萌. 礼记[M]. 北京：中华书局，2017.

[4]杨伯峻. 孟子译注[M]. 北京：中华书局，2010.

[5]王先谦. 荀子集解[M]. 北京：中华书局，2019.

[6]张永祥，肖霞. 墨子译注[M]. 上海：上海古籍出版社，2015.

[7]陆玖. 吕氏春秋[M]. 北京：中华书局，2011.

[8]马克思恩格斯选集(第1—4卷)[M]. 北京：人民出版社，1995.

[9]列宁选集(第1—4卷)[M]. 北京：人民出版社，1995.

[10]毛泽东选集(第1—4卷)[M]. 北京：人民出版社，1991.

[11]邓小平文选(1975—1982)[M]. 北京：人民出版社，1983.

[12]邓小平文选(第2卷)[M]. 北京：人民出版社，1994.

[13]邓小平文选(第3卷)[M]. 北京：人民出版社，2004.

[14]习近平. 习近平谈治国理政[M]. 北京：外文出版社，2014.

[15]习近平. 谈治国理政(第二卷)[M]. 北京：外交出版社，2014.

[16]习近平. 在庆祝改革开放四十周年大会上的讲话[M]. 北京：人民出版社，2018.

[17]习近平. 在北京大学师生座谈会上的讲话[M]. 北京：人民出版社，2018.

[18][英]罗素. 人类的知识[M]. 张金言，译. 北京：商务印书馆，1983.

[19][美]亚伯拉罕·马斯洛. 动机与人格[M]. 马良诚，译. 西安：陕西师范大学出版社，2010.

[20][德]马克斯·韦伯. 新教伦理与资本主义精神[M]. 于晓，等，译. 西安：陕西人民出版社，2009.

[21][美]塞缪尔·亨廷顿，劳伦斯·哈里森. 文化的重要作用——价值观如何影响人类的进步[M]. 程克雄，译. 北京：新华出版社，2010.

[22][英]休谟. 道德原则研究[M]. 曾晓平，译. 北京：商务印书馆，2001.

[23][英]亚当·斯密. 道德情操论[M]. 蒋自强，等，译. 北京：商务印书馆，2015.

[24][美]阿历克斯·英格尔斯. 人的现代化[M]. 殷陆君，译. 成都：四川人民出版社，1985.

[25][美]A. H. 马斯洛. 人类价值新论[M]. 胡万福，等，译. 石家庄：河北人民出版社，1988.

[26][美]赫尔伯特·施密特. 全球化与道德重建[M]. 柴方国，译. 北京：社会科学文献出版社，2001.

[27][古希腊]柏拉图. 理想国[M]. 北京：商务印书馆，1986.

[28][法]埃米尔·涂尔干：社会分工论[M]. 渠东，译. 上海：生活·读书·新知三联书店，2000.

[29][法]卢梭. 爱弥儿·论教育[M]. 李平沤，译. 北京：人民出版社，1985.

[30][美]弗洛姆. 自为的人[M]. 万俊人，译. 北京：中国国际文化出版公司，1998.

[31][英]边沁. 道德与立法原理导论[M]. 时殷弘，译. 北京：商务印书馆，2000.

[32][英]塞缪尔·斯迈尔斯. 品格的力量[M]. 李红艳，译. 北京：中国商业出版社，2010.

[33][奥]弗洛伊德. 精神分析引论[M]. 高觉敷，译. 北京：商务印书馆，2014.

[34][德]鲁多夫·奥伊肯. 人生的意义与价值 [M]. 张蕾，译. 北京：北京联合出版公司，2015.

[35][德]黑格尔. 精神现象学[M]. 贺麟，译. 北京：商务印书馆，1979.

[36][英]约翰·亨利·纽曼. 大学的理念[M]. 郭英剑，译. 北京：中国人民大学出版社，2012.

[37][捷]夸美纽斯. 大教学论[M]. 傅任敢，译. 北京：教育科学出版社，2014.

[38][美]洛林·安德森. 布卢姆教育目标分类学[M]. 蒋小平，等，译. 北京：外语教学与研究出版社，2015.

[39][美]阿尔伯特·哈伯德. 致加西亚的信[M]. 上海：立信会计出版社，2012.

[40][美]罗伯特·N. 威尔金. 法律职业的精神[M]. 北京：北京大学出版社，2012.

[41][美] Richard L. Cruess，Sylvia R. Cruess，Yvonne Steinert. 医学职业精神培育[M]. 刘惠军，唐健，陆于宏，译. 北京：北京大学医学出版社，2013.

[42][德]马克斯·韦伯. 新教伦理与资本主义精神[M]. 李修建，张云江，译. 北京：中国社会科学出版社，2009.

[43][英]洛克. 人类理解论[M]. 关文运，译. 北京：商务印书馆，1954.

[44][德]康德. 道德形而上学原理[M]. 苗力田，译. 上海：上海人民出版社，2002.

[45][德]康德. 实践理性批判[M]. 关文运，译. 北京：商务印书馆，1961.

[46]史瑞杰. 诚信道德新编[M]. 北京：北京大学出版社，2015.

[47]陈莹. 论德国职业教育本质特征及其发展动力[M]. 上海：生活·读书·新知三联书店，2015.

[48]贺国庆，朱文富. 外国职业教育通史[M]. 北京：人民教育出版社，2014.

[49]邹邵清. 当代思想政治教育方法论发展研究[M]. 北京：人民出版社，2013.

[50]项久雨. 思想政治教育价值论[M]. 北京：中国社会科学出版社，2013.

[51]陈守聪，王珍喜. 中国传统文化的价值与现代德育构建[M]. 北京：光明日报出版社，2013.

[52]袁贵仁. 价值观的理论与实践[M]. 北京：北京师范大学出版社，2013.

[53]姜大源. 当代世界职业教育发展趋势研究[M]. 北京：电子工业出版社，2012.

[54]郑承军. 理想信念的引领与建构：当代大学生的社会主义核心价值观研究[M]. 北京：清华大学出版社，2012.

[55]余同元. 中国传统工匠现代转型问题研究[M]. 天津：天津古籍出版社，2012.

[56]郑永廷. 思想政治教育方法论[M]. 北京：高等教育出版社，2012.

[57]费正清. 中国传统与变革[M]. 南京：江苏人民出版社，2012.

[58]张伟斌. 精神富有论[M]. 杭州：浙江大学出版社，2012.

[59]王川. 西方近代职业教育史稿[M]. 广州：广东教育出版社，2011.

[60]柴文华，杨辉. 中国现代道德伦理研究[M]. 北京：社会科学文献出版社，2011.

[61]宋希仁. 西方伦理思想史[M]. 北京：中国人民大学出版社，2010.

[62]鲁芳. 培育道德精神：大学道德之思[M]. 长沙：湖南大学出版社，2009.

[63]郑永廷，罗姗. 中国精神生活发展与规律研究[M]. 广州：中山大学出版社，2009.

[64]赵文禄，郭晓君，顾峰. 知识经济与人的现代化[M]. 北京：人民出版社，2009.

[65]蔡志良，蔡应妹. 道德能力论[M]. 北京：中国社会科学出版社，2008.

[66]费孝通. 乡土中国[M]. 北京：人民出版社，2008.

[67]钟启泉. 课程与教学论[M]. 上海：华东师范大学出版社，2008.

[68]张耀灿，陈万柏. 思想政治教育学原理[M]. 北京：高等教育出版社，2007.

[69]谢军. 责任论[M]. 上海：上海人民出版社，2007.

[70]张耀灿. 中国共产党思想政治教育史论[M]. 北京：中国高等教育出版社，2006.

[71]毕红梅. 全球化视野中的思想政治教育[M]. 北京：中国社会科学出版社，2006.

[72]风笑天. 社会学研究方法[M]. 2版. 北京：中国人民大学出版社，2005.

[73]高兆明. 伦理学理论与方法[M]. 北京：人民出版社，2005.

[74]鲁洁. 道德教育的当代论域[M]. 北京：人民出版社，2005.

[75]朱仁宝. 德育心理学[M]. 杭州：浙江大学出版社，2005.

[76]王正平. 中国传统道德论探微[M]. 上海：生活·读书·新知三联书店，2004.

[77]王立仁. 德育价值论[M]. 北京：中国社会科学出版社，2004.

[78]田秀云. 社会道德与个体道德[M]. 北京：人民出版社，2004.

[79]任建东. 道德信仰论[M]. 北京：宗教文化出版社，2004.

[80]李康平. 德育发展论[M]. 北京：中国社会科学出版社，2004.

[81]陈戍国. 礼记校注[M]. 长沙：岳麓书社，2004.

[82]章海山. 西方伦理思想史[M]. 吉林：辽宁人民出版社，2002.

[83]戴钢书. 德育环境研究[M]. 北京：人民出版社，2002.

[84]王坤庆. 精神与教育[M]. 上海：上海教育出版社，2002.

[85]杨岚，张维真. 中国当代人文精神的构建[M]. 北京：人民出版社，2002.

[86]骆郁廷. 精神动力论[M]. 武汉：武汉大学出版社，2001.

[87]冯契. 智慧的探索[M]. 上海：华东师范大学出版社，1997.

[88]周辅成. 西方伦理学名著选辑(上下卷)[M]. 北京：商务印书馆，1996.

[89]冯契. 人的自由和真善美[M]. 上海：华东师范大学出版社，1996.

[90]田正平，李笑贤. 黄炎培教育论著选[M]. 北京：人民教育出版社，1993.

[91]何怀宏. 良心论[M]. 上海：生活·读书·新知三联书店，1994.

[92]罗国杰. 伦理学教程[M]. 北京：中国人民大学出版社，1985.

[93]Andrew Wright,(2000).Spirituality and Education.Londonand New York:Routledge Flamer.

[94]Ronald R.Irwin,(2002).Human Development and the Spiritual Life:How Consciousness Grows toward Transformation.New York:Kluwer Academic/Plenum Publishers.

[95]M.Joseph Sirgy,(2001).Handbook of Quality-of-life Research:An Ethical Marketing Perspective.New York:Kluwer Academic Publishers.

[96]John M.Hull.(1996).The Ambiguity of Spiritual Values.In M.Halstead & MTayler(ed).Valuesin Education in Values.London:University of London Press.

[97]J.F.Gardner.(1996).Education in Serrch the spirit,Essays on American Education.New York:Anthroposophic Press.

2. 文献选编

[1]中共中央关于深化文化体制改革 推动社会主义文化大发展大繁荣若干重大问题的决定[M]. 北京：人民出版社，2011.

[2]关于培育和践行社会主义核心价值观的意见[M]. 北京：人民出版社，2013.

[3]习近平. 青年要自觉践行社会主义核心价值观——在北京大学师生座谈会上的讲话[M]. 北京：人民

出版社，2014.

[4]中共中央文献研究室. 习近平关于实现中华民族伟大复兴的中国梦论述摘编[M]. 北京：中央文献出版社，2013.

[5]教育部思政工作司组. 加强和改进大学生思想政治教育重要文献选编(1978—2014)[M]. 北京：中国人民大学出版社，2015.

3. 连续出版物

[1]曲铁华，王瑞君. 四十年来我国高等职业教育政策演进历程与特点[J]. 沈阳师范大学学报，2019(4).

[2]熊锋. 周琳. 工匠精神的内涵和实践意义[J]. 中国高等教育，2019(5).

[3]侯玉环. 论新时代青年奋斗精神培育研究[J]. 思想理论教育导刊，2019(6).

[4]何应林，眭依凡. 高职学生职业技能与职业精神融合培养体系研究[J]. 中国高教研究，2019(7).

[5]李响，朱自文，郭晓川. 高校毕业生就业法治观念和契约意识养成研究[J]. 西藏大学学报(社会科学版)，2018(1).

[6]邹其昌，李青青. 李约瑟对中华工匠文化的思考[J]. 中南民族大学学报(社会科学版)，2018(1).

[7]潘天波. 《考工记》与中华工匠精神的核心基因[J]. 民族艺术，2018(4).

[8]刘建军. 论马克思主义的创新精神[J]. 华南师范大学学报，2018(5).

[9]石中英. 努力培养德智体美劳全面发展的社会主义建设者和接班人[J]. 中国高校社会科学，2018(6).

[10]孔德兰，王玉龙. 高职院校专业教学有效融合职业精神的路径[J]. 现代教育管理，2018(10).

[11]袁远，维扬，王友良. 中国古代"工匠精神"及其伦理意蕴[J]. 怀化学院学报，2018(10).

[12]陈行，钱耕森. 论中国工匠及其精神[J]. 社会科学动态，2018(10).

[13]翟志强，王其全. 中国古代工匠的社会境遇与工匠精神的当代弘扬[J]. 大连理工大学学报(社会科学版)，2018(11).

[14]陈晶. 中国古代工匠制度与工匠精神的产生与演进[J]. 新美术，2018(11).

[15]王陶峰. 《庄子》工匠精神美学探析[J]. 大连理工大学学报(社会科学版)，2018(11).

[16]刘先春，赵洪良. 高校文化立德树人的育人功能研究[J]. 思想教育研究，2018(12).

[17]侯红英. 论高职学生职业精神的培育价值及路径[J]. 学校党建与思想教育，2017(3).

[18]王晓航. 中国古代工匠精神的向善性及其启示[J]. 天津职业院校联合学报，2017(8).

[19]白云翔. 汉代工匠精神是如何铸就的[J]. 人民论坛，2017(9).

[20]杨金土. 20世纪我国高职发展历程回顾[J]. 中国职业技术教育，2017(9).

[21]于江霞. 论古希腊的工匠精神[J]. 自然辩证法研究，2017(10).

[22]刘芳芳，田汉民. 中国古代漆器工艺在江南太湖流域的发展[J]. 民族艺术研究，2017(11).

[23]王继平. 墨子的职业教育思想及其当代意义[J]. 中国职业技术教育，2017(30).

[24]曾美海，罗同昱. 论古代工匠精神的价值内涵[J]. 贵州社会主义学院学报，2016(4).

[25]夏文斌，徐瑞. 论敬业[J]. 前线，2016(4).

[26]薛栋. 课育境育——高职学生职业精神培育途径质性研究[J]. 中国职业技术教育，2016(4).

[27]金蕾蕾. 论诚信[J]. 前线，2016(5).

[28]吴廷俊，滕明. 斯诺新闻实践与新闻职业精神[J]. 华中科技大学学报(社科版)，2016(6).

[29]张迪. 中国的工匠精神及其历史演变[J]. 思想教育研究，2016(10).

[30]薛栋. 中国工匠精神研究[J]. 职业技术教育，2016(25).

[31]叶良芳，应家赞. 考试作弊及其相关行为的刑法规制探讨[J]. 法治研究，2015(3).

[32]黄明理. 友善之为社会主义核心价值观论析[J]. 广西大学学报(哲学社会科学版)，2015(9).

[33]杨刚要. 墨子教育思想对我国现代职业教育发展的启示[J]. 经济研究导刊，2015(11).

[34]刘佳，靳贵珍. 论墨子的教育思想及其现实意义[J]. 北京理工大学学报(社会科学版)，2015(12).

[35]刘慧. 职业精神的概念界定与辨析[J]. 江苏教育，2015(12).

[36]韩翠兰. 略论高职内涵发展与职业精神培育新常态[J]. 中国成人教育，2015(14).

[37]葛志亮. 论高职学生职业精神培养的三个维度[J]. 继续教育研究，2014(4).

[38]王丽媛. 高职教育中培养学生工匠精神的必要性与可行性研究[J]. 职教论坛，2014(22).

[39]左亚文. 论理论对实践的三种维度[J]. 湖北社会科学，2013(6).

[40]曹艳春，郭智勇. 墨子"教人耕"思想对高等职业教育的启示[J]. 高职教育，2013(3).

[41]钟建华. 高校人才素质教育之职业精神培养[J]. 前沿，2013(4).

[42]巫云仙. 德国制造模式：特点、成因和发展趋势[J]. 政治经济学评论，2013(7).

[43]袁一媛. 刍议中国古代早期铁器制作工艺[J]. 咸阳师范学院学报，2013(7).

[44]薛栋. 精神重建与中国职业教育选择[J]. 理论视野，2014(8).

[45]魏义霞. 墨子思想的功利主义与墨家衰微之原因[J]. 山东社会科学，2013(8).

[46]杨胜萍. 论培养高职生的职业素质与职业精神[J]. 中国成人教育，2013(24).

[47]邱吉. 培育职业精神的哲学思考[J]. 中国人民大学学报，2012(2).

[48]郭忠华. 劳动分工与个人自由[J]. 中山大学学报，2012(5).

[49]王柏棣，王平. 论理想形成的本质[J]. 思想教育研究，2012(5).

[50]路宝利，赵友. 艺徒制度：中国古代"工艺学校"技术传承研究[J]. 职业技术教育，2012(6).

[51]孙晓玲. 基于职业素质的高职职业精神内涵论[J]. 职教论坛，2012(6).

[52]高艳，乔志宏，宋慧婷. 职业认同研究现状及展望[J]. 北京师范大学学报(社会科学版)，2011(4).

[53]吴潜涛. 正确理解信念的科学含义[J]. 教学与研究，2011(4).

[54]董奇. 职校学生最需锤炼职业精神[J]. 教育与职业，2011(4).

[55]寇东亮. 道德荣誉感及其培育[J]. 伦理学研究，2011(5).

[56]杨飞龙. 高校学生社团隐形育人功能刍议[J]. 东北师范大学报(哲学社会科学版)，2011(5).

[57]邓明珍. 以就业为导向的高职大学生职业精神培养的探讨[J]. 教育与职业，2011(23).

[58]陈新汉. 评价论视阈中的良心机制[J]. 上海大学学报，2010(1).

[59]艾雯静，张宗新. 墨子教育思想对当代职业教育的启示[J]. 管子学刊，2010(1).

[60]时胜勋. 文学研究：学术生态与职业精神[J]. 社会科学，2010(7).

[61]刘晋军. "韦伯命题""中国命题"与中国企业社会责任[J]. 兰州大学学报(社科版)，2010(9).

[62]项贤明. 在育人上突出职业精神[J]. 人民论坛，2010(19).

[63]沈晓阳. 论马克思主义的理想主义精神[J]. 探索，2009(1).

[64]王海明. 良心与名誉的哲学范畴[J]. 南通大学学报(社会科学版)，2009(2).

[65]盖晓芬. 高职学生职业素质培养研究与实践[J]. 黑龙江高教研究，2009(8).

[66]王宇苓. 关于培养高职学生职业精神的思考[J]. 中国职业技术教育，2009(11).

[68]夏怡. 关于高职毕业生专业技能和职业精神的调查[J]. 中国职业技术教育，2009(16).

[69]刘丽琴. 墨子的职业教育思想及其现代价值新探[J]. 教育与职业，2009(17).

[70]申明. 论德育主体意志的嬗变及其人格培养[J]. 青海社会科学，2008(3).

[71]宋旭红. 学术职业精神气质的遗传印记[J]. 清华大学教育研究，2008(10).

[72]郭明顺. 大学理念视角下本科人才培养目标反思[J]. 高等教育研究，2008(12).

[73]潘懋元. 黄炎培职业教育思想对当前高等职业教育的启示[J]. 教育研究，2007(1).

[74]曾维和. 当代美国公务员职业精神及其启示[J]. 中国行政管理，2007(3).

[75]马君. 论新教伦理中的职业精神[J]. 山西社会主义学院学报，2007(2).

[76]廖铁涵. 职业与职业指导概念探究[J]. 中国职业技术教育，2007(5).

[77]彭绪琴. 论理想信念教育在社会历史中的地位和作用[J]. 社会科学家，2007(7).

[78]张龙. 论理想作为一种规范——兼评邓正来之中国法律的理想图景[J]. 河北法学，2007(9).

[79]董仁忠. 论黄炎培"大职业教育主义"思想及其启示[J]. 教育与职业，2007(23).

[80]王向清. 论冯契的理想学说[J]. 中国哲学史，2006(4).

[81]章海山. 一种新的经济张力——伦理道德与经济相融合[J]. 思想战线，2006(6).

[82]吴明海. 德国凯兴斯泰纳公民教育思想研究[J]. 郑州大学学报(哲学社会科学版)，2004(5).

[83]樊浩. 韦伯伦理——经济"理想类型"的道德哲学结构[J]. 伦理研究，2005(5).

[84]魏淑华，宋广文. 国外教师职业认同研究综述[J]. 比较教育研究，2005(5).

[85]王晓德. 新教伦理与英属北美殖民地商业精神的形成[J]. 社会科学战线，2003(6).

[86]徐俊华. 简论职业教育中团队精神的培养[J]. 教育发展研究，2003(7).

[87]车治荣. 论教育创新的基本内涵和任务[J]. 中南民族大学学报(人文社会科学版)，2003(8).

[88]王海明. 论良心[J]. 齐鲁学刊，2002(4).

[89]梁骏. 经济发展的道德支撑[J]. 北京行政学院学报，2002(4).

4．学位论文

[1]白臣. 道德自觉论[D]. 石家庄：河北师范大学，2014.

[2]谢文凤. 论道德态度[D]. 长沙：中南大学，2014.

[3]张晓锋. 新闻职业精神论[D]. 上海：复旦大学，2008.

[4]王竟晗. 公民道德建设的德行伦理学基础[D]. 上海：复旦大学，2011.

[5]李雪艳.《天工开物》的明代工艺文化　　造物的历史人类学研究[D]. 南京：南京艺术学院，2012.

[6]王海滨. 人的精神结构及其现代批判——当代中国人的精神世界重构[D]. 北京：中共中央党校，2012.

[7]曾昭皓. 德育动力机制研究[D]. 西安：陕西师范大学，2012.

[8]蒋晓侠. 雷锋精神的历史考察[D]. 北京：首都师范大学，2014.

[9]张祖冲. 志愿精神视阈中志愿者责任意识的培育研究[D]. 上海：上海大学，2016.

[10]庞世俊. 职业教育视阈中的职业能力研究[D]. 天津：天津大学，2010.

[11]铁怀江. 工科大学生工程伦理观研究[D]. 成都：西南交通大学，2007.

[12]孟丹. 当代大学生理想观研究[D]. 成都：电子科技大学，2007.

[13]谷雪峰. 职业精神视阈下中国传统医德规范研究[D]. 哈尔滨：黑龙江中医药大学，2015.

[14]卜丽娟. 医生职业精神研究[D]. 济南：山东大学，2015.

后　记

　　本书是在本人博士论文的基础上修改而成的，论文从选题到撰写的全过程得到了导师陈晓龙教授的悉心指导。作为不惑之年攻读博士的在职学生，这时选择求学读书，更多的是一种思考和坚守，是难得的一种清静和享受。感谢陈晓龙老师的点拨教导、关心关照，导师为人谦和、学养深厚，从帮我选定研究题目到亲自审定写作大纲，从教自己如何读书到怎样着手写作……恩师在繁忙的工作压力之中，不厌其烦，指导鼓励，言传与身教的感染，使我获得了难得的宝贵财富。

　　读博期间，聆听了诸多教师的讲座与报告，感谢导师组的王宗礼教授、刘基教授、李朝东教授、张润君教授、吴国喆教授、孙健教授、马俊峰教授、岳天明教授、把多勋教授、张淑娟教授，先后加入导师组的各位老师，在课业讲授、论文开题、预答辩等关键环节释疑解惑、点拨迷津，所有这些都将使我受益终生。另外，在学习、工作和论文撰写过程中得到姚成德、崔迎君、沙莉、梁军、袁健、马迎、郭忠宁等同学的有益帮助，还要感谢企业界的魏霞女士、宫婧薇女士、王鹏先生、麻国晟先生的支持与帮助，在此一并表示诚挚的谢意！

　　厘清高职学生职业精神的结构内涵，把握高职学生职业精神在经济社会发展过程中的特殊重要性，梳理高职学生职业精神的现状，找寻培育高职学生职业精神的对策，为今天高职院校"立德树人"提供有益的启示和借鉴，是本书研究和论述的主要内容。作为高职院校的一名教育工作者，本书的撰写也得到了本人所在工作单位领导和同事的大力支持，再次表示谢意！

　　在写作过程中，本人参阅了大量书籍文献与学术论文，借鉴吸收了近年来思想政治教育学、伦理学、职业教育方面诸多专家学者的研究成果，本书对所引部分作了详细标注，在此一并表示感谢。由于本人学养水平有限，书中难免存在纰漏，恳请诸位批评指正。

李小安

2020 年 8 月 22 日于兰州